应用型本科规划教材

信号与系统

（第二版）

主　编　张建奇

副主编　张增年　陈　琢

马金龙　金　宁

ZHEJIANG UNIVERSITY PRESS
浙江大学出版社

内容简介

本书全面系统地介绍了信号与线性系统的基本理论和分析方法,在对连续时间信号与系统进行分析的同时还介绍了离散时间信号与系统的基本概念和分析方法。全书共分为 10 章,分别讨论了信号与系统的各种分析方法。本书从应用类本科学生的实际情况出发,紧密结合专业应用和工程实际,注重物理概念的阐述。在内容叙述方面,注意使学生分清信号分析方法和系统分析方法两个方面的概念。在内容安排上,采用循序渐进、归纳对比、加强练习等教学原则。

本书可作为电子信息、通信工程、电气工程和自动控制等专业的应用型教材,也可供有关专业师生和工程技术人员参考。

图书在版编目（CIP）数据

信号与系统 / 张建奇主编. —杭州:浙江大学出版社,2006.7(2017.7重印)

应用型本科规划教材

ISBN 978-7-308-04805-7

Ⅰ.信… Ⅱ.张… Ⅲ.信号系统－高等学校－教材 Ⅳ.TN911.6

中国版本图书馆 CIP 数据核字（2006）第 070641 号

信号与系统（第二版）

张建奇 主编

丛书策划	樊晓燕
责任编辑	王 波
封面设计	俞亚彤
出版发行	浙江大学出版社
	（杭州市天目山路 148 号 邮政编码 310007）
	（网址:http://www.zjupress.com）
排 版	杭州中大图文设计有限公司
印 刷	浙江云广印业有限公司
开 本	787mm×1092mm 1/16
印 张	15.25
字 数	371 千
版 印 次	2010 年 10 月第 2 版 2017 年 7 月第 8 次印刷
印 数	15501—16500
书 号	ISBN 978-7-308-04805-7
定 价	27.00 元

应用型本科院校信电专业基础平台课规划教材系列

编 委 会

总　序

　　近年来我国高等教育事业得到了空前的发展,高等院校的招生规模有了很大的扩展,在全国范围内发展了一大批以独立学院为代表的应用型本科院校,这对我国高等教育的持续、健康发展具有重大的意义。

　　应用型本科院校以着重培养应用型人才为目标,目前,应用型本科院校开设的大多是一些针对性较强、应用特色明确的本科专业,但与此不相适应的是,当前,对于应用型本科院校来说作为知识传承载体的教材建设远远滞后于应用型人才培养的步伐。应用型本科院校所采用的教材大多是直接选用普通高校的那些适用研究型人才培养的教材。这些教材往往过分强调系统性和完整性,偏重基础理论知识,而对应用知识的传授却不足,难以充分体现应用类本科人才的培养特点,无法直接有效地满足应用型本科院校的实际教学需要。对于正在迅速发展的应用型本科院校来说,抓住教材建设这一重要环节,是实现其长期稳步发展的基本保证,也是体现其办学特色的基本措施。

　　浙江大学出版社认识到,高校教育层次化与多样化的发展趋势对出版社提出了更高的要求,即无论在选题策划,还是在出版模式上都要进一步细化,以满足不同层次的高校的教学需求。应用型本科院校是介于普通本科与高职之间的一个新兴办学群体,它有别于普通的本科教育,但又不能偏离本科生教学的基本要求,因此,教材编写必须围绕本科生所要掌握的基本知识与概念展开。但是,培养应用型与技术型人才又是应用型本科院校的教学宗旨,这就要求教材改革必须淡化学术研究成分,在章节的编排上先易后难,既要低起点,又要有坡度、上水平,更要进一步强化应用能力的培养。

　　为了满足当今社会对信息与电子技术类专业应用型人才的需要,许多应用型本科院校都设置了相关的专业。而这些专业的特点是课程内容较深、难点较多,学生不易掌握,同时,行业发展迅速,新的技术和应用层出不穷。针对这一情况,浙江大学出版社组织了十几所应用型本科院校信息与电子技术类专业的教师共同开展了"应用型本科信电专业教材建设"项目的研究,共同研究目前教材的不适应之处,并探讨如何编写能真正做到"因材施教"、适合应用型本科层次信电类专业人才培养的系列教材。在此基础上,组建了编委会,确定共同编写"应用型本科院校信电专业基础平台课规划教材系列"。

本专业基础平台课规划教材具有以下特色:

在编写的指导思想上,以"应用类本科"学生为主要授课对象,以培养应用型人才为基本目的,以"实用、适用、够用"为基本原则。"实用"是对本课程涉及的基本原理、基本性质、基本方法要讲全、讲透,概念准确清晰。"适用"是适用于授课对象,即应用型本科层次的学生。"够用"就是以就业为导向,以应用型人才为培养目的,达到理论够用,不追求理论深度和内容的广度。突出实用性、基础性、先进性,强调基本知识,结合实际应用,理论与实践相结合。

在教材的编写上重在基本概念、基本方法的表述。编写内容在保证教材结构体系完整的前提下,注重基本概念,追求过程简明、清晰和准确,重在原理,压缩繁琐的理论推导。做到重点突出、叙述简洁、易教易学。还注意掌握教材的体系和篇幅能符合各学院的计划要求。

在作者的遴选上强调作者应具有应用型本科教学的丰富经验,有较高的学术水平并具有教材编写经验。为了既实现"因材施教"的目的,又保证教材的编写质量,我们组织了两支队伍,一支是了解应用型本科层次的教学特点、就业方向的一线教师队伍,由他们通过研讨决定教材的整体框架、内容选取与案例设计,并完成编写;另一支是由本专业的资深教授组成的专家队伍,负责教材的审稿和把关,以确保教材质量。

相信这套精心策划、认真组织、精心编写和出版的系列教材会得到广大院校的认可,对于应用型本科院校信息与电子技术类专业的教学改革和教材建设起到积极的推动作用。

系列教材编委会主任

顾伟康

2006 年 7 月

前　　言

　　本书是根据应用类本科的教学要求编写的教材,其目的是使学生更好的理解信号与系统的基本概念,熟悉信号与系统的基本分析方法。

　　本书的基本编写思路是:

　　1. 以"应用类本科"学生为主要授课对象,以培养应用型人才为基本目的。

　　2. 以"实用、适用、够用"为基本原则。"实用"是对本课程涉及的基本原理、基本性质、基本方法要讲全、讲透,概念准确清晰。"适用"是适用于我们的授课对象,即"应用型人才"。"够用"是从授课对象的培养目的上达到理论够用,不必追求理论深度和内容的广度。

　　3. 在教材的编写上重在基本概念、基本方法的表述,编写内容上通俗易懂、易教易学、重在原理,压缩繁琐的理论推导。

　　4. 在保证教材结构体系完整的前提下,注重基本概念的讲解,过程简明、清晰和准确。

　　5. 全书由连续时间信号与系统和离散时间信号与系统两部分组成,考虑到为了使学生便于理解信号的性质与系统的特性,教材中将这两部分分开进行讲解。

　　6. 教材中在处理连续时间信号与系统和离散时间信号与系统的关系上,为了学生便于比较两者在分析方法和性质上的类似之处和不同之处,在编写时并没有安排成上半部分和下半部分,而是将这两部分的内容交叉编写。

　　7. 考虑到信号的采样与采样定理在信息处理中的重要地位,这部分内容单独编为一章。

　　全书共十章。第1章和第2章分别介绍了信号的基本特性和线性系统的基本概念,第3章和第4章分别给出了连续时间系统的时域分析及离散信号与系统的时域分析。为了在内容上保证整体的连贯性和前后呼应,在教材的第5,6,8,9,10章重点讨论了连续时间信号的频域分析、连续时间系统的频域分析、连续时间信号的拉普拉斯变换、连续时间系统的复频域分析和离散信号与系统的z域分析。

　　本教材配有大量的例题、习题和参考答案,并在每章的结尾配有本章知识要点,便于学生在学习过程中发挥主体作用。

　　本教材由浙江工业大学之江学院张建奇担任主编,浙江万里学院的张增年、浙江大学城市学院陈琢、杭州电子科技大学马金龙和中国计量学院金宁担任副主编。

　　本教材的第 1 章、第 2 章和第 10 章由张建奇和骆崇编写,第 3 章和第 7 章由张增年和杨亚萍编写,第 4 章由杭州电子科技大学马金龙编写,第 5 章和第 6 章由金宁和周小微编写,第 8 章和第 9 章由陈琢、乔闪、金晖和李秀梅编写,最后由张建奇统稿。

　　对于在编写过程中提供帮助和参考文献的作者等一并表示衷心的感谢。

　　浙江大学于慧敏教授审阅了全书,并提出了宝贵的修改意见,在此深表谢意。

　　由于作者水平有限,编写时间比较仓促,书中难免有疏忽及不当之处,敬请读者批评指正。

编 著 者

2006 年 4 月

目　录

第1章 信号的分类与基本特性

【内容提要】 本章主要介绍信号的基本概念、信号的分类、连续时间的基本信号、连续时间奇异信号及特性、离散时间信号及特点和信号的基本运算。

1.1 信号的基本概念与分类

1.1.1 信号的基本概念

在日常生活和社会活动中，人们会经常谈到信号，比如交通路口的红绿灯信号、唱歌和说话的声音信号、无线电发射台的电磁波信号等等。因此，从物理概念上，信号是标志着某种随时间变化的信息。从数学上，信号表示一个或多个自变量的函数。在信号与系统中，我们尤其关心的是电信号。

1.1.2 信号的分类

根据信号的性质可分为确定信号与随机信号、连续时间信号与离散时间信号、周期信号和非周期信号、能量信号和功率信号。

1. 确定信号与随机信号

对应于某一确定时刻，就有某一确定数值与其对应的信号，称为确定信号。图 1-1(a) 所示为一个线性斜坡信号，在 t_1 时刻，对应的数值为 y_1，在 t_2 时刻，对应的数值为 y_2。确定信号往往可以用函数解析式、图表和波形来表示。

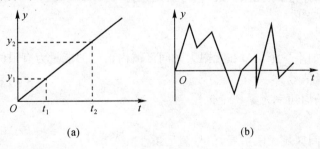

(a)   (b)

图 1-1

如果一个信号事先无法预测它的变化趋势，也无法预先知道其变化规律，则该信号称为随机信号,如图 1-1(b) 所示。在实际工作中,系统总会受到各种干扰信号的影响,这些干扰信号不仅在不同时刻的信号值是互不相关的,而且在任一时刻信号的幅值和相位都是在不断变化的。因此,从严格意义上讲,绝大多数信号都是随机信号。只不过我们在研究信号与系统时,常常忽略一些次要的干扰信号,主要研究占统治地位的信号的性质和变化趋势。本教材主要研究确定信号。

2. 连续时间信号与离散时间信号

对任意一个信号,如果在定义域内,除有限个间断点外均有定义,则称此信号为连续时间信号。连续时间信号的自变量是连续可变的,而函数值在值域内可以是连续的,也可以是跳变的。

如图 1-1(a) 中所示的斜坡信号,即是一个连续时间信号。

对任意一个信号,如果自变量仅在离散时间点上有定义,称为离散时间信号。离散时间信号相邻离散时间点的间隔可以是相等的,也可以是不相等的,在这些离散时间点之外,信号无定义。

如下列函数表示的信号为一个离散时间信号,其波形图如图 1-2 所示:

$$y(n) = \begin{cases} n & n = 1, 2, 3 \\ 1 & n = -1, -2 \end{cases}$$

定义在等间隔离散时间点上的离散时间信号,称为序列,序列可以表示成函数形式,也可以直接列出序列值或写成序列值的集合。

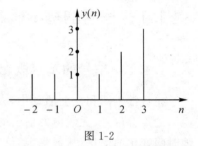

图 1-2

在工程应用中,常常将幅值连续可变的信号称为模拟信号;将幅值连续的信号,在固定时间点上取值得到的信号称为取样信号;将幅值只能取某些固定的值,而在时间上等间隔的离散时间信号称为数字信号。

3. 能量信号和功率信号

(1) 能量信号

将一个电压或电流信号 $f(t)$ 加到单位电阻上,则在该电阻上产生的瞬时功率为 $|f(t)|^2$。在一段时间 $\left(-\dfrac{\tau}{2}, \dfrac{\tau}{2}\right)$ 内消耗一定的能量,把该能量对时间区域取平均,即得信号在此区间内的平均功率。

定义 若将时间区域无限扩展,信号满足条件

$$E = \lim_{\tau \to \infty} \int_{-\frac{\tau}{2}}^{\frac{\tau}{2}} |f(t)|^2 \mathrm{d}t < \infty \tag{1-1-1}$$

称为能量信号,即如果一个信号在无限大时间区域内信号的能量为有限值,则称该信号为能量有限信号或能量信号。

能量信号的平均功率为零。

(2) 功率信号

定义 将时间区域无限扩展,信号满足条件

$$P = \lim_{\tau \to \infty} \frac{1}{\tau} \int_{-\frac{\tau}{2}}^{\frac{\tau}{2}} |f(t)|^2 \mathrm{d}t = \lim_{\tau \to \infty} \frac{1}{\tau} E < \infty \tag{1-1-2}$$

称为功率信号,即如果在无限大时间区域内信号的功率为有限值,则称为功率有限信号或功

率信号。

功率信号的能量无穷大。

根据能量信号和功率信号的定义,显然可以得出:时限信号(在有限时间区域内存在非零值的信号)是能量信号,周期信号是功率信号,非周期信号可能是能量信号,也可能是功率信号。

1.2 常用连续时间基本信号及特点

1.2.1 常用基本信号

1. 正弦信号

正弦信号的表达式为

$$f(t) = A\sin(\omega t + \varphi) \tag{1-2-1}$$

式中:A 为振幅;φ 为初相角;ω 为角频率。正弦信号为周期信号,其周期 $T = \dfrac{2\pi}{\omega}$,其波形图如图 1-3 所示。

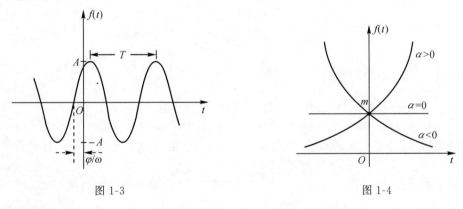

图 1-3   图 1-4

2. 指数信号

连续时间指数信号的一般表达式

$$f(t) = Ae^{st} \tag{1-2-2}$$

根据 A 和 s 的不同取值,有三种情况:

(1) 当 $A = m$ 和 $s = \alpha$ 均为实数时,$f(t)$ 为实指数信号。

当 $\alpha > 0$ 时,为指数递增信号;

当 $\alpha < 0$ 时,为指数递减信号;

当 $\alpha = 0$ 时,$f(t)$ 等于常数。

波形如图 1-4 所示。

(2) 当 $A = 1$ 和 $s = j\omega$ 时,$f(t)$ 为虚指数信号,即

$$f(t) = Ae^{st} = e^{j\omega t}$$

根据欧拉公式,虚指数可表示为

$$f(t) = e^{j\omega t} = \cos\omega t + j\sin\omega t$$

显然这是一个周期信号。

(3) 当 A 和 s 均为复数时,$f(t)$ 为复指数信号。

设 $A = |A|e^{j\varphi}, s = \sigma + j\omega$,则 $f(t)$ 可表示为

$$f(t) = Ae^{st} = |A|e^{j\varphi} \cdot e^{(\sigma+j\omega)t} = |A|e^{\sigma t} \cdot e^{j(\omega t+\varphi)}$$
$$= |A|e^{\sigma t}[\cos(\omega t + \varphi) + j\sin(\omega t + \varphi)]$$

可见

当 $\sigma > 0$ 时,$f(t)$ 为幅度指数递增的正弦振荡信号;

当 $\sigma < 0$ 时,$f(t)$ 为幅度指数递减的正弦振荡信号;

当 $\sigma = 0$ 时,$f(t)$ 为幅度等幅的正弦振荡信号。

$f(t)$ 在 $\sigma > 0, \sigma < 0$ 和 $\sigma = 0$ 三种情况下的波形如图 1-5(a),(b),(c) 所示。

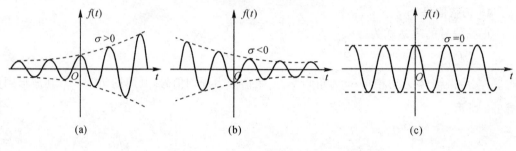

图 1-5

1.2.2　连续时间周期信号

对一个连续时间信号 $f(t)$,若对所有的 t 值均满足条件

$$f(t) = f(t + mT) \qquad m = 0, \pm 1, \pm 2, \cdots \tag{1-2-3}$$

则称为周期信号。满足上式的最小 T 值称为 $f(t)$ 的周期。不满足周期信号条件的信号为非周期信号。

需要注意:两个周期信号相加不一定为周期信号。若这两个信号的周期分别为 T_1 和 T_2,只有当 $\dfrac{T_1}{T_2} = \dfrac{M}{N}$,且 M 和 N 均为正整数时,信号才是周期的。

下面以正弦信号和复指数信号为例说明其周期性。

1. 连续时间正弦信号

对于连续时间正弦信号

$$f(t) = A\sin\omega t$$

由周期信号的定义

$$f(t + T) = A\sin\omega(t + T) = A\sin(\omega t + \omega T) = A\sin(\omega t + 2k\pi)$$
$$= A\sin\omega t = f(t)$$

可见　　$\omega T = 2k\pi, \ T = k\dfrac{2\pi}{\omega}$

取 $k = 1$ 得最小周期为

$$T = \frac{2\pi}{\omega} \tag{1-2-4}$$

2. 连续时间复指数信号

对于连续时间复指数信号

$$f(t) = Ae^{j\omega t} = f(t + T) = Ae^{j\omega(t+T)} = Ae^{j\omega t}e^{j\omega T}$$

只有　　　$e^{j\omega T} = 1, \omega T = 2k\pi, T = k\dfrac{2\pi}{\omega}$

取 $k = 1$ 得

$$T = \frac{2\pi}{\omega} \tag{1-2-5}$$

此时　　　$f(t) = f(t + T)$

例 1-1　判断下列信号是否为周期信号，若是，求出其周期：

(1) $f(t) = 2\cos\left(3t + \dfrac{\pi}{4}\right)$；

(2) $f(t) = \left[\sin\left(t - \dfrac{\pi}{6}\right)\right]^2$；

(3) $f(t) = e^{j\frac{\pi}{6}t}$；

(4) $f(t) = 2\sin 3t + 4\cos\pi t$。

解　　(1) $f(t) = 2\cos\left(3t + \dfrac{\pi}{4}\right)$

$$\omega = 3, T = \frac{2\pi}{\omega} = \frac{2\pi}{3}$$

该信号是周期信号，周期为 $\dfrac{2\pi}{3}$。

$$(2) f(t) = \left[\sin\left(t - \frac{\pi}{6}\right)\right]^2 = \frac{1}{2}\left[1 - \cos\left(2t - \frac{\pi}{3}\right)\right]$$

$$\omega = 2, T = \frac{2\pi}{\omega} = \frac{2\pi}{2} = \pi$$

该信号是周期信号，周期为 π。

$$(3) f(t) = e^{j\frac{\pi}{6}t}$$

$$\omega = \frac{\pi}{6}, T = \frac{2\pi}{\omega} = \frac{2\pi}{\frac{\pi}{6}} = 12$$

该信号是周期信号，周期为 12。

$$(4) f(t) = 2\sin 3t + 4\cos\pi t = f_1(t) + f_2(t)$$

$$\omega_1 = 3, T_1 = \frac{2\pi}{\omega} = \frac{2\pi}{3}, \omega_2 = \pi, T_2 = \frac{2\pi}{\omega_2} = \frac{2\pi}{\pi} = 2$$

则 $\dfrac{T_1}{T_2} = \dfrac{\pi}{3}$ 为无理数，故该信号不是周期信号。

1.2.3　连续时间奇异信号

1. 连续时间阶跃信号

连续时间单位阶跃信号的定义为

$$u(t) = \begin{cases} 1 & t > 0 \\ 0 & t < 0 \end{cases} \tag{1-2-6}$$

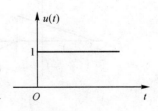

图 1-6

其波形如图 1-6 所示。值得注意的是，单位阶跃信号在 $t = 0$ 这一点是不连续的。经时移后得

$$u(t - t_0) = \begin{cases} 1 & t > t_0 \\ 0 & t < t_0 \end{cases} \qquad (1\text{-}2\text{-}7)$$

其波形如图 1-7 所示。

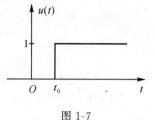

图 1-7

在实际应用中，阶跃信号是一个非常有用的信号，下面举例说明。

例 1-2　阶跃信号可以确定信号的起点和区间。画出下列信号的波形：

(1) $f_1(t) = tu(t)$；

(2) $f_2(t) = tu(t - t_0)$；

(3) $f_3(t) = t[u(t - 1) - u(t - 2)]$。

解　(1) 确定信号的起点从 $t = 0$ 开始，波形图如图 1-8(a) 所示。

(2) 确定信号的起点从 $t = t_0$ 开始，波形图如图 1-8(b) 所示。

(3) 确定信号的区间从 $t = 1$ 到 $t = 2$，波形图如图 1-8(c) 所示。

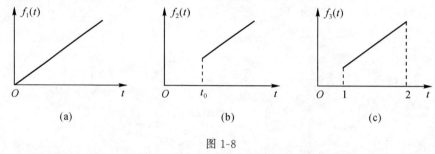

图 1-8

例 1-3　阶跃信号可以将分段函数表达式写成封闭式函数表达式。画出下列信号 $f(t)$ 的波形，并写出封闭式表达式：

$$f(t) = \begin{cases} \dfrac{1}{3}(t + 2) & -2 \leqslant t \leqslant 1 \\ -\dfrac{1}{2}(t - 1) & 1 \leqslant t \leqslant 3 \\ 0 & \text{其他} \end{cases}$$

解　信号的波形如图 1-9 所示。其封闭表达式为

$$f(t) = \frac{1}{3}(t + 2)[u(t + 2) - u(t - 1)] - \frac{1}{2}(t - 1)[u(t - 1) - u(t - 3)]$$

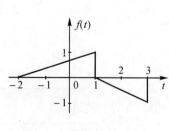

图 1-9

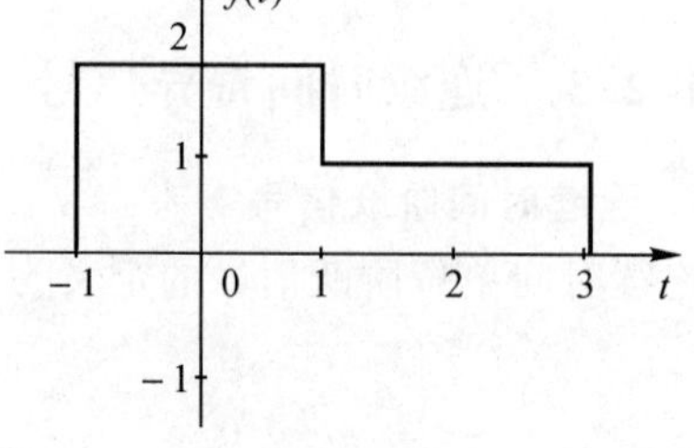

图 1-10

例 1-4　写出图 1-10 的表达式。

解　其表达式为

$$f(t) = 2[u(t+1) - u(t-1)] + [u(t-1) - u(t-3)]$$
$$= 2u(t+1) - u(t-1) - u(t-3)$$

2. 连续时间冲激信号

(1) 连续时间冲激信号的定义

连续时间冲激信号的定义为

$$\begin{cases} \delta(t) = \begin{cases} \infty & t = 0 \\ 0 & t \neq 0 \end{cases} \\ \int_{-\infty}^{+\infty} \delta(t)\mathrm{d}t = 1 \end{cases} \tag{1-2-8}$$

冲激信号有两个方面的含义；一方面是在 $t = 0$ 点有一个幅值为无穷大的信号；另一方面冲激信号与时间轴覆盖的面积为 1。其波形如图 1-11 所示。

(2) 连续时间阶跃信号与冲激信号之间的关系

$$\delta(t) = \frac{\mathrm{d}u(t)}{\mathrm{d}t} \tag{1-2-9}$$

$$u(t) = \int_{-\infty}^{t} \delta(\tau)\mathrm{d}\tau \tag{1-2-10}$$

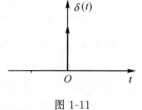

图 1-11

(3) 连续时间冲激信号的性质

1) 相加性质

$$a\delta(t) + b\delta(t) = (a+b)\delta(t) \tag{1-2-11}$$

2) 相乘性质

$$f(t)\delta(t) = f(0)\delta(t) \tag{1-2-12}$$

$$f(t)\delta(t - t_0) = f(t_0)\delta(t - t_0) \tag{1-2-13}$$

3) 取样性质

$$\int_{-\infty}^{+\infty} f(t)\delta(t)\mathrm{d}t = f(0) \tag{1-2-14}$$

$$\int_{-\infty}^{+\infty} f(t)\delta(t - t_0)\mathrm{d}t = f(t_0) \tag{1-2-15}$$

4) 偶函数

$$\delta(t) = \delta(-t) \tag{1-2-16}$$

5) 尺度变换性质

$$\delta(at) = \frac{1}{|a|}\delta(t) \tag{1-2-17}$$

$$\delta(at - t_0) = \frac{1}{|a|}\delta\left(t - \frac{t_0}{a}\right) \tag{1-2-18}$$

$$\int_{-\infty}^{+\infty} f(t)\delta(at)\mathrm{d}t = \frac{1}{|a|}f(0) \tag{1-2-19}$$

6) 冲激偶

$$\delta^{(1)}(t) = \frac{\mathrm{d}\delta(t)}{\mathrm{d}t} \tag{1-2-20}$$

冲激偶的性质列于表 1-1。

表 1-1　冲激偶的性质

序号	性　　质	序号	性　　质
1	$\delta^{(1)}(at) = \dfrac{1}{\|a\|}\dfrac{1}{a}\delta^{(1)}(t)$	6	$f(t)\delta^{(1)}(t) = f(0)\delta^{(1)}(t) - f^{(1)}(0)\delta(t)$
2	$\delta^{(n)}(at) = \dfrac{1}{\|a\|}\dfrac{1}{a^n}\delta^{(n)}(t)$	7	$f(t)\delta^{(1)}(t - t_0) = f(t_0)\delta^{(1)}(t - t_0) - f^{(1)}(t_0)\delta(t - t_0)$
3	$\delta^{(n)}(-t) = (-1)^n\delta^{(n)}(t)$	8	$\displaystyle\int_{-\infty}^{+\infty} f(t)\delta^{(1)}(t)\mathrm{d}t = -f^{(1)}(0)$
4	$\displaystyle\int_{-\infty}^{+\infty}\delta^{(1)}(t)\mathrm{d}t = 0$	9	$\displaystyle\int_{-\infty}^{+\infty} f(t)\delta^{(n)}(t)\mathrm{d}t = (-1)^n f^{(n)}(0)$
5	$\displaystyle\int_{-\infty}^{t}\delta^{(1)}(t)\mathrm{d}t = \delta(t)$	10	$\displaystyle\int_{-\infty}^{+\infty} f(t)\delta^{(n)}(t - t_0)\mathrm{d}t = (-1)^n f^{(n)}(t_0)$

例 1-5　计算下列各式的值：

(1) $(t^3 + 2t^2 + 4)\delta(t - 2)$；

(2) $\mathrm{e}^{-4t}\delta(2t + 2)$；

(3) $\displaystyle\int_{-\infty}^{+\infty}\sin t\,\delta\left(t - \dfrac{\pi}{4}\right)\mathrm{d}t$；

(4) $\displaystyle\int_{-6}^{+6}\mathrm{e}^{-2t}\delta(t + 10)\mathrm{d}t$；

(5) $\mathrm{e}^{-2t}u(t)\delta(t + 1)$。

解　(1) $(t^3 + 2t^2 + 4)\delta(t - 2) = (2^3 + 2 \times 2^2 + 4)\delta(t - 2) = 20\delta(t - 2)$

(2) $\mathrm{e}^{-4t}\delta(2t + 2) = \mathrm{e}^{-4t}\dfrac{1}{2}\delta(t + 1) = \dfrac{1}{2}\mathrm{e}^{4}\delta(t + 1)$

(3) $\displaystyle\int_{-\infty}^{+\infty}\sin t\,\delta\left(t - \dfrac{\pi}{4}\right)\mathrm{d}t = \sin\left(\dfrac{\pi}{4}\right) = \dfrac{\sqrt{2}}{2}$

(4) $\displaystyle\int_{-6}^{+6}\mathrm{e}^{-2t}\delta(t + 10)\mathrm{d}t = 0$

(5) $\mathrm{e}^{-2t}u(t)\delta(t + 1) = 0$

1.3　离散时间基本信号及特点

1.3.1　正弦序列

正弦序列的一般形式为

$$f(n) = A\cos(\omega n + \varphi) \tag{1-3-1}$$

式中：A 为正弦序列的振幅；ω 为正弦序列的数字频率；φ 为正弦序列的初相角。

以 $f(n) = A\cos\left(\dfrac{\pi}{6}n\right)$ 为例，其波形如图 1-12 所示。

1.3.2　指数序列

指数序列的一般形式为

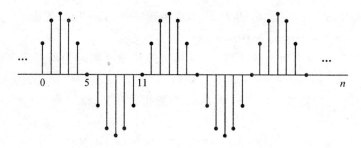

图 1-12

$$f(n) = A\alpha^{sn} \tag{1-3-2}$$

式中：根据 A 和 s 不同取值。指数序列有三种情况：

(1) 若 A 和 s 均为实数，则 $f(n)$ 为实指数序列。

当 $\alpha > 1$ 时，$f(n)$ 随 n 单调指数增长。

当 $0 < \alpha < 1$ 时，$f(n)$ 随 n 单调指数衰减。

当 $\alpha < -1$ 时，$f(n)$ 的绝对值随 n 指数增长，且序列的符号正、负交替变化。

当 $-1 < \alpha < 0$ 时，$f(n)$ 的绝对值随 n 指数衰减，且序列的符号正、负交替变化。

当 $\alpha = 1$ 时，$f(n)$ 为常数序列。

当 $\alpha = -1$ 时，$f(n)$ 为常数序列，且符号正、负交替变化。

各波形如图 1-13 所示。

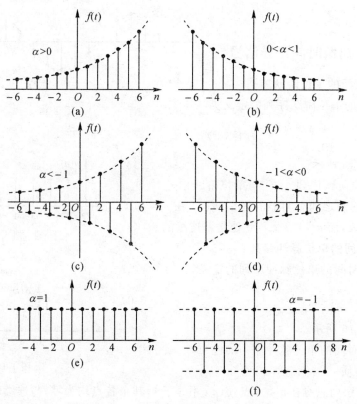

图 1-13

（2）若 $A = 1, \alpha = e, s = j\omega$，则 $f(n)$ 为虚指数序列。其一般形式为

$$f(n) = e^{j\omega n} = \cos\omega n + j\sin\omega n \tag{1-3-3}$$

可见，$e^{j\omega n}$ 的实部和虚部均为正弦序列，只有其实部和虚部同时为周期序列时，才为周期序列。

（3）若 A 和 s 均为复数且 $\alpha = e$，则 $f(n)$ 为复指数序列。设 $A = |A|e^{j\varphi}, s = \alpha + j\omega$ 并令 $e^\alpha = \beta$，则有

$$f(n) = Ae^{sn} = |A|e^{j\varphi}e^{(\alpha + j\omega)n} = |A|e^{\alpha n}e^{j(\omega n + \varphi)} = |A|\beta^n e^{j(\omega n + \varphi)}$$
$$= |A|\beta^n[\cos(\omega n + \varphi) + j\sin(\omega n + \varphi)] \tag{1-3-4}$$

可见，$f(n)$ 的幅值是按指数规律变化的，实部和虚部是正弦序列。

当 $\beta > 1$ 时，$f(n)$ 的实部和虚部均为随 n 按指数增长规律变化的正弦序列。

当 $\beta < 1$ 时，$f(n)$ 的实部和虚部均为随 n 按指数衰减规律变化的正弦序列。

当 $\beta = 1$ 时，$f(n)$ 的实部和虚部均为正弦序列。

其波形如图 1-14 所示。

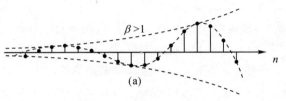

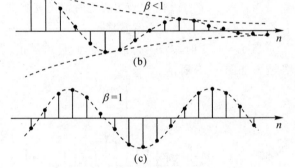

图 1-14

1.3.3 离散时间奇异信号

1. 离散时间的单位阶跃序列

离散时间的单位阶跃序列的定义为

$$u(n) = \begin{cases} 1 & n \geqslant 0 \\ 0 & n < 0 \end{cases} \tag{1-3-5}$$

其波形如图 1-15 所示。

显然，单位阶跃序列 $u(n)$ 与单位阶跃信号 $u(t)$ 是相对应的，但它们之间有明显的区别，$u(n)$ 在 $n = 0$ 点处的定义值为 1，而 $u(t)$ 在 $t = 0$ 处是不连续的。

2. 离散时间的单位脉冲序列

（1）离散时间的单位脉冲序列的定义

$$\delta(n) = \begin{cases} 1 & n = 0 \\ 0 & n \neq 0 \end{cases} \tag{1-3-6}$$

其波形如图 1-16 所示。

（2）离散时间的单位脉冲序列的性质

1）取样性质

单位脉冲序列只有在 $n = 0$ 点，$\delta(n)$ 才等于 1，其余各点均为零，与连续时间单位冲激信号类似，故

$$f(n)\delta(n) = f(0)\delta(n) \tag{1-3-7}$$

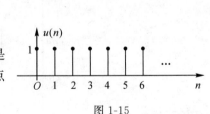

图 1-15

图 1-16

$$f(n)\delta(n - m) = f(m)\delta(n - m) \tag{1-3-8}$$

2）单位阶跃序列与单位脉冲序列之间的关系

$$\delta(n) = u(n) - u(n - 1) = \nabla u(n) \tag{1-3-9}$$

$$u(n) = \sum_{i=-\infty}^{n} \delta(i) \tag{1-3-10}$$

1.3.4　离散时间周期信号

对一个离散时间信号 $f(n)$，若对所有的 n 值均满足条件

$$f(n) = f(n + mN) \qquad m = 0, \pm 1, \pm 2, \cdots \tag{1-3-11}$$

则称 $f(n)$ 为离散时间周期信号，其中最小的正整数 N 值为信号 $f(n)$ 的周期。不满足周期信号条件的信号为非周期信号。

需要注意：与连续时间正弦信号不同，离散时间正弦信号并不一定是周期的，这是由于在离散信号中自变量 n 的取值是整数，故信号的周期 N 也一定为整数，而对任意一个正弦信号并不一定总能找到满足要求的正整数 N，即对离散时间信号而言，只有当 m 和 N 均为正整数时，信号才是周期的。

下面以离散时间复指数信号为例说明其周期性。

$$f(n) = \mathrm{e}^{j\omega n}$$

由周期信号的定义

$$f(n + N) = A\mathrm{e}^{j\omega(n+N)} = A\mathrm{e}^{j\omega n}\mathrm{e}^{j\omega N} = f(n)$$

因此　　$\mathrm{e}^{j\omega N} = 1, \ \omega N = 2k\pi, \ N = k\dfrac{2\pi}{\omega}$ \hfill (1-3-14)

只有当 k 取整数，使得 N 为整数时，信号才是周期的。

例 1-6　判断下列信号是否为周期信号，若是，求出其周期：

$(1) f(n) = 2\cos\left(\dfrac{6\pi}{5}n + 2\right)$；

$(2) f(n) = \displaystyle\sum_{m=-\infty}^{+\infty} [\delta(n - 4m) - \delta(n - 2 - 4m)]$。

解　$(1) f(n) = 2\cos\left(\dfrac{6\pi}{5}n + 2\right)$

$$\omega = \frac{6\pi}{5}, \quad N = k\left(\frac{2\pi}{\omega}\right) = k\left(\frac{2\pi}{6\pi} \times 5\right) = k\left(\frac{5}{3}\right)$$

当 $k = 3, N = 5$ 时，$f(n)$ 是周期信号。

$(2) f(n) = \displaystyle\sum_{m=-\infty}^{+\infty} [\delta(n - 4m) - \delta(n - 2 - 4m)]$

由定义　$f(n) = f(n + N)$

$$f(n + N) = \sum_{m=-\infty}^{+\infty} [\delta(n + N - 4m) - \delta(n + N - 2 - 4m)]$$

$$\xlongequal{\text{令 } N = 4k} \sum_{m=-\infty}^{+\infty} [\delta(n + 4k - 4m) - \delta(n + 4k - 2 - 4m)]$$

$$= \sum_{m=-\infty}^{+\infty} \{\delta[n - 4(m - k)] - \delta[n - 2 - 4(m - k)]\}$$

$$\xrightarrow{\diamondsuit\, m-k=p}\ \sum_{p=-\infty}^{+\infty}\big[\delta(n-4p)-\delta(n-2-4p)\big]=f(n)$$

可见，$f(n)$ 是周期信号，当 $k=1$ 时，周期为 $N=4$。

1.4 连续时间信号的基本运算

1.4.1 信号的相加与相乘

1. 信号的相加

两个连续时间信号在任意时刻的相加值，等于两信号在该时刻信号值对应点之和，即

$$f(t)=f_1(t)+f_2(t) \tag{1-4-1}$$

波形图如图 1-17 所示。

2. 信号的相乘

两个连续时间信号在任意时刻的相乘值，等于两信号在该时刻信号值对应点之乘积。即

$$f(t)=f_1(t)f_2(t) \tag{1-4-2}$$

波形图如图 1-18 所示。

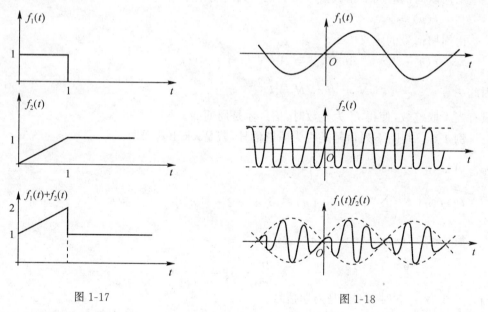

图 1-17   图 1-18

1.4.2 信号的平移、翻转和展缩

1. 信号的平移

已知信号 $f(t)$ 的波形，画出 $f(t+t_0)$ 的波形。如果 $t_0>0$，信号将 $t=0$ 点向左平移到 $t=-t_0$，因此，信号向左平移。与此类似，如果 $t_0<0$，信号向右平移 t_0 个单位。波形图如图 1-19 所示。

2. 信号的翻转

若已知信号 $f(t)$ 的波形，要求画出 $f(-t)$ 的波形，则只要将 $f(t)$ 信号绕纵轴翻转

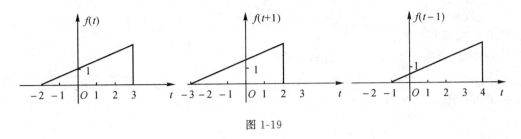

图 1-19

180°,即可得 $f(-t)$ 波形。波形图如图 1-20 所示。

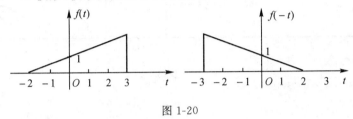

图 1-20

3. 信号的展缩

若已知信号 $f(t)$ 的波形,要求画出 $f(at)$ 的波形。这实际上就是将 $f(t)$ 的波形沿 t 轴进行展缩。若 $a>1$,是将 $f(t)$ 的波形以坐标原点为中心,沿 t 轴压缩为原来的 $\dfrac{1}{a}$。若 $0<a<1$,是将 $f(t)$ 的波形以坐标原点为中心,沿 t 轴展宽为原来的 $\dfrac{1}{a}$ 倍。

图 1-21 分别给出了 $a=2$ 和 $a=\dfrac{1}{2}$ 时 $f(t)$ 波形的展缩情况。

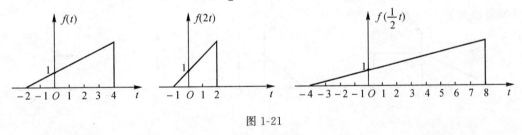

图 1-21

注意:一般来说,若已知信号 $f(t)$ 的波形,要求画出 $f(at+b)$ 的波形,则需要进行波形的平移、翻转($a<0$)和展缩变换,此时,波形变换的顺序并无统一的规定,无论采用何种变换顺序,均可以得到相同的结果。

但对初学者而言,我们给出一个基本的变换步骤:

(1) 若由信号 $f(t)$ 的波形,要求画出 $f(at+b)$ 的波形,可采用先翻转,后展缩,再平移的步骤。

(2) 若由信号 $f(at+b)$ 的波形,要求画出 $f(t)$ 的波形,可采用先平移,后展缩,再翻转的步骤。

(3) 若由信号 $f(mt+n)$ 的波形,要求画出 $f(at+b)$ 的波形,可采用先由信号 $f(mt+n)$ 的波形,画出 $f(t)$ 的波形,再由 $f(t)$ 的波形,画出 $f(at+b)$ 的波形。

例 1-7　已知 $f(t)$ 信号的波形如图 1-22 所示,画出 $f(6-t)$ 的波形。

解法一　先翻转,后平移(右移):

$$f(t) \rightarrow f(-t) \rightarrow f[-(t-6)] = f(6-t)$$

变换波形如图 1-23 所示。

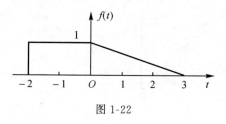

图 1-22

解法二   先平移(左移)，后翻转：

$$f(t) \rightarrow f(t+6) \rightarrow f(6-t)$$

变换波形如图 1-24 所示。

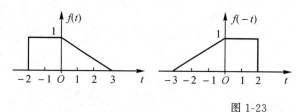
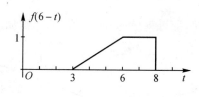

图 1-23

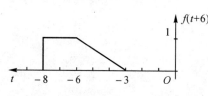
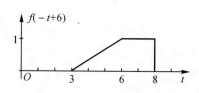

图 1-24

例 1-8   已知 $f(t)$ 信号的波形如图 1-22 所示，要求画出 $f(6-2t)$ 的波形。

解   先翻转，后展缩，再平移：

$$f(t) \rightarrow f(-t) \rightarrow f(-2t) \rightarrow f[-2(t-3)] = f(6-2t)$$

变换波形如图 1-25 所示。

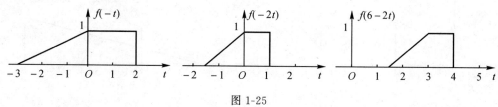

图 1-25

例 1-9   已知信号 $f(2t+2)$ 的波形如图 1-26 所示，试画出 $f(4-2t)$ 的波形。

解   先求 $f(t)$，再求 $f(4-2t)$。

(1) 先平移(右移)，后展缩，再翻转：

$$f(2t+2) = f[2(t+1)] \xrightarrow{\text{右移 1}} f(2t) \xrightarrow{\text{扩展 1 倍}} f(t)$$

变换波形如图 1-27 所示。

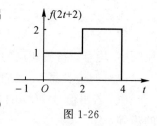

图 1-26

(2) 先翻转，后展缩，再平移：

$$f(t) = f(-t) \xrightarrow{\text{压缩 1 倍}} f(-2t) \xrightarrow{\text{右移 2}} f[-2(t-2)] = f(4-2t)$$

变换波形如图 1-28 所示。

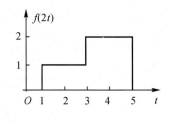
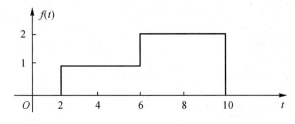

图 1-27

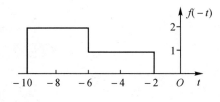
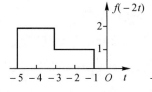
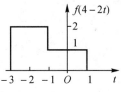

图 1-28

1.4.3　信号的微分和积分运算

1. 信号的微分

对信号 $f(t)$ 的微分运算是指 $f(t)$ 对 t 求导,即

$$f^{(1)}(t) = \frac{\mathrm{d}}{\mathrm{d}t} f(t) \tag{1-4-3}$$

在做微分运算时应特别注意:在一般情况下,函数在间断点处的导数是不存在的。

例 1-10　图 1-29(a) 给出了信号 $f(t)$ 的波形,画出其微分运算波形图。

解　信号的表达式为

$$f(t) = \begin{cases} t+2 & -2 \leqslant t \leqslant 0 \\ 2 & 0 \leqslant t \leqslant 1 \\ -2t+4 & 1 \leqslant t \leqslant 2 \end{cases}$$

经微分运算的表达式为

$$f^{(1)}(t) = \begin{cases} 1 & -2 < t < 0 \\ 0 & 0 < t < 1 \\ -2 & 1 < t < 2 \end{cases}$$

波形图如图 1-29(b) 所示。

2. 信号的积分运算

信号积分运算的定义为

$$f^{(-1)}(t) = \int_{-\infty}^{t} f(\tau)\mathrm{d}\tau \tag{1-4-4}$$

其物理意义为在任意时刻 t 的函数值为 $f(t)$ 波形在 $(-\infty, t)$ 区间上所包含的净面积。

例 1-11　图 1-29(a) 给出了 $f(t)$ 信号的波形图,画出 $f(t)$ 的积分波形图。

解　信号的表达式为

$$f(t) = \begin{cases} t+2 & -2 \leqslant t \leqslant 0 \\ 2 & 0 \leqslant t \leqslant 1 \\ -2t+4 & 1 \leqslant t \leqslant 2 \end{cases}$$

对信号进行积分运算：

当 $-2 \leqslant t \leqslant 0$ 时　$f^{(-1)}(t) = \int_{-2}^{t} (\tau + 2) \mathrm{d}\tau = \dfrac{1}{2} t^2 + 2t + 2$

当 $0 \leqslant t \leqslant 1$ 时　$f^{(-1)}(t) = \int_{-2}^{0} (\tau + 2) \mathrm{d}\tau + \int_{0}^{t} 2 \mathrm{d}\tau = 2t + 2$

当 $1 \leqslant t \leqslant 2$ 时　$f^{(-1)}(t) = \int_{-2}^{0} (\tau + 2) \mathrm{d}\tau + \int_{0}^{1} 2 \mathrm{d}\tau + \int_{1}^{t} (-2\tau + 4) \mathrm{d}\tau = -t^2 + 4t + 1$

当 $t > 2$ 时　$f^{(-1)}(t) = \int_{-2}^{0} (\tau + 2) \mathrm{d}\tau + \int_{0}^{1} 2 \mathrm{d}\tau + \int_{1}^{2} (-2\tau + 4) \mathrm{d}\tau = 5$

故　　　$f^{(-1)}(t) = \begin{cases} \dfrac{1}{2} t^2 + 2t + 2 & -2 \leqslant t \leqslant 0 \\ 2t + 2 & 0 \leqslant t \leqslant 1 \\ -t^2 + 4t + 1 & 1 \leqslant t \leqslant 2 \\ 5 & t > 2 \end{cases}$

其积分波形图如图 1-29(c) 所示。

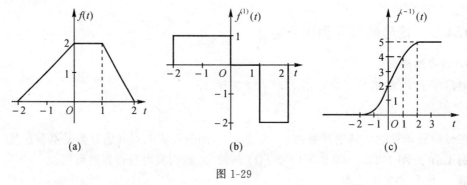

图 1-29

1.5　离散时间信号的运算

1.5.1　离散时间信号的相加与相乘

1. 离散时间信号的相加

离散时间信号的相加等于自变量 n 逐点对应的函数值相加。

$$f(n) = f_1(n) + f_2(n) \tag{1-5-1}$$

若已知 $f_1(n)$ 和 $f_2(n)$ 的波形，则 $f(n)$ 的波形如图 1-30 所示。

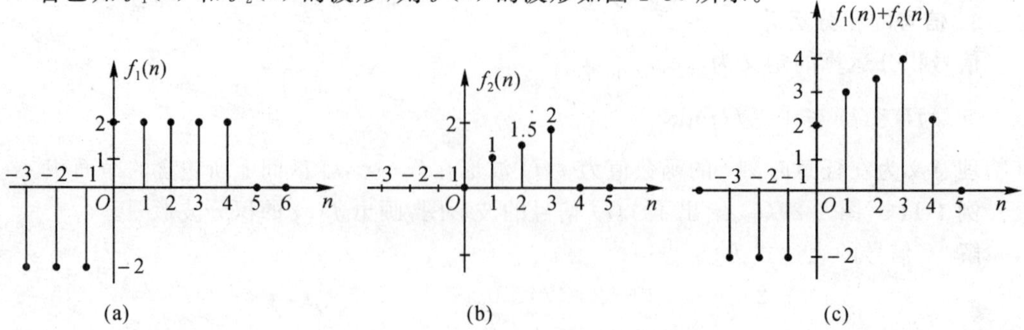

图 1-30

2. 离散时间信号的相乘

离散时间信号的相乘等于自变量 n 逐点对应的函数值相乘,即

$$f(n) = f_1(n)f_2(n) \tag{1-5-2}$$

若已知 $f_1(n)$ 和 $f_2(n)$ 的波形,则 $f(n)$ 的波形如图 1-31 所示。

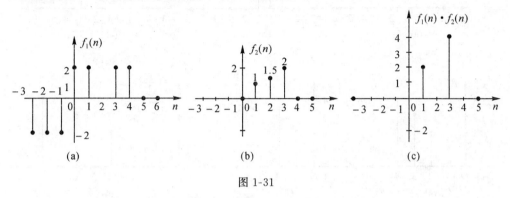

图 1-31

1.5.2　离散时间信号的翻转、平移和尺度变换

1. 翻转

离散时间信号 $f(n)$ 的翻转是将原信号以纵轴为对称轴翻转 $180°$ 而得到一个新的信号 $f(-n)$,如图 1-32 所示。

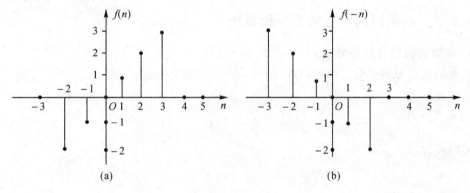

图 1-32

2. 平移

若离散时间信号用 $f(n)$ 表示,则其平移信号为 $f(n+m)$。当 $m > 0$ 时,信号左移,当 $m < 0$ 时,信号右移。

图 1-33 给出了当 $m = \pm 2$ 时的平移信号。

3. 尺度变换

若已知离散时间信号 $f(n)$,其尺度变换序列为 $f(mn)$ 或 $f\left(\dfrac{n}{m}\right)$,其中 m 为正整数。需要指出的是:它不同于连续时间信号简单地在时间轴上按比例压缩或扩展 m 倍,而是以 m 抽样频率抽取或内插。

图 1-34 分别画出了当 $m = 2$ 和 $m = \dfrac{1}{2}$ 时的波形。

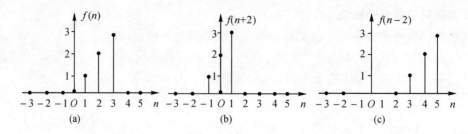

图 1-33

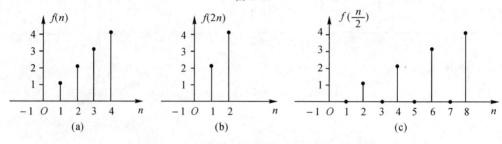

图 1-34

由图 1-34 可以看出，$f(2n)$ 是 $f(n)$ 序列中每两点抽取一点后得到的序列。而 $f\left(\dfrac{n}{2}\right)$ 是从 $f(n)$ 序列中相邻两抽样点之间插入 1 个零值点后得到的序列。

1.5.3　离散时间信号的差分和累加

1. 离散时间信号的差分

离散时间信号的差分有两种形式：前向差分和后向差分。

前向差分为

$$\frac{\Delta f(n)}{\Delta n} = \frac{f(n+1) - f(n)}{n+1-n} \quad 或 \quad \Delta f(n) = f(n+1) - f(n) \tag{1-5-3}$$

后向差分为

$$\frac{\nabla f(n)}{\nabla n} = \frac{f(n) - f(n-1)}{n-n+1} \quad 或 \quad \nabla f(n) = f(n) - f(n-1) \tag{1-5-4}$$

一阶前向差分为

$$\Delta f(n) = f(n+1) - f(n)$$

二阶前向差分为

$$\begin{aligned}
\Delta^2 f(n) &= \Delta[\Delta f(n)] = \Delta[f(n+1) - f(n)] \\
&= f(n+2) - f(n+1) - f(n+1) + f(n) \\
&= f(n+2) - 2f(n+1) + f(n)
\end{aligned}$$

m 阶前向差分为

$$\begin{aligned}
\Delta^m f(n) &= \Delta^{m-1}[f(n+1) - f(n)] \\
&= f(n+m) + b_{m-1}f(n+m-1) + \cdots + b_0 f(n)
\end{aligned} \tag{1-5-5}$$

注意：式中 $b_{m-1} \sim b_0$ 包含符号。

同理，m 阶后向差分可表示为

$$\nabla^m f(n) = f(n) + b_1 f(n-1) + \cdots + b_m f(n-m) \tag{1-5-6}$$

例 1-12 若已知 $f(n)$ 的波形,画出其前向差分 $\Delta f(n)$ 和后向差分 $\nabla f(n)$ 的波形。

解 $f(n)$ 的前向差分的波形 $\Delta f(n)$ 如图 1-35 所示。同样,后向差分 $\nabla f(n)$ 的波形如图 1-36 所示。

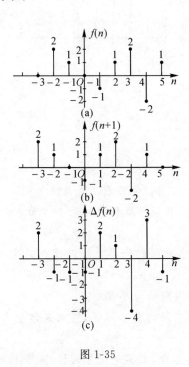

图 1-35

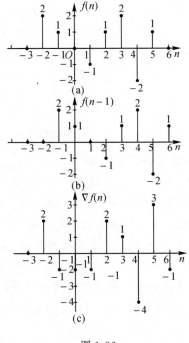

图 1-36

2. 信号的累加

根据连续信号的积分运算的定义

$$f^{(-1)}(t) = \int_{-\infty}^{t} f(\tau)\mathrm{d}\tau = \lim_{\Delta\tau \to 0} \sum_{\tau=-\infty}^{t} f(\tau + \Delta\tau)\Delta\tau$$

在离散信号中,最小间隔 $\Delta\tau = 1$,因此可类似定义离散信号的累加运算为

$$y(n) = \sum_{i=-\infty}^{n} f(i) \tag{1-5-7}$$

例 1-13 图 1-37(a) 给出了离散信号 $f(n)$ 的波形图,画出其累加运算 $y(n)$ 的波形图。

解 由累加运算的定义,有

$$y(-2) = 0$$
$$y(-1) = f(-2) + f(-1) = y(-2) + f(-1) = -2$$
$$y(0) = f(-2) + f(-1) + f(0) = y(-1) + f(0) = -1$$
$$y(1) = y(0) + f(1) = 1$$
$$y(2) = y(1) + f(2) = 3$$
$$y(3) = y(2) + f(3) = 3$$
$$y(4) = y(3) + f(4) = 2$$
$$y(5) = y(4) + f(5) = 1$$
$$y(6) = y(5) + f(6) = 1$$

因此,$f(n)$ 的累加运算波形如图 1-37(b) 所示。

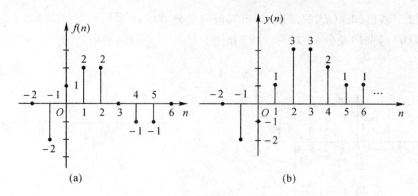

图 1-37

【本章知识要点】

1. 信号的分类，常用连续时间基本信号及其特性。常用信号的表达式及波形图。

2. 连续时间阶跃信号和冲激信号的定义和特性，尤其是冲激信号的两个方面的含义，这两种信号在信号计算与分析中的应用。

3. 离散时间基本信号及其特点，离散时间单位脉冲序列和单位阶跃序列的定义和性质。

4. 连续时间信号和离散时间信号的周期性，信号周期的计算方法。

5. 连续时间信号的相加、相乘，微分、积分和波形变换的基本运算，特别是信号的翻转、平移和展缩的变换。

6. 离散时间信号的相加、相乘、差分、累加和波形变换，尤其是信号的翻转、平移和尺度变换。

习 题

1-1 画出下列信号的波形图：

(1)$f_1(t) = (2 - 2e^{-t})u(t)$；

(2)$f_2(t) = e^{-t}u(t)$；

(3)$f_3(t) = e^{-t}u(\cos t)$；

(4)$f_4(t) = \cos 2\pi t[u(t - 1) - u(t - 3)]$；

(5)$f_5(t) = 4u(t + 2) - u(t) - 2u(t - 1) + 2u(t - 3)$；

(6)$f_6(t) = \sin \pi t[u(5 - t) - u(-t)]$。

1-2 写出题 1-2 图中各信号的解析表达式。

1-3 判断下列信号是否为周期信号，若是周期信号，确定信号的周期：

(1)$f(t) = A\sin(3t + 45°)$；

(2)$f(t) = A\cos(5t + 30°)$；

(3)$f(t) = e^{j(\pi t - 1)}$；

(4)$f(t) = 5e^{j\frac{\pi}{2}t}$；

(5)$f(t) = a\sin t + b\sin 2t$；

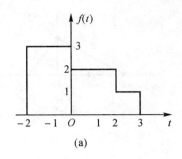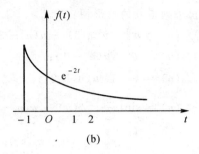

题 1-2 图

(6)$f(t) = 4\sin 2t + 5\cos\pi t$;

(7)$f(t) = \left[\sin\left(t - \dfrac{\pi}{6}\right)\right]^2$。

1-4　计算下列各题：

(1)$\dfrac{\mathrm{d}}{\mathrm{d}t}\left[\mathrm{e}^{-t}\delta(t)\right]$;　　　　　　　　(2)$\dfrac{\mathrm{d}}{\mathrm{d}t}\left[\mathrm{e}^{-t}u(t)\right]$;

(3)$\mathrm{e}^{-4t}\delta(2 + 2t)$;　　　　　　　　(4)$\mathrm{e}^{-5t}\delta(t + 2)$;

(5)$\displaystyle\int_{-\infty}^{+\infty}\mathrm{e}^{\mathrm{j}wt}\left[\delta(t) - \delta(t - t_0)\right]\mathrm{d}t$;　　(6)$\displaystyle\int_{-\infty}^{t}\mathrm{e}^{-\tau}\left[\delta(\tau) + \delta^{(1)}(\tau)\right]\mathrm{d}\tau$;

(7)$\displaystyle\int_{-5}^{5}(2t^2 + t - 5)\delta(3 - t)\mathrm{d}t$;　(8)$\displaystyle\int_{-1}^{5}\left(t^2 + t - \sin\dfrac{\pi}{4}t\right)\delta(t + 2)\mathrm{d}t$;

(9)$\displaystyle\int_{0}^{10}\delta(t^2 - 4)\mathrm{d}t$;　　　　　(10)$\displaystyle\int_{-\infty}^{\infty}(t^2 + t + 1)\delta\left(\dfrac{t}{2}\right)\mathrm{d}t$。

1-5　已知信号 $f(t) = 0, t < 3$，计算 $f(1 - t) + f(2 - t)$ 为零的值。

1-6　已知信号 $f(t) = 0, t < 3$，计算 $f\left(\dfrac{1}{3}t\right)$ 为零的值。

1-7　已知 $f(t) = (t^2 + 4)u(t)$，计算 $f^{(2)}(t)$。

1-8　信号 $f(t)$ 的波形如题 1-8 图所示，试画出下列信号的波形：

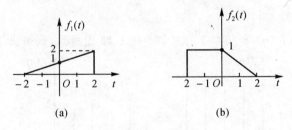

题1-8 图

(1)$f_1(2t - 1)$;　　　　　　　　(2)$f_2(-2t - 2)$;

(3)$f_1(2 - t)$;　　　　　　　　(4)$f_2(t + 2)u(-t)$;

(5)$f_1\left(2 - \dfrac{1}{2}t\right)$;　　　　　　(6)$f_2\left(\dfrac{1}{2}t - 2\right)$;

(7)$f_1(2t) + f_2(t - 1)$;　　　　(8)$f_1(2t - 1)f_2(t + 1)$。

1-9　已知信号 $f(t + 1)$ 的波形如题 1-9 图所示，试画出 $\dfrac{\mathrm{d}}{\mathrm{d}t}\left[f\left(\dfrac{1}{2}t + 1\right)\right]$ 的波形。

1-10　画出下列信号的波形图：

$(1)f_1(n) = n^2[u(n+3) - u(n-3)]$；

$(2)f_2(n) = 2^{(1-n)}u(n-1)$；

$(3)f_3(n) = (-1)^n u(n-2)$；

$(4)f_4(n) = \sin\left(\dfrac{\pi n}{2}\right)[u(n) - u(n-7)]$；

$(5)f_5(n) = \begin{cases} \left(\dfrac{1}{2}\right)^n & n \geqslant 0; \\ \left(\dfrac{1}{2}\right)^{-n} & n < 0. \end{cases}$

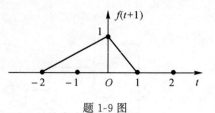

题 1-9 图

1-11　写出题 1-11 图中各信号的解析表达式。

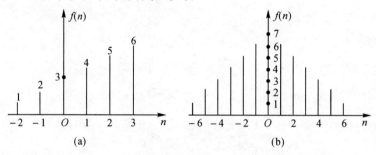

(a)　　　　　　　　　　(b)

题 1-11 图

1-12　判断下列信号是否为周期信号，若是周期信号，确定信号的周期：

$(1)f(n) = e^{j(\frac{n}{2} - \pi)}$；　　　　　　　　　$(2)f(n) = e^{j(\frac{\pi}{2}n - \pi)}$；

$(3)f(n) = A\cos\left(\dfrac{3\pi}{7}n - \dfrac{\pi}{8}\right)$；　　　　　$(4)f(n) = A\cos w_0 n \cdot u(n)$；

$(5)f(n) = \sum\limits_{n=-\infty}^{+\infty}\{\delta[n-3m] - \delta[n-1-3m]\}$；

$(6)f(n) = \cos\left(\dfrac{n}{4}\right)\text{con}\left(\dfrac{\pi n}{4}\right)$。

1-13　已知离散信号 $f_1(n)$ 和 $f_2(n)$ 的波形如题 1-13 图所示，试画出下列信号的波形：

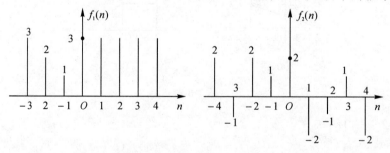

题 1-13 图

$(1)f_1(n-2)$；　　　　　　　　　$(2)f_2(n-2)u(n+1)$；

$(3)f_1(n+2)[u(n+1) - u(n-3)]$；　$(4)f_2(-2n-4)$；

$(5)f_1(n+1) + f_2(-2n)$；　　　　$(6)f_1(n) + f_2(2n)$；

(7) $f_1(n-2)f_2(n-1)$。

1-14　已知 $f(n)$ 的波形如题 1-14 图所示，画出其前向差分 $\Delta f(n)$ 和后向差分 $\nabla f(n)$ 波形图。

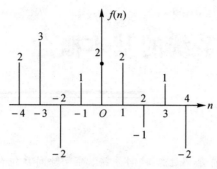

题 1-14 图

1-15　已知 $f(n)$ 的波形如题 1-14 图所示，画出其累加信号 $y(n)$ 的波形图。

第 2 章　　系统的基本概念

【内容提要】　本章主要介绍连续时间系统、离散时间系统的基本概念,系统的框图表示、连续时间系统的性质以及离散时间系统的性质。

2.1　系统的描述

2.1.1　连续时间系统

在系统理论中,系统是指由若干相互联系的事物组合而成并且具有特定功能的整体。它包括电子、机械等物理实体,也包括社会、经济等非物理实体。在本课程中,我们主要研究以电信号为基础的物理实体。

系统的基本作用是对输入信号进行采集、处理等过程,将其转换成需要的输出信号。如图 2-1 所示,图中 $f(t)$ 为输入信号或激励,$y(t)$ 为输出信号或响应,放大器和滤波器表示的就是一个系统。响应是激励和系统共同作用的结果。激励是引起

图 2-1

响应的外部因素,而系统则是引起响应的内部原因。显然,对于相同的输入信号(或激励),加入的系统不同,得到的响应也不相同。

通常情况下,一个实用系统可以由一个独立系统组成,也可以由若干个独立的子系统组成,这些子系统的各个独立特性构成整个系统的特性,因此对于系统的研究尤其显得重要。

描述一个系统,不论系统内部的结构如何,均可以将系统看成一个黑盒子,我们只需要研究或描述系统的输入输出之间的关系,这种描述方法称为输入输出描述。如果系统只有一个输入信号和一个输出信号,则该系统称为为单输入和单输出系统,若系统由多个输入信号和多个输出信号,则称其为多输入多输出系统。

连续时间系统通常用输入输出微分方程来描述,下面举一个例子来说明。

例 2-1　图 2-2 所示为一个电路系统,$i(t)$ 为激励信号,$u(t)$ 为响应信号,写出该系统的输入输出关系。

解　列节点电压方程如下:

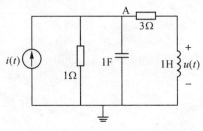

图 2-2

$$\begin{cases} C\dfrac{\mathrm{d}u_{\mathrm{A}}(t)}{\mathrm{d}t} + \dfrac{u_{\mathrm{A}}(t)}{1} + i_L(t) = i(t) \\[2mm] u_{\mathrm{A}}(t) = 3i_L(t) + L\dfrac{\mathrm{d}i_L(t)}{\mathrm{d}t} \\[2mm] u(t) = L\dfrac{\mathrm{d}i_L(t)}{\mathrm{d}t} \end{cases}$$

代入参数,解得

$$\frac{\mathrm{d}^2 u(t)}{\mathrm{d}t^2} + 4\frac{\mathrm{d}u(t)}{\mathrm{d}t} + 4u(t) = \frac{\mathrm{d}i(t)}{\mathrm{d}t}$$

或 $\qquad u''(t) + 4u'(t) + 4u(t) = i'(t)$

由此可见,对于一个二阶系统,可以用一个二阶微分方程来描述其输入输出关系。

众所周知,要想求解此二阶微分方程,需要给定两个初始条件 $u(0)$ 和 $u'(0)$。同理,对于一个 n 阶系统,可以用一个 n 阶微分方程来描述其输入输出关系。对于 n 阶微分方程,写成一般形式为

$$\sum_{i=0}^{n} a_i y^{(i)}(t) = \sum_{j=0}^{m} b_j f^{(j)}(t) \tag{2-1-1}$$

式中:$f(t)$ 是系统的激励信号;$y(t)$ 是系统的响应信号。若要求解一个 n 阶微分方程,需要 n 个初始条件 $y(0), y^{(1)}(0), y^{(2)}(0), \cdots, y^{(n-1)}(0)$。

对于该方程的求解,将在后面讲述。

2.1.2　离散时间系统

对于离散时间系统,通常用差分方程来描述其输入与输出之间的关系。下面以一个实际例子加以说明。

例 2-2　假如一个储户每月定期在银行存款,每个月的存款额为 $f(n)$,银行每月支付的利息利率为 α,每月利息按复利计算,试计算第 n 个月储户的本息总额 $y(n)$。

分析　第 n 个月后储户的本息总额包括三个部分:(1) 前 $(n-1)$ 个月的本息总额 $y(n-1)$;(2) $y(n-1)$ 的月息 $\alpha y(n-1)$;(3) 第 n 个月存入的本金 $f(n)$。

因此,在第 n 个月储户的本息总额 $y(n)$ 为

$$y(n) = y(n-1) + \alpha y(n-1) + f(n) = (1+\alpha)y(n-1) + f(n)$$

或

$$y(n) - (1+\alpha)y(n-1) = f(n)$$

从本例中可见,$f(n)$ 为系统的输入,$y(n)$ 为系统的输出,该系统为一个离散时间系统。系统输出输入之间的关系组成的方程称为差分方程,本系统方程为一阶差分方程,而且方程的未知序列项为一阶,其系数为常数,故该方程为一阶常系数线性差分方程。

同理,当未知序列项的阶数为 n 阶,且其系数为常数时,称其为 n 阶常系数线性差分方程。其一般表达式为

$$\sum_{i=0}^{N} a_i y(n-i) = \sum_{j=0}^{M} b_j f(n-j) \tag{2-1-2}$$

2.2　系统的框图表示

系统特性的描述除了采用数学模型形式之外，还有另一种描述形式 —— 系统框图。系统框图是若干个基本运算单元经过相互连接来反映系统变量之间的运算关系。系统框图除能反映运算变量之间的关系外，还能以图形的方式直观地表示各单元在系统中的地位和作用。

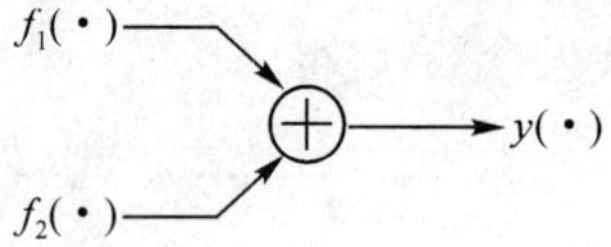

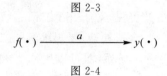

图 2-3

下面介绍几种常用的系统基本运算单元。

（1）加法器

$$y(\cdot) = f_1(\cdot) + f_2(\cdot)$$

如图 2-3 所示。

（2）数乘器

$$y(\cdot) = af(\cdot)$$

如图 2-4 所示。

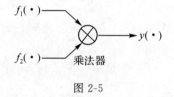

图 2-4

（3）乘法器

$$y(\cdot) = f_1(\cdot)f_2(\cdot)$$

如图 2-5 所示。

（4）积分器

$$y(t) = \int_{-\infty}^{t} f(\tau)\mathrm{d}\tau$$

如图 2-6 所示。

（5）移位器

$$y(n) = f(n-1)$$

如图 2-7 所示。

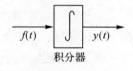

图 2-5

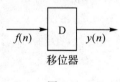

图 2-6

移位器用于离散时间系统，由于离散时间系统的数学模型是差分方程，对一阶差分而言，用图形表示时，相当于位移一个单位。

例 2-3　已知函数 $f(n)$ 波形如图 2-8(a) 所示，让其通过图 2-7 系统，画出其输出波形 $y(n)$。由移位器可知，经过系统后，相当于函数 $f(n)$ 的波形向右移 1 个单位，即可得到 $f(n-1)$ 的波形，如图 2-8(b) 所示。

图 2-7

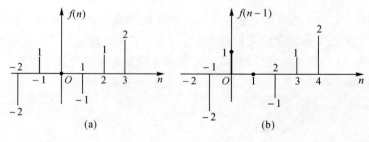

(a)　　　　　　　　　(b)

图 2-8

画系统框图时需注意两点：

（1）在系统框图中，相加器的输出是微分方程（或差分方程）的最高阶。

（2）当微分方程（或差分方程）输入信号的阶数等于（或高于）一阶时，应采用变量代换的方法建立辅助方程。

下面以例题说明系统框图的画法。

例 2-4　某一连续时间系统的微分方程为

$$y^{(2)}(t) + a_1 y^{(1)}(t) + a_0 y(t) = f(t) \tag{2-2-1}$$

试画出该系统的系统框图。

解　由于微分方程的最高阶为二阶，以 $y^{(2)}(t)$ 作为相加器的输出，其后面需要经过两个积分器才能得到 $y^{(1)}(t)$ 和 $y(t)$，故将微分方程改写为

$$y^{(2)}(t) = f(t) - a_1 y^{(1)}(t) - a_0 y(t)$$

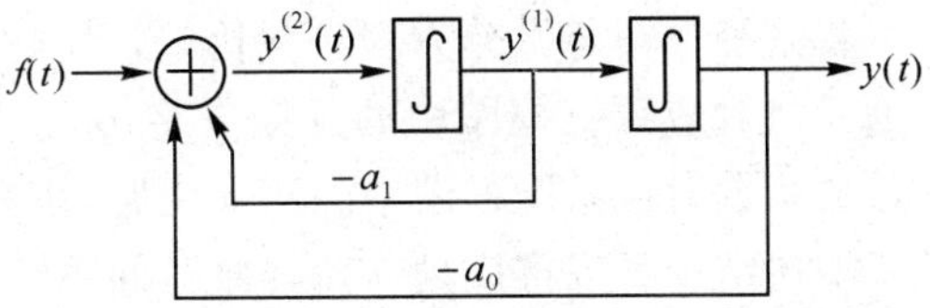

画出的系统框图如图 2-9 所示。

图 2-9

由此可以看出，当输出信号为二阶时，系统中需要两个积分器来表示。

例 2-5　某一连续时间系统的微分方程为

$$y^{(2)}(t) + a_1 y^{(1)}(t) + a_0 y(t) = b_1 f^{(1)}(t) + b_0 f(t) \tag{2-2-2}$$

试画出该系统的系统框图。

解　本例中，输出函数最高阶为二阶，故需要两个积分器。输入信号的最高阶数为一阶，对这类系统，需要引用辅助方程

设最右边积分器的输出为辅助函数 $x(t)$，则两个积分器的输入端分别为 $x^{(1)}(t)$ 和 $x^{(2)}(t)$，因此，可写出两个辅助方程：

$$x^{(2)}(t) = f(t) - a_1 x^{(1)}(t) - a_0 x(t) \tag{2-2-3}$$

$$y(t) = b_1 x^{(1)}(t) + b_0 x(t) \tag{2-2-4}$$

根据辅助方程可以画出系统框图，如图 2-10 所示。

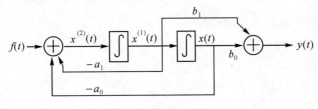

图 2-10

该框图表示的系统是否就是原微分方程所表示的系统呢？下面对它进行说明。

由于系统框图所表示的微分方程为式（2-2-3）和式（2-2-4）。我们对式（2-2-4）求二阶导数，有

$$y^{(1)}(t) = b_1 x^{(2)}(t) + b_0 x^{(1)}(t) \tag{2-2-5}$$

$$y^{(2)}(t) = b_1 x^{(3)}(t) + b_0 x^{(2)}(t) \tag{2-2-6}$$

对式（2-2-3）求导数，有

$$x^{(3)}(t) = f^{(1)}(t) - a_1 x^{(2)}(t) - a_0 x^{(1)}(t) \tag{2-2-7}$$

将式（2-2-7）、式（2-2-3）代入式（2-2-6），并比较式（2-2-5），可得

$$y^{(2)}(t) = b_1 x^{(3)}(t) + b_0 x^{(2)}(t)$$

$$= b_1[f^{(1)}(t) - a_1 x^{(2)}(t) - a_0 x^{(1)}(t)] + b_0[f(t) - a_1 x^{(1)}(t) - a_0 x(t)]$$
$$= b_1 f^{(1)}(t) + b_0 f(t) - a_1[b_1 x^{(2)}(t) + b_0 x^{(1)}(t)] - a_0[b_1 x^{(1)} + b_0 x(t)]$$
$$= b_1 f^{(1)}(t) + b_0 f(t) - a_1 y^{(1)}(t) - a_0 y(t)$$

移项整理可得

$$y^{(2)}(t) + a_1 y^{(1)}(t) + a_0 y(t) = b_1 f^{(1)}(t) + b_0 f(t) \qquad (2\text{-}2\text{-}8)$$

经推导,框图所代表的系统显然与原微分方程相同。

　　将系统框图与微分方程进行比较,我们不难发现,微分方程中输出函数 $y(t)$ 及各阶导数的系数对应系统框图中的反馈支路,系数加一个负号。微分方程中输入函数 $f(t)$ 及各阶导数的系数对应系统框图中的正向支路,系数符号不变。

　　上述结论可以推广到 n 阶连续时间系统。

　　设 n 阶连续时间系统的输入、输出方程为

$$y^{(n)}(t) + a_{n-1} y^{(n-1)}(t) + \cdots + a_1 y^{(1)}(t) + a_0 y(t)$$
$$= b_m f^{(m)}(t) + b_{m-1} f^{(m-1)}(t) + \cdots + b_1 f^{(1)}(t) + b_0 f(t) \qquad (2\text{-}2\text{-}9)$$

式中,$m < n$。相应的系统框图,如图 2-11 所示。

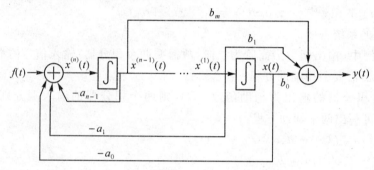

图 2-11

　　例 2-6　某离散系统的输入输出差分方程为

$$y(n) + a_1 y(n-1) + a_0 y(n-2) = f(n-2)$$

画出该系统的框图。

　　解　方程经变换可得

$$y(n+2) + a_1 y(n+1) + a_0 y(n) = f(n)$$
$$y(n+2) = f(n) - a_1 y(n+1) - a_0 y(n)$$

系统框图如图 2-12 所示。

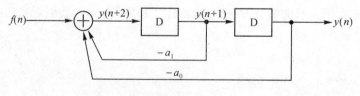

图 2-12

　　例 2-7　某离散系统框图如图 2-13 所示,试写出描述该系统输入输出关系的差分方程。

　　解　系统框图中有两个移位器,故系统为二阶系统。设辅助函数 $x(n)$ 作为相加器的输出,则

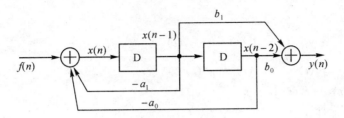

图 2-13

$$x(n) = f(n) - a_1 x(n-1) - a_0 x(n-2) \tag{2-2-10}$$

即　　$$x(n) + a_1 x(n-1) + a_0 x(n-2) = f(n) \tag{2-2-11}$$

系统输出 $y(n) = b_1 x(n-1) + b_0 x(n-2) \tag{2-2-12}$

为了消除辅助函数项,由式(2-2-10) 得

$$\begin{cases} x(n-1) = f(n-1) - a_1 x(n-2) - a_0 x(n-3) \\ x(n-2) = f(n-2) - a_1 x(n-3) - a_0 x(n-4) \end{cases} \tag{2-2-13} \tag{2-2-14}$$

由式(2-2-12) 得

$$\begin{cases} y(n-1) = b_1 x(n-2) + b_0 x(n-3) \\ y(n-2) = b_1 x(n-3) + b_0 x(n-4) \end{cases} \tag{2-2-15} \tag{2-2-16}$$

将式(2-2-12)、式(2-2-13) 和式(2-2-14) 代入式(2-2-15) 和式(2-2-16),可得

$$y(n) = b_1 f(n-1) - b_1 [a_1 x(n-2) - a_0 x(n-3)] + b_0 f(n-2)$$
$$\qquad - b_0 [a_1 x(n-3) + a_0 x(n-4)]$$
$$\qquad = b_1 f(n-1) + b_0 f(n-2) - a_1 y(n-1) - a_0 y(n-2)$$

因此,系统的差分方程为

$$y(n) + a_1 y(n-1) + a_0 y(n-2) = b_1 f(n-1) + b_0 f(n-2) \tag{2-2-17}$$

2.3　系统的特性

2.3.1　连续时间系统的特性

1. 线性特性

系统的作用是将输入信号经过一定的变换转换成所需要的输出信号。因此,系统的特性也是通过输入输出关系反映出来的。

设系统的输入信号为 $f(t)$,在此激励下,系统的响应为 $y(t)$,则系统具有线性特性的两个条件如下。

(1) 齐次性

若　　$f(t) \xrightarrow{\text{响应}} y(t)$

且　　$af(t) \xrightarrow{\text{响应}} ay(t)$　(a 为常数)

或　　$$T[af(t)] = ay(t) \tag{2-3-1}$$

则称系统具有齐次性。

（2）叠加性

若　　$f_1(t) \xrightarrow{\text{响应}} y_1(t)$　　$f_2(t) \xrightarrow{\text{响应}} y_2(t)$

且　　　$f_1(t) + f_2(t) \xrightarrow{\text{响应}} y_1(t) + y_2(t)$

或　　　$T[f_1(t) + f_2(t)] = y_1(t) + y_2(t)$　　　　　　　　　　　　（2-3-2）

则称系统具有叠加性。

如果同时满足齐次性和叠加性，则称系统满足线性特性。否则，系统满足非线性特性。

因此，综合齐次性和叠加性，具有线性特性也可以用下式来表示，即

$$af_1(t) + bf_2(t) \xrightarrow{\text{响应}} ay_1(t) + by_2(t)$$

或写成　　$T[af_1(t) + bf_2(t)] \xrightarrow{\text{响应}} y_3(t) = ay_1(t) + by_2(t)$　　　　　（2-3-3）

例 2-8　检验下列系统是否具有线性特性：

（1）　$y(t) = tf(t)$；

（2）　$y(t) = f^2(t)$。

解　（1）设　　$f_1(t) \xrightarrow{\text{响应}} y_1(t)$　　$f_2(t) \xrightarrow{\text{响应}} y_2(t)$　　$f_3(t) \xrightarrow{\text{响应}} y_3(t)$

$$f_3(t) = af_1(t) + bf_2(t)　　y_3(t) = atf_1(t) + btf_2(t)$$

根据条件有

$$T[af_1(t) + bf_2(t)] = taf_1(t) + tbf_2(t) \xrightarrow{\text{响应}} y_3(t) = atf_1(t) + btf_2(t)$$

则系统具有线性特性。

（2）设　　$f_1(t) \xrightarrow{\text{响应}} y_1(t)$　　$f_2(t) \xrightarrow{\text{响应}} y_2(t)$　　$f_3(t) \xrightarrow{\text{响应}} y_3(t)$

$$f_3(t) = af_1(t) + bf_2(t)　　y_3(t) = af_1^2(t) + bf_2^2(t)$$

$$T[f_3(t)] = T[af_1(t) + bf_2(t)] = [af_1(t) + bf_2(t)]^2$$
$$= a^2f_1^2(t) + b^2f_2^2(t) + abf_1(t)f_2(t)$$
$$\neq y_3(t) = af_1^2(t) + bf_2^2(t)$$

系统具有非线性特性。

2. 线性系统

对于大多数系统而言，系统具有初始储能，此时，系统的输出响应由输入信号和系统的初始状态共同作用而决定。

由此可见，对初始状态不为零的系统，若能同时满足以下三个条件，则系统称为线性系统，否则，称为非线性系统。

（1）可分解性

系统响应 $y(t)$ 可以分解为零输入响应 $y_{zi}(t)$ 和零状态响应 $y_{zs}(t)$ 之和，即

$$y(t) = y_{zi}(t) + y_{zs}(t)　　　　　　　　　　　　　　　　（2-3-4）$$

（2）零输入线性

系统零输入响应 $y_{zi}(t)$ 和系统起始状态 $x(0_-)$ 或 $x(0)$ 之间满足线性特性。

（3）零状态线性

系统零状态响应 $y_{zs}(t)$ 与系统输入激励信号 $f(t)$ 之间满足线性特性。

对于系统初始状态为零的响应 —— 零状态响应，只要输入输出之间的关系满足线性特

性,则该系统为线性系统。

例 2-9　若系统激励信号为 $f(t)$,系统起始状态为 $x(0_-)$,系统响应信号为 $y(t)$,试判断下列系统是否为线性系统:

(1) $y(t) = 2x(0_-)f(t) + f(t)$;

(2) $y(t) = 5x(0_-) + 4f^2(t)$;

(3) $y(t) = x^2(0_-) + 7f(t)$;

(4) $y(t) = 3t^2x(0_-) + 5f(t)$;

(5) $y(t) = 2t^2x(0_-) + 8\dfrac{\mathrm{d}}{\mathrm{d}t}f(t)$。

解　(1) 可分解性:不满足。故为非线性系统。

(2) 可分解性:满足;零输入线性:满足;零状态线性:不满足。故为非线性系统。

(3) 可分解性:满足;零输入线性:不满足。故为非线性系统。

(4) 可分解性:满足;零输入线性:满足(t 不是考察对象);零状态线性:满足。故为线性系统。

(5) 可分解性:满足;零输入线性:满足(t 不是考察对象);零状态线性:满足;故为线性系统。

通常,以线性微分方程作为输入输出描述方程的系统都是线性系统,而以非线性微分方程作为输入输出描述方程的系统都是非线性系统。

3. 时不变特性

时不变系统是指系统参数不随时间变化的系统。对于一个时不变系统而言,由于系统参数不随时间 t 变化,故系统的输入输出关系也不随时间变化。

若输入激励信号 $f(t)$ 作用于系统时所产生的零状态响应为 $y_{zs}(t)$,则当输入激励信号延时 t_d 时间时,其系统的零状态响应 $y_{zs}(t)$ 也延时相同的时间,且相应的波形形状保持不变。

连续时间时不变系统的波形如图 2-14 所示。

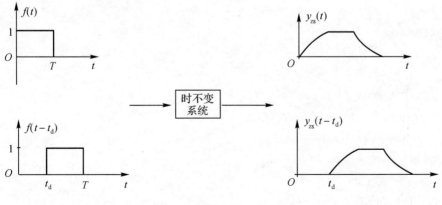

图 2-14

一个连续时间系统具有如下特性:

若　$f(t) \xrightarrow{\text{响应}} y_{zs}(t)$

且　　　$f(t - t_d) \xrightarrow{\text{响应}} y_{zs}(t - t_d)$　　　　　　　　　　(2-3-5)

则该系统称为时变系统。

例 2-10　判断下列系统是否为时不变系统：

$(1) y_{zs}(t) = 4f^2(t) + 3f(t)$；

$(2) y_{zs}(t) = \cos t \cdot f(t)$；

$(3) y_{zs}(t) = 2tf(t)$；

$(4) y_{zs}(t) = 6\cos[f(t)]$；

$(5) y_{zs}(t) = 9f(2t)$。

解　(1)　$y_{zs}(t) = 4f^2(t) + 3f(t)$

　　　　　$f_1(t) = f(t - t_d)$

　　　　　$y_{zs1}(t) = 4f_1^2(t) + 3f_1(t) = 4f^2(t - t_d) + 3f(t - t_d)$

　　　　　$y_{zs}(t - t_d) = 4f^2(t - t_d) + 3f(t - t_d)$

　　　　　$y_{zs1}(t) = y_{zs}(t - t_d)$

该系统为时不变系统。

　　(2)　$y_{zs}(t) = \cos t \cdot f(t)$

　　　　　$f_1(t) = f(t - t_d)$

　　　　　$y_{zs1}(t) = \cos t \cdot f_1(t) = \cos t \cdot f(t - t_d)$

　　　　　$y_{zs}(t - t_d) = \cos(t - t_d) \cdot f(t - t_d)$

　　　　　$y_{zs1}(t) \neq y_{zs}(t - t_d)$

该系统为时变系统。

　　(3)　$y_{zs}(t) = 2tf(t)$

　　　　　$f_1(t) = f(t - t_d)$

　　　　　$y_{zs1}(t) = 2tf_1(t) = 2tf(t - t_d)$

　　　　　$y_{zs}(t - t_d) = 2(t - t_d)f(t - t_d)$

　　　　　$y_{zs1} \neq y_{zs}(t - t_d)$

该系统为时变系统。

　　(4)　$y_{zs}(t) = 6\cos[f(t)]$

　　　　　$f_1(t) = f(t - t_d)$

　　　　　$y_{zs1}(t) = 6\cos[f_1(t)] = 6\cos[f(t - t_d)]$

　　　　　$y_{zs}(t - t_d) = 6\cos[f(t - t_d)]$

　　　　　$y_{zs1}(t) = y_{zs}(t - t_d)$

该系统为时不变系统。

　　(5)　$y_{zs}(t) = 9f(2t)$

　　　　　$f_1(t) = f(t - t_d)$

　　　　　$y_{zs1}(t) = 9f_1(2t) = 9f(2t - t_d)$

　　　　　$y_{zs}(t - t_d) = 9f[2(t - t_d)] = 9f(2t - 2t_d)$

　　　　　$y_{zs1}(t) \neq y_{zs}(t - t_d)$

该系统为时变系统。

4. 因果系统

若系统的激励与系统的响应之间是一种因果关系,即激励是产生响应的原因,响应是激励引起的结果,则该系统是因果系统,否则为非因果系统。

讨论一个系统是否为因果系统,我们还可以从以下两个方面考察。

如果在一个系统中,其激励在 $t < t_0$ 时为零,其零状态响应在 $t < t_0$ 时也为零,则该系统为因果系统。

另外,在因果系统中,原因决定结果,结果不会出现在原因之前。因此,如果一个系统在任意时刻的输出响应只取决于过去的输入和当前的输入,而与将来的输入无关,则该系统为因果系统。

由于因果系统与将来的输入无关,没有预测未来输入的能力,因此,也称为不可预测系统。

例 2-11　判断下列系统是否为因果系统:

(1) $y_{zs}(t) = 3f(t) + 5$;

(2) $y_{zs}(t) = 2f(t) + 8f(t - 1)$;

(3) $y_{zs}(t) = f(t - 1) + 4f(t) - 7f(t + 1)$;

(4) $y_{zs}(t) = \sum\limits_{i=-\infty}^{t} f(i)$;

(5) $y_{zs}(t) = \sum\limits_{i=-\infty}^{+\infty} f(i)$。

解　(1) $y_{zs}(t) = 3f(t) + 5$

输出响应只与当前的输入有关,是因果系统。

(2) $y_{zs}(t) = 2f(t) + 8f(t - 1)$

输出响应只与当前的输入和过去的输入有关,是因果系统。

(3) $y_{zs}(t) = f(t - 1) + 4f(t) - 7f(t + 1)$

输出响应不仅与当前的输入和过去的输入有关,而且与将来的输入有关,是非因果系统。

(4) $y_{zs}(t) = \sum\limits_{i=-\infty}^{t} f(i)$

输出响应只与当前的输入和过去的输入有关,是因果系统。

(5) $y_{zs}(t) = \sum\limits_{i=-\infty}^{+\infty} f(i)$

输出响应不仅与当前的输入和过去的输入有关,而且与将来的输入有关,是非因果系统。

5. 稳定系统

对于一个系统,如果它对任何有界输入 $f(t)$ 所产生的零状态响应 $y_{zs}(t)$ 也是有界的,则该系统称为有界输入 / 有界输出(Bound-Input/Bound-Output)系统,简记为 BIBO 系统。

即　　　　$|f(t)| < \infty$　　　$|y(t)| < \infty$　　　　　　　　　　　　(2-3-6)

有界输入 / 有界输出系统是稳定系统。

若系统输入有界而输出无界,则系统为不稳定系统。

例 2-12　判断下列系统是否为稳定系统:

(1) $y(t) = e^{f(t)}$;

(2)$y(t) = 4\dfrac{\mathrm{d}}{\mathrm{d}t}f(t)$；

(3)$y(t) = 2[\cos(5t)]f(t)$。

解 (1)$y(t) = \mathrm{e}^{f(t)}$

由定义：当 $|f(t)| \leqslant M < \infty$ 时，$|y(t)| = |\mathrm{e}^{f(t)}| \leqslant \mathrm{e}^{|f(t)|} \leqslant \mathrm{e}^{M} < \infty$
故系统是稳定的。

(2)$y(t) = 4\dfrac{\mathrm{d}}{\mathrm{d}t}f(t)$

由题可以看出，当输入信号 $f(t) = u(t)$ 时，输出信号

$$y(t) = \delta(t) = \begin{cases} \infty & t = 0 \\ 0 & t \neq 0 \end{cases}$$

是无穷的，故该系统是不稳定的。

(3)$y(t) = 2[\cos(5t)]f(t)$

由于 $-1 \leqslant \cos(5t) \leqslant 1$ 且 $f(t) \leqslant M < \infty$

故 $y(t) = 2[\cos(5t)]f(t) \leqslant M < \infty$

系统是稳定的。

例 2-13 设系统的起始状态为 $x(0_-)$，输入信号为 $f(t)$，系统响应为 $y(t)$，判断下列系统的性质（线性／非线性，时变／时不变，因果／非因果，稳定／不稳定）：

(1)$y(t) = f(t-2) + f(2-t)$；

(2)$y(t) = x(0) - \sin[f(t)] + f(t-4)$。

解 (1) 1)满足齐次性和叠加性，为线性系统。

2)$y(t) = f(t-2) + f(2-t) = y_1(t) + y_2(t)$

$y_1(t) = f(t-2)$ 是时不变的，$y_2(t) = f(2-t)$ 是时变的，故是时变系统。

3)$y_2(t) = f(2-t)$，是非因果的。

4)若 $|f(t)| < \infty$ 则 $|f(t-2)| < \infty$ $|f(2-t)| < \infty$ 稳定，该系统为线性时变非因果稳定系统。

(2) 1)$\sin[f(t)]$ 不满足线性特性。

2)满足时不变性。

3)输出仅与当前和过去的输入有关，满足因果性。

4)若 $|f(t)| < \infty$ 则 $|y(t)| < \infty$ 稳定，该系统为非线性时不变因果稳定系统。

2.3.2 离散时间系统的特性

1. 线性系统

线性系统包含两个性质：

(1)可加性

设 $f_1(n) \xrightarrow{\text{响应}} y_1(n)$，$f_2(n) \xrightarrow{\text{响应}} y_2(n)$，则

$$f_1(n) + f_2(n) \xrightarrow{\text{响应}} y_1(n) + y_2(n) \tag{2-3-7}$$

(2)齐次性

若 $f(n) \xrightarrow{\text{响应}} y(n)$，则

$$af(n) \xrightarrow{\text{响应}} ay(n) \tag{2-3-8}$$

综合上两特性,可写为

$$af_1(n) + bf_2(n) \xrightarrow{\text{响应}} ay_1(n) + by_2(n) \tag{2-3-9}$$

满足叠加原理的系统称为线性系统。

2. 移不变系统

如果系统的输出响应与加入到该系统的输入激励的时刻无关,则该系统称为移不变系统(或时不变系统)。也就是说,当系统的激励为 $f(n)$ 时,系统的响应为 $y(n)$,若系统的激励移位到 $f(n-m)$ 时,则系统的输出也作相同的位移 $y(n-m)$。即

若 $f(n) \xrightarrow{\text{响应}} y(n)$,则

$$f(n-m) \xrightarrow{\text{响应}} y(n-m) \tag{2-3-10}$$

例 2-14　判断下列系统是否为移不变系统:

(1) $y(n) = 3f(n) + 5$;

(2) $y(n) = nf(n)$;

(3) $y(n) = f(n)\sin\left(\dfrac{\pi}{4}n + \dfrac{5}{6}\pi\right)$。

解　(1) 设 $f_1(n) = f(n-m)$

$$y_1(n) = 3f_1(n) + 5 = 3f(n-m) + 5$$
$$y(n-m) = 3f(n-m) + 5 = y_1(n)$$

该系统是移不变系统。

(2) 设 $f_1(n) = f(n-m)$

$$y_1(n) = nf_1(n) = nf(n-m)$$
$$y(n-m) = (n-m)f(n-m) \neq y_1(n)$$

该系统是移变系统。

(3) 设 $f_1(n) = f(n-m)$

$$y_1(n) = f_1(n)\sin\left(\frac{\pi}{4}n + \frac{5}{6}\pi\right) = f(n-m)\sin\left(\frac{\pi}{4}n + \frac{5}{6}\pi\right)$$
$$y(n-m) = f(n-m)\sin\left[\frac{\pi}{4}(n-m) + \frac{5}{6}\pi\right] \neq y_1(n)$$

该系统是移变系统。

3. 因果系统

如果一个系统在某时刻的输出只取决于该时刻以及该时刻以前的输入,与该时刻之后的输入无关,则该系统为因果系统。

例 2-15　检验下列系统是否为因果系统:

(1) $y(n) = nf(n) + f(n-1)$;

(2) $y(n) = nf(n+1) + f(n-1)$;

(3) $y(n) = f(n^2)$;

(4) $y(n) = f(-n)$。

解　(1) 输出响应 $y(n)$ 只与 n 和 $n-1$ 时刻的输入有关,故是因果系统。

(2) 输出响应 $y(n)$ 不仅与 n 和 $n-1$ 时刻的输入有关,而且与 $n+1$ 时刻的输入有关,

故是非因果系统。

(3)和(4)当取 $n = -1$ 时,输出先于输入,非因果系统。

4. 稳定系统

稳定系统是指有界输入产生的有界输出(BIBO)系统。

若 $|f(n)| < \infty$,则

$$|y(n)| < \infty \qquad\qquad (2\text{-}3\text{-}11)$$

例 2-16　检验下列系统是否为稳定系统:

(1) $y(n) = f(n)f(n-3)$;

(2) $y(n) = (n-4)f(n+1)$。

解　(1) $y(n) = f(n)f(n-3)$

当　　$n \to \infty$　$|f(n)| < \infty$

且　　$n \to \infty$　$|y(n)| = |f(n)f(n-3)| < \infty$

故系统为稳定系统。

(2) $y(n) = (n-4)f(n+1)$

当　　$n \to \infty$　$|f(n)| < \infty$

而　　$n \to \infty$　$|y(n)| = |(n-4)f(n+1)|$ 不一定小于无穷

故系统为不稳定系统。

【本章知识要点】

1. 连续时间系统和离散时间系统,系统方程的表示方法。

2. 连续时间系统的框图表示。

3. 由连续时间系统的微分方程画系统的框图,由系统的框图写出系统的微分方程。

4. 由离散时间系统的差分方程画系统的框图,由系统的框图写出系统的差分方程。

5. 系统的特性,包括线性系统、时不变系统、因果系统和稳定系统,并会用系统特性的概念来判断系统。

习　题

2-1　电路如题 2-1 图所示,输入信号为 $i_S(t)$,写出以 $i(t)$ 为输出时电路的输入输出方程。

2-2　写出题 2-2 图中各系统的输入输出方程。

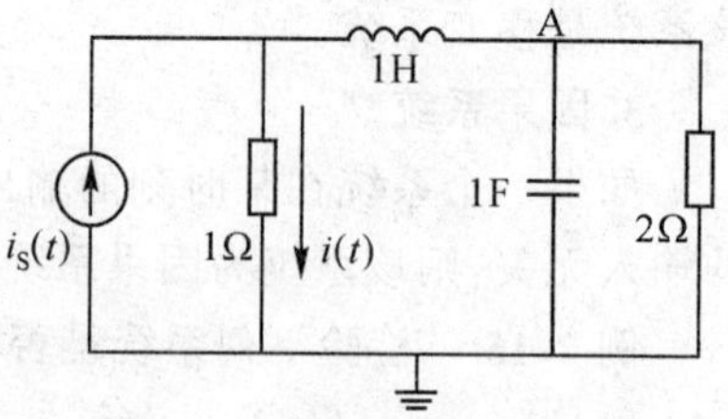

2-3　下面各式为连续时间系统的微分方程,试画出其系统框图:

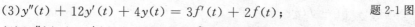

题 2-1 图

(1) $y''(t) + 2y' + 3y(t) = 3f(t)$;

(2) $y''(t) + 5y'(t) + 6y(t) = 3f''(t) + 7f'(t) + 2f(t)$;

(3) $y''(t) + 12y'(t) + 4y(t) = 3f'(t) + 2f(t)$;

(4) $2y''(t) + 6y'(t) + 8y(t) = 7f'(t) + 4f(t)$。

2-4　题 2-4 图所示为离散时间系统框图,写出其系统的差分方程。

2-5　已知离散时间系统的差分方程如下,画出其系统框图:

(1) $y(n) + 4y(n-1) + 5y(n-2) = f(n)$;

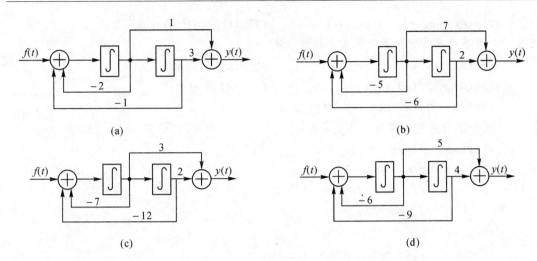

题 2-2 图

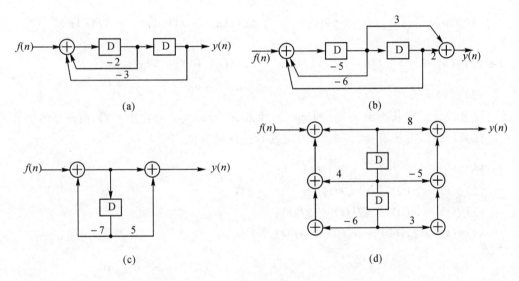

题 2-4 图

$(2)y(n + 2) + 3y(n + 1) + 2y(n) = f(n + 2)$；

$(3)y(n) + 7y(n - 1) + 8y(n - 2) = 2f(n) + 5f(n - 1)$；

$(4)y(n + 2) + 8y(n + 1) + 3y(n) = 2f(n + 2) + 5f(n + 1)$。

2-6　检验下列系统是否具有线性特性：

$(1)y(t) = t^2 f(t)$；　　　　　　　　　$(2)y(t) = tf^2(t)$；

$(3)y(t) = \sin[f(t)]$；　　　　　　　　$(4)y(t) = t^2 \lg[f(t)]$。

2-7　判断下列系统是否为线性系统：

$(1)y(t) = 2x(0) + 3\int_0^t f(\tau)d\tau$；　　$(2)y(t) = 3x(0) + 2f^2(t)$；

$(3)y(t) = 3x(0)f(t) + 2f^2(t)$；　　$(4)y(t) = 3x^2(0) + 2f(t^2)$。

2-8　判断下列系统是否为时不变系统：

$(1)y(t) = tf(t)$；　　　　　　　　　$(2)y(t) = f(-t)$；

(3)$y(t) = 3f(t) + 2\sin[f(t)]$;   (4)$y(t) = 3f^2(t) + 4f(2t)$。

2-9 判断下列离散时间系统是否为线性系统：

(1)$y(n) = nf(n)$;   (2)$y(n) = f(n^2)$;

(3)$y(n) = 2f(n) + 7$;   (4)$y(n) = e^{f(n)}$;

(5)$y(n) = 2y(n-1) + f(n)$。

2-10 判断下列系统是否为时不变系统：

(1)$y(n) = f(n-1) + f(n)$;

(2)$y(n) = f(n)\cos\omega_0 n$;

(3)$y(n) = f(n-1)f(n)$;

$$(4)y(n) = \begin{cases} f(n) & n \geqslant 1; \\ 0 & n = 0; \\ f(n+1) & n \leqslant -1。 \end{cases}$$

2-11 判断下列系统是否为因果稳定系统：

(1)$y(n) = \dfrac{1}{N}\sum\limits_{k=0}^{N-1} f(n-k)$;   (2)$y(n) = f(n+2) + 3f(n)$;

(3)$y(n) = \sum\limits_{k=n-n_0}^{n+n_0} f(k)$;   (4)$y(n) = f(n-n_0)$;

(5)$y(n) = e^{f(n)}$。

2-12 设系统的初始状态为 $x_1(0)$ 和 $x_2(0)$，输入为 $f(t)$，完全响应为 $y(t)$，判断下列系统的性质（线性、时不变性、因果性、稳定性），并说明理由。

(1)$y(t) = x_1(0)x_2(0) + \int_0^t f(\tau)\mathrm{d}\tau$;

(2)$y(t) = x(0) + \sin[f(t)] + f(t-2)$;

(3)$y(t) = x(0) + 4f'(t) + 3f(t)$;

(4)$y(t) = 2x_1(0) + x_2(0) + 3f(t)$。

第3章 连续时间系统的时域分析

【内容提要】 本章主要介绍连续时间系统的卷积积分,LTI 系统的算子方程,连续时间系统的零输入响应,连续时间系统的零状态响应和系统微分方程的经典解法。

3.1 引 言

信号与系统分析的主要任务之一是对已知系统在给定输入的条件下,求解系统的输出响应。连续时间系统的时域分析是指信号与系统的整个分析过程均在连续时间变量域内进行,即系统所涉及的函数自变量均为连续时间 t 的一种分析方法,它是各种变换分析方法的基础。时域分析法是基本的系统分析方法。

连续时间系统的时域分析法包含两方面的内容,一是对系统建立微分方程并求解,另一是已知系统单位冲激响应,将冲激响应与输入激励信号进行卷积积分,求出系统的输出响应。本章的时域分析方法部分重点介绍后一方面内容。由于卷积积分物理概念明确,可以利用计算机进行数值计算,而且它又是连接时间域与变换域分析线性系统的一条纽带,所以本章首先介绍卷积积分的概念与计算方法,再阐述系统的微分算子方程、零输入响应、零状态响应,最后简单介绍系统微分方程的经典解法。

3.2 卷积积分

在连续时间系统的时域分析中,一个重要的数学工具是一种特殊的积分运算,我们称之为卷积积分,简称卷积。

3.2.1 卷积的定义

对于任意两个信号 $f_1(t)$ 和 $f_2(t)$,我们将积分

$$\int_{-\infty}^{\infty} f_1(\tau)f_2(t-\tau)\mathrm{d}\tau$$

定义为 $f_1(t)$ 和 $f_2(t)$ 的卷积,简记为 $f_1(t) * f_2(t)$,即

$$f_1(t) * f_2(t) = \int_{-\infty}^{\infty} f_1(\tau)f_2(t-\tau)\mathrm{d}\tau \tag{3-2-1}$$

式中,τ 为虚设积分变量,积分的结果为另一个新的时间信号。

3.2.2 卷积的图解解法

若待卷积的两个信号 $f_1(t)$ 和 $f_2(t)$ 都能用解析函数式表达,则可以采用解析法,即直接按照卷积积分的表达式进行计算。当信号是用波形表示且又不易用一个式子来表达时,用图解法计算比较直观、方便,而且利用图形可以把抽象的概念形象化,容易确定积分的上下限,有助于理解卷积积分的计算过程。由式(3-2-1)可知,图解法计算卷积积分的运算一般需要以下步骤:

(1) 换元

将待卷积两个信号的自变量 t 换成 τ,即 $f_1(t)$ 换元成 $f_1(\tau)$,$f_2(t)$ 换元成 $f_2(\tau)$。

(2) 反褶

将其中一个信号翻转,如将 $f_2(\tau)$ 翻转得 $f_2(-\tau)$。为了简化运算过程,一般翻转较简单的那个信号。

(3) 平移

对反褶后的信号进行平移,平移量为 t,如 $f_2(-\tau)$ 平移得 $f_2(t-\tau)$。t 的取值范围为 $(-\infty,\infty)$,若 $t>0$,$f_2(-\tau)$ 沿 τ 轴向右平移 $|t|$ 个单位,若 $t<0$,$f_2(-\tau)$ 沿 τ 轴向左平移 $|t|$ 个单位。根据实际情况,讨论不同的 t 的取值范围,分别画出图形。

(4) 相乘

将 $f_1(\tau)$ 与 $f_2(t-\tau)$ 的重叠部分相乘,得到卷积积分式(3-2-1)中的被积函数。

(5) 积分

针对不同的 t 的取值范围,确定积分上下限,计算相乘后图形的积分(或面积)。

例 3-1 $f_1(t)$ 与 $f_2(t)$ 的信号如图 3-1 所示,求 $f(t)=f_1(t)*f_2(t)$。

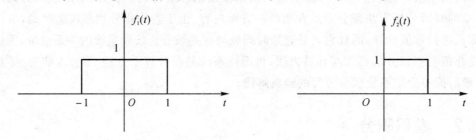

图 3-1

解 按照图解法解题步骤进行计算,如图 3-2 所示。

(1) 换元

$$f_1(t) \to f_1(\tau), f_2(t) \to f_2(\tau)$$

(2) 反褶

$$f_2(\tau) \to f_2(-\tau)$$

(3) 平移并计算,按 t 的不同取值进行分段讨论:

(a) $t<-1$,$f(t)=f_1(t)*f_2(t)=0$

(b) $-1<t<0$,$f(t)=f_1(t)*f_2(t)=\int_{-1}^{t} 1\times 1\mathrm{d}\tau=t+1$

(c) $0<t<1$,$f(t)=f_1(t)*f_2(t)=\int_{t-1}^{t} 1\times 1\mathrm{d}\tau=1$

(d)$1 < t < 2$,

$$f(t) = f_1(t) * f_2(t) = \int_{t-1}^1 1 \times 1 \mathrm{d}t = 2 - t$$

(e)$t > 2, f(t) = f_1(t) * f_2(t) = 0$

$$(4)f(t) = \begin{cases} t+1 & -1 < t < 0 \\ 1 & 0 < t < 1 \\ 2-t & 1 < t < 2 \\ 0 & 其他 \end{cases}$$

波形如图 3-3 所示。

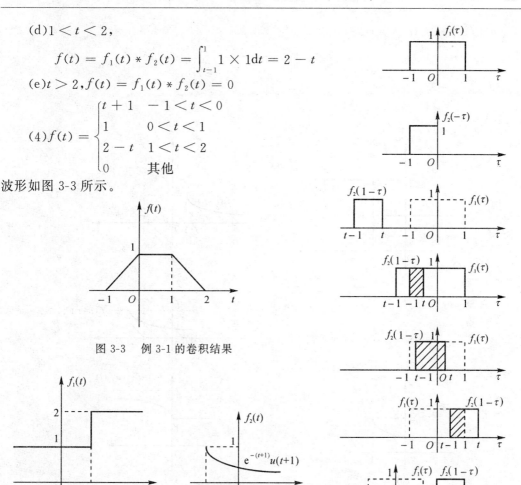

图 3-3　例 3-1 的卷积结果

图 3-2　例 3-1 的图解法示意图

图 3-4

从以上图解法计算卷积的过程中可以清楚地看到,卷积积分上下限的确定是非常关键的,它取决于两个信号交叠部分的范围。卷积结果所占有的时宽等于两个函数各自时宽的总和。

例 3-2　$f_1(t)$ 与 $f_2(t)$ 的信号如图 3-4 所示,求 $f(t) = f_1(t) * f_2(t)$。

解　按照图解法解题步骤进行计算,如图 3-5 所示。

(1)换元

　　$f_1(t) \rightarrow f_1(\tau)$, $f_2(t) \rightarrow f_2(\tau)$

(2)反褶

　　$f_2(\tau) \rightarrow f_2(-\tau)$

(3)平移并计算,按 t 的不同取值进行分段讨论:

(a)当 $t + 1 \leqslant 1$ 即 $t \leqslant 0$ 时,有

$$f(t) = f_1(t) * f_2(t) = \int_{-\infty}^{t+1} 1 \times \mathrm{e}^{-(t-\tau+1)}\mathrm{d}\tau = 1$$

(b)当 $t + 1 > 1$ 即 $t > 0$ 时,有

$$f(t) = f_1(t) * f_2(t)$$
$$= \int_{-\infty}^{1} e^{-(t-\tau+1)} \times 1 d\tau + \int_{1}^{t+1} e^{-(t-\tau+1)} \times 2 d\tau$$
$$= 2 - e^{-t}$$

$(c) f(t) = \begin{cases} 1, & t \leqslant 0 \\ 2 - e^{-t}, & t > 0 \end{cases}$

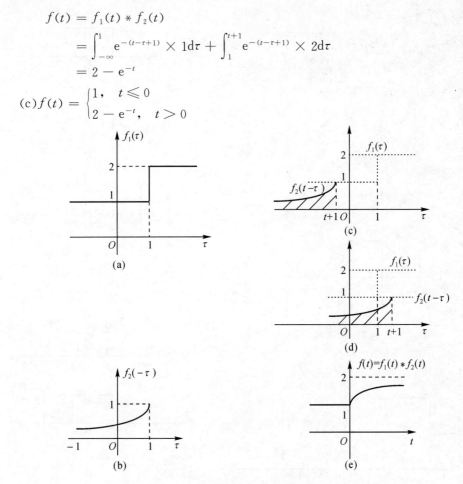

图 3-5　例 3-2 图解法示意图

在卷积积分的计算过程中,特别要注意 t 与 τ 的不同,τ 指积分变量,整个积分过程对 τ 求积分,而 t 是积分上下限中出现的变量,在积分过程中,可把它当作常量处理,积分结果一定是 t 的函数。

上面是以 $f_2(t)$ 反褶平移来计算的,读者也可以以 $f_1(t)$ 反褶平移计算,得到的结果相同。

3.2.3　卷积积分的性质

这里给出几个卷积积分运算的常用性质,利用这些性质可以简化卷积计算。

1. 卷积代数

(1) 交换律
$$f_1(t) * f_2(t) = f_2(t) * f_1(t) \tag{3-2-2}$$
上式表明两信号在卷积积分中的次序是可以交换的。

(2) 分配律
$$[f_1(t) + f_2(t)] * f_3(t) = f_1(t) * f_3(t) + f_2(t) * f_3(t) \tag{3-2-3}$$

(3) 结合律

$$[f_1(t) * f_2(t)] * f_3(t) = f_1(t) * [f_2(t) * f_3(t)] \tag{3-2-4}$$

上述三式的证明可根据卷积的定义得到,证明略。等学完连续系统的零状态响应后请思考它们所隐含的物理意义。

2. 任意函数与 $\delta(t), u(t)$ 的卷积

(1) $f(t) * \delta(t) = f(t)$ （3-2-5）

证明　利用卷积的定义及冲激函数的筛选性质可得

$$f(t) * \delta(t) = \int_{-\infty}^{\infty} f(\tau)\delta(t-\tau)\mathrm{d}\tau = f(t)\int_{-\infty}^{\infty} \delta(t-\tau)\mathrm{d}\tau = f(t)$$

式(3-2-5)表明,任意函数与单位冲激函数的卷积就是它本身,$\delta(t)$ 是卷积的单位元。

(2) $f(t) * \delta(t-t_1) = f(t-t_1)$ （3-2-6）

证明同上,略。

式(3-2-6)表明,任意函数与 $\delta(t-t_1)$ 的卷积,相当于该信号通过一个延时器或移位器。

(3) $f(t-t_1) * \delta(t-t_2) = f(t-t_1-t_2)$ （3-2-7）

(4) $f_1(t-t_1) * f_2(t-t_2) = y(t-t_1-t_2)$

其中: $y(t) = f_1(t) * f_2(t)$

(5) $f(t) * u(t) = \int_{-\infty}^{t} f(\tau)\mathrm{d}\tau$ （3-2-8）

式(3-2-8)表明,任意函数与 $u(t)$ 的卷积,相当于通过一个积分器。

例 3-3　已知 $f_1(t) = u(t+1) - u(t-1)$,$f_2(t) = \delta(t+5) + \delta(t-5)$,画出 $y_1(t) = f_1(t) * f_2(t)$。

解　利用性质可得

$$\begin{aligned}
y_1(t) &= f_1(t) * f_2(t) = [u(t+1) - u(t-1)] * [\delta(t+5) + \delta(t-5)] \\
&= u(t+6) + u(t-4) - u(t+4) - u(t-6)
\end{aligned}$$

波形如图 3-6 所示。

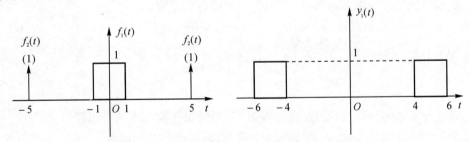

图 3-6　例 3-3 的信号波形

可见,卷积结果所占的时宽等于两个函数各自时宽的总和。

3. 卷积的微分、积分性质

上述卷积代数定律与乘法运算的性质类似,但是卷积的微分或积分却与两函数相乘的微分或积分性质不同。

(1) 微分

$$\frac{\mathrm{d}}{\mathrm{d}t}[f_1(t) * f_2(t)] = f_1(t) * \frac{\mathrm{d}f_2(t)}{\mathrm{d}t} = \frac{\mathrm{d}f_1(t)}{\mathrm{d}t} * f_2(t) \tag{3-2-9}$$

证明

$$\frac{\mathrm{d}}{\mathrm{d}t}[f_1(t) * f_2(t)] = \frac{\mathrm{d}}{\mathrm{d}t}\int_{-\infty}^{\infty} f_1(\tau)f_2(t-\tau)\mathrm{d}\tau = \int_{-\infty}^{\infty} f_1(\tau)\frac{\mathrm{d}f_2(t-\tau)}{\mathrm{d}t}\mathrm{d}\tau$$

$$= f_1(t) * \frac{\mathrm{d}f_2(t)}{\mathrm{d}t} \tag{3-2-10}$$

同理可以证得

$$\frac{\mathrm{d}}{\mathrm{d}t}[f_2(t) * f_1(t)] = \frac{\mathrm{d}f_1(t)}{\mathrm{d}t} * f_2(t) \tag{3-2-11}$$

显然，$f_2(t) * f_1(t) = f_1(t) * f_2(t)$，故式(3-2-9)成立。

式(3-2-9)表明，对两个函数的卷积函数求导，等于其中一个函数的导数与另一个函数的卷积。

(2) 积分

$$\int_{-\infty}^{t}[f_1(\lambda) * f_2(\lambda)]\mathrm{d}\lambda = f_1(t) * \int_{-\infty}^{t} f_2(\lambda)\mathrm{d}\lambda = f_2(t) * \int_{-\infty}^{t} f_1(\lambda)\mathrm{d}\lambda \tag{3-2-12}$$

式(3-2-12)表明，对两个函数的卷积函数求积分，等于其中一个函数的积分与另一个函数的卷积。

(3) 微、积分性质

$$f_1(t) * f_2(t) = \frac{\mathrm{d}f_1(t)}{\mathrm{d}t} * \int_{-\infty}^{t} f_2(\lambda)\mathrm{d}\lambda = \int_{-\infty}^{t} f_1(\lambda)\mathrm{d}\lambda * \frac{\mathrm{d}f_2(t)}{\mathrm{d}t} \tag{3-2-13}$$

证明　由积分性质

$$\int_{-\infty}^{t}[f_1(\lambda) * f_2(\lambda)]\mathrm{d}\lambda = f_1(t) * \int_{-\infty}^{t} f_2(\lambda)\mathrm{d}\lambda \tag{3-2-14}$$

上式两边求导可得

$$f_1(t) * f_2(t) = \frac{\mathrm{d}}{\mathrm{d}t}\left[f_1(t) * \int_{-\infty}^{t} f_2(\lambda)\mathrm{d}\lambda\right] \xrightarrow{\text{由微分性质}} \frac{\mathrm{d}f_1(t)}{\mathrm{d}t} * \int_{-\infty}^{t} f_2(\lambda)\mathrm{d}\lambda$$

由于卷积满足交换律，显然式(3-2-13)成立。

根据需要利用这些性质，可以简化一些函数的卷积运算。

例 3-4　$f_1(t) = u(t)$，$f_2(t) = \mathrm{e}^{-\alpha t}u(t)$，利用微积分性质求 $f(t) = f_1(t) * f_2(t)$。

解　$f_1(t) * f_2(t) = \dfrac{\mathrm{d}f_1(t)}{\mathrm{d}t} * \displaystyle\int_{-\infty}^{t} f_2(\tau)\mathrm{d}\tau = \delta(t) * \left[\dfrac{1}{\alpha} - \dfrac{1}{\alpha}\mathrm{e}^{-\alpha t}\right]u(t)$

$$= \frac{1}{\alpha}[1 - \mathrm{e}^{-\alpha t}]u(t)$$

当被卷积函数的导数出现冲激函数项时，利用微积分性质求解卷积较简单。

例 3-5　$f_1(t)$ 与 $f_2(t)$ 的信号如图 3-1 所示，利用微积分性质求 $f(t) = f_1(t) * f_2(t)$。

解　$\displaystyle\int_{-\infty}^{t} f_1(\lambda)\mathrm{d}\lambda = (t+1)[u(t+1) - u(t-1)] + 2u(t-1)$

$$\frac{\mathrm{d}f_2(t)}{\mathrm{d}t} = \delta(t) - \delta(t-1)$$

$$f(t) = f_1(t) * f_2(t) = \frac{\mathrm{d}f_2(t)}{\mathrm{d}t} * \int_{-\infty}^{t} f_1(\lambda)\mathrm{d}\lambda$$

$$= [\delta(t) - \delta(t-1)] * \{(t+1)[u(t+1) - u(t-1)] + 2u(t-1)\}$$

$$= (t+1)u(t+1) - tu(t-1) + u(t-1) - [tu(t) - (t-1)u(t-2)$$

$$+ u(t-2)]$$

$$= (t+1)u(t+1) - tu(t-1) + u(t-1) - tu(t)$$

$$+ (t-1)u(t-2) - u(t-2)$$

$$= \begin{cases} t+1, & -1 < t < 0 \\ 1, & 0 < t < 1 \\ 2-t, & 1 < t < 2 \\ 0, & 其他 \end{cases}$$

结果与例 3-1 相同。

3.2.4　常用信号的卷积公式

表 3-1 中列出了常用信号的卷积公式。

表 3-1　常用信号的卷积公式

序号	$f_1(t)$	$f_2(t)$	$f_1(t) * f_2(t)$
1	K(常数)	$f(t)$	$K \cdot [f(t)$ 波形的净面积$]$
2	$f(t)$	$\delta'(t)$	$f'(t)$
3	$f(t)$	$\delta(t)$	$f(t)$
4	$f(t)$	$u(t)$	$f^{(-1)}(t)$
5	$u(t)$	$u(t)$	$tu(t)$
6	$u(t)$	$tu(t)$	$\dfrac{1}{2}t^2 u(t)$
7	$u(t)$	$e^{-\alpha t}u(t)$	$\dfrac{1}{\alpha}(1 - e^{-\alpha t})u(t)$
8	$e^{-\alpha t}u(t)$	$e^{-\alpha t}u(t)$	$te^{-\alpha t}u(t)$
9	$e^{-\alpha_1 t}u(t)$	$e^{-\alpha_2 t}u(t)$	$\dfrac{1}{(\alpha_2 - \alpha_1)}(e^{-\alpha_1 t} - e^{-\alpha_2 t})u(t), (\alpha_2 \neq \alpha_1)$
10	$f_1(t)$	$\delta_T(t)$	$\displaystyle\sum_{m=-\infty}^{\infty} f_1(t - mT)$

3.3　LTI 系统的微分算子方程

3.3.1　微分算子与积分算子

连续时间系统处理连续时间信号,通常用微分方程来描述这类系统,也就是系统的输入与输出之间通过它们时间函数及其对时间 t 的各阶导数的线性组合联系起来。n 阶 LTI 系统的数学模型是 n 阶常系数线性微分方程。其一般形式为

$$a_0 \frac{\mathrm{d}^n}{\mathrm{d}t^n}y(t) + a_1 \frac{\mathrm{d}^{n-1}}{\mathrm{d}t^{n-1}}y(t) + \cdots + a_{n-1}\frac{\mathrm{d}}{\mathrm{d}t}y(t) + a_n y(t)$$

$$= b_0 \frac{\mathrm{d}^m}{\mathrm{d}t^m}f(t) + b_1 \frac{\mathrm{d}^{m-1}}{\mathrm{d}t^{m-1}}f(t) + \cdots + b_{m-1}\frac{\mathrm{d}}{\mathrm{d}t}f(t) + b_m f(t) \tag{3-3-1}$$

为了简便,把方程中出现的微分和积分符号用如下算子表示:

微分算子

$$p = \frac{\mathrm{d}}{\mathrm{d}t}, \quad px = \frac{\mathrm{d}}{\mathrm{d}t}x \tag{3-3-2}$$

$$p^n = \frac{\mathrm{d}^n}{\mathrm{d}t^n}, \quad p^n x = \frac{\mathrm{d}^n}{\mathrm{d}t^n}x \tag{3-3-3}$$

积分算子

$$\frac{1}{p} = \int_{-\infty}^{t} (\qquad) \mathrm{d}\tau, \quad \frac{1}{p} x = \int_{-\infty}^{t} x \mathrm{d}\tau \tag{3-3-4}$$

3.3.2　LTI 系统的微分算子方程

对于微分方程

$$\frac{\mathrm{d}^2 y(t)}{\mathrm{d}t^2} + 3\frac{\mathrm{d}y(t)}{\mathrm{d}t} + 2y(t) = \frac{\mathrm{d}f(t)}{\mathrm{d}t} + 3f(t) \tag{3-3-5}$$

利用微分算子可表示为

$$p^2 y(t) + 3py(t) + 2y(t) = pf(t) + 3f(t)$$

或者写为

$$(p^2 + 3p + 2)y(t) = (p + 3)f(t) \tag{3-3-6}$$

这种含有微分算子的方程称为微分算子方程。式(3-3-1)所表示的 n 阶线性微分方程可以用算子方程表示为

$$a_0 p^n y(t) + a_1 p^{n-1} y(t) + \cdots + a_{n-1} py(t) + a_n y(t)$$
$$= b_0 p^m f(t) + b_1 p^{m-1} f(t) + \cdots + b_{m-1} pf(t) + b_m f(t)$$

或者写为

$$(a_0 p^n + a_1 p^{n-1} + \cdots + a_{n-1} p + a_n)y(t)$$
$$= (b_0 p^m + b_1 p^{m-1} + \cdots + b_{m-1} p + b_m)f(t) \tag{3-3-7}$$

必须强调指出,微分算子方程仅仅是微分方程的一种简化表示,微分算子方程等号两边表达式的含义是分别对函数 $y(t)$ 和 $f(t)$ 进行相应的微分运算,而不是代数运算。

若进一步令

$$\begin{cases} D(p) = a_0 p^n + a_1 p^{n-1} + \cdots + a_{n-1} p + a_n \\ N(p) = b_0 p^m + b_1 p^{m-1} + \cdots + b_{m-1} p + b_m \end{cases} \tag{3-3-8}$$

分别表示算子多项式,则式(3-3-7)可以简化为

$$D(p)y(t) = N(p)f(t) \tag{3-3-9}$$

上式也可改写为

$$y(t) = \frac{N(p)}{D(p)} f(t) = H(p)(t) \tag{3-3-10}$$

式中

$$H(p) = \frac{N(p)}{D(p)} = \frac{b_0 p^m + b_1 p^{m-1} + \cdots + b_{m-1} p + b_m}{a_0 p^n + a_1 p^{n-1} + \cdots + a_{n-1} p + a_n} \tag{3-3-11}$$

它代表了系统将输入转变为输出的作用,或系统对输入的传输作用,故称 $H(p)$ 为响应 $y(t)$ 对激励 $f(t)$ 的传输算子或系统的传输算子。

算子表示的是微、积分运算,因此代数运算规则不能简单照搬,下面简要说明算子符号的基本运算规则。

(1) 对算子多项式可以进行因式分解

$$(p + a)(p + b)x = [p^2 + (a + b)p + ab]x \tag{3-3-12}$$

式(3-3-6)可以写为 $(p + 1)(p + 2)y(t) = (p + 3)f(t)$。

(2) 算子方程两端的算子符号 p 不能随便消去,两端的算子多项式不能进行公因子相消。

若　　$\dfrac{\mathrm{d}}{\mathrm{d}t} x = \dfrac{\mathrm{d}}{\mathrm{d}t} y$

两边积分得　　$x = y + c$

其中 c 为积分常数。

　　由此可见,对于算子方程

　　　　$px = py$

其左右两端的算子符号因子不能消去。推广到一般情况,对于算子符号 p 多项式的等式两端公共因子不能随意消去。

　　$(3)p, \dfrac{1}{p}$ 位置不能互换。

$$p \cdot \frac{1}{p} x \neq \frac{1}{p} \cdot px \qquad\qquad (3\text{-}3\text{-}13)$$

证明

　　左边 $= \dfrac{\mathrm{d}}{\mathrm{d}t} \displaystyle\int_{-\infty}^{t} x(\tau)\mathrm{d}\tau = x(t)$,即 $p \cdot \dfrac{1}{p} x = x$,

而　　右边 $= \displaystyle\int_{-\infty}^{t} \left[\dfrac{\mathrm{d}}{\mathrm{d}\tau} x(\tau)\right]\mathrm{d}\tau = x(t) - x(-\infty) \neq x(t)$,即 $\dfrac{1}{p} \cdot px \neq x$,

所以式(3-3-13)成立。

　　这表明了对于先积分后微分的运算次序,算子可消去,而对于先微分后积分的运算次序,算子不可消去。

　　(4) 设 $A(p)$、$B(p)$ 和 $D(p)$ 均为 p 的正幂次多项式,则

$$D(p) \cdot \frac{A(p)}{D(p)B(p)} f(t) = \frac{A(p)}{B(p)} f(t) \qquad\qquad (3\text{-}3\text{-}14)$$

但是　　$\dfrac{A(p)}{D(p)B(p)} D(p) f(t) \neq \dfrac{A(p)}{B(p)} f(t)$

例如　　$p \dfrac{1}{p} f(t) = f(t)$　　而　　$\dfrac{1}{p} p f(t) \neq f(t)$

由此可见:在进行微分算子方程运算时,可以通过"左乘"(或前乘)p 的正幂次多项式来进行化简方程,而不能通过"右乘"(或后乘)p 的正幂次多项式来化简方程。

3.3.3　电路微分算子方程的建立

　　用算子符号表示微分方程不仅书写简便,而且在建立系统数学模型时很方便。把电路系统中各基本元件(R,L,C)上的伏安关系(VAR)用微分算子形式表示,可以得到相应的算子模型,如表 3-2 所示。

表 3-2　电路元件的算子模型

元件名称	时域模型	$u \sim i$ 关系(VAR)	VAR 的算子形式	算子模型
电阻		$u(t) = Ri(t)$	$u(t) = Ri(t)$	
电感		$u(t) = L\dfrac{\mathrm{d}i(t)}{\mathrm{d}t}$	$u(t) = pLi(t)$	
电容		$u(t) = \dfrac{1}{C}\displaystyle\int_{-\infty}^{t} i(\tau)\mathrm{d}\tau$	$u(t) = \dfrac{1}{pC}i(t)$	

电路中基本元件用算子模型表示，得到算子电路，再利用广义的电路定律，建立系统的算子方程，最后将算子方程转换为微分方程。pL 和 $\dfrac{1}{pC}$ 可以理解为算子感抗和算子容抗。下面举例说明由算子电路列写系统的算子方程及微分方程的方法。

例 3-6　　图 3-7 所示为一 RLC 并联电路，利用算子符号求并联电路的端电压 $u(t)$ 与激励源 $i_{\mathrm{S}}(t)$ 间的关系。

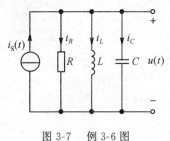
图 3-7　例 3-6 图

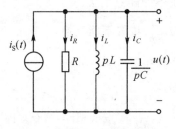
图 3-8　例 3-6 的算子电路

解　　将电感、电容用算子模型表示，得到图 3-8 所示的算子电路，利用广义 KCL 定律，列出方程式

$$\frac{u(t)}{\dfrac{1}{pC}} + \frac{u(t)}{pL} + \frac{u(t)}{R} = i_{\mathrm{S}}(t)$$

两边同时作微分运算（"前乘" p），得算子方程

$$\left(p^2 C + \frac{1}{R}p + \frac{1}{L} \right) u(t) = p i_{\mathrm{S}}(t)$$

由上面的算子方程写出微分方程为

$$C\frac{\mathrm{d}^2}{\mathrm{d}t^2}u(t) + \frac{1}{R}\frac{\mathrm{d}}{\mathrm{d}t}u(t) + \frac{1}{L}u(t) = \frac{\mathrm{d}}{\mathrm{d}t}i_{\mathrm{S}}(t)$$

例 3-7　　电路如图 3-9 所示，列写求电压 $u_{\mathrm{o}}(t)$ 的微分方程。

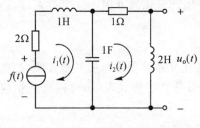
图 3-9　例 3-7 图

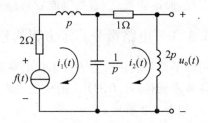
图 3-10　例 3-7 的算子电路

解　　将电感、电容用算子模型表示，得到图 3-10 所示的算子电路，利用广义网孔方程，列出算子方程组如下：

$$\begin{cases} \left(p + \dfrac{1}{p} + 2 \right) i_1(t) - \dfrac{1}{p}i_2(t) = f(t) \\[2mm] -\dfrac{1}{p}i_1(t) + \left(2p + \dfrac{1}{p} + 1 \right) i_2(t) = 0 \end{cases}$$

为避免在运算过程中出现 p/p 因子，可先在上面的方程组两边同时作微分运算，即"前乘" p，得到

$$\begin{cases} (p^2 + 2p + 1)i_1(t) - i_2(t) = pf(t) \\ -i_1(t) + (2p^2 + p + 1)i_2(t) = 0 \end{cases}$$

利用克莱姆法则，解出

$$i_2(t) = \frac{\begin{vmatrix} p^2 + 2p + 1 & pf(t) \\ -1 & 0 \end{vmatrix}}{\begin{vmatrix} p^2 + 2p + 1 & -1 \\ -1 & 2p^2 + p + 1 \end{vmatrix}} = \frac{pf(t)}{(2p^4 + 5p^3 + 5p^2 + 3p + 1) - 1}$$

$$= \frac{pf(t)}{p(2p^3 + 5p^2 + 5p + 3)}$$

题目所求为

$$u_o(t) = 2pi_2(t) = \frac{2pf(t)}{2p^3 + 5p^2 + 5p + 3}$$

$$(2p^3 + 5p^2 + 5p + 3)u_o(t) = 2pf(t)$$

所求微分方程为

$$2\frac{\mathrm{d}^3}{\mathrm{d}t^3}u_o(t) + 5\frac{\mathrm{d}^2}{\mathrm{d}t^2}u_o(t) + 5\frac{\mathrm{d}}{\mathrm{d}t}u_o(t) + 3u_o(t) = 2\frac{\mathrm{d}}{\mathrm{d}t}f(t)$$

3.4　连续时间系统的零输入响应

连续时间系统微分算子方程或微分方程建立以后，接下来的任务是系统的响应求解。按照现代理论的基本观点，分别介绍连续时间系统零输入响应和零状态响应的计算方法。在响应计算过程中，涉及微分方程求解时，需要用到系统初始条件。下面以电路系统为例来说明。

3.4.1　系统的初始条件

参见图 3-11，设在激励信号加入之前，$i_L(0_-) = 1\mathrm{A}$，$u_C(0_-) = 1\mathrm{V}$，激励源在 $t > 0$ 时刻作用于电路，考察 $i(t)$ 在 $t = 0_-$ 及 0_+ 时刻的状态。

$t = 0_-$ 时的等效电路如图 3-12 所示。

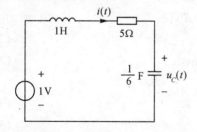

图 3-11　RLC 串联电路

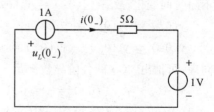

图 3-12　$t = 0_-$ 等效电路

$$u_L(0_-) = -1 - 5 \times 1 = -6(\mathrm{V})$$

$$L\frac{\mathrm{d}i}{\mathrm{d}t}\bigg|_{t=0_-} = u_L(0_-) = -6(\mathrm{V})$$

$$i'(0_-) = \frac{u_L(0_-)}{L} = -6$$

由电路分析的知识我们已经知道，当电路中没有冲激电流强迫作用于电容以及没有冲激电压强迫作用于电感时,换路期间 $u_C(0_+) = u_C(0_-) = 1(\text{V})$,$i_L(0_+) = i_L(0_-) = 1(\text{A})$。为了进一步求出 $i'(0_+)$,则画出 $t = 0_+$ 时刻的等效电路,如图 3-13 所示。

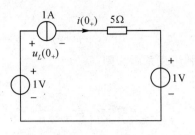

$$u_L(0_+) = 1 - 1 - 5 \times 1 = -5(\text{V})$$

$$L\frac{\mathrm{d}i}{\mathrm{d}t}\bigg|_{t=0_+} = u_L(0_+) = -5(\text{V})$$

$$i'(0_+) = \frac{u_L(0_+)}{L} = -5$$

图 3-13　$t = 0_+$ 等效电路

由计算结果可见,在激励信号加入后,系统的状态从 $t = 0_-$ 到 $t = 0_+$ 时刻可能发生变化。如果系统在激励信号加入之前瞬间输出响应有一组状态,设

$$y^{(k)}(0_-) = \left[y(0_-), \frac{\mathrm{d}}{\mathrm{d}t}y(0_-), \cdots, \frac{\mathrm{d}^{n-1}}{\mathrm{d}t^{n-1}}y(0_-) \right] \tag{3-4-1}$$

这组状态被称为系统的起始状态(简称 0_- 状态),它包含了为计算未来响应的全部"过去"信息。系统在激励信号加入之后瞬间的一组状态设为

$$y^{(k)}(0_+) = \left[y(0_+), \frac{\mathrm{d}}{\mathrm{d}t}y(0_+), \cdots, \frac{\mathrm{d}^{n-1}}{\mathrm{d}t^{n-1}}y(0_+) \right] \tag{3-4-2}$$

称这组状态为系统的初始状态(简称 0_+ 状态)。

设系统初始观察时刻在 $t = 0$,系统在激励的作用下,系统响应 $y(t)$ 及其各阶导数在 $t = 0$ 时刻可能发生跳变或产生冲激信号。下面我们考察在初始时刻 $t = 0_-$ 和 $t = 0_+$ 的之间的关系。

根据 LTI 系统的分解性,其系统响应 $y(t)$ 可以分解为零输入响应 $y_{zi}(t)$ 和零状态响应 $y_{zx}(t)$,即

$$y(t) = y_{zi}(t) + y_{zs}(t) \tag{3-4-3}$$

分别令 $t = 0_-$ 和 $t = 0_+$,可得

$$y(0_-) = y_{zi}(0_-) + y_{zs}(0_-) \tag{3-4-4}$$

$$y(0_+) = y_{zi}(0_+) + y_{zs}(0_+) \tag{3-4-5}$$

对于因果系统,激励信号是在 $t = 0$ 时刻加入的,故 $y_{zs}(0_-) = 0$,同时,对 LTI 系统,系统参数不随时间变化,故有 $y_{zi}(0_+) = y_{zi}(0_-)$,因此,上式可写为

$$y(0_-) = y_{zi}(0_-) = y_{zi}(0_+) \tag{3-4-6}$$

$$y(0_+) = y_{zi}(0_-) + y_{zs}(0_+) = y(0_-) + y_{zs}(0_+) \tag{3-4-7}$$

同理,可推出 $y(t)$ 的各阶导数满足

$$y^{(i)}(0_-) = y_{zi}^{(i)}(0_-) = y_{zi}^{(i)}(0_+) \tag{3-4-8}$$

$$y^{(i)}(0_+) = y^{(i)}(0_-) + y_{zs}^{(i)}(0_+) \tag{3-4-9}$$

由此可见,系统的初始条件 $y^{(i)}(0_+)$ 可由 $y^{(i)}(0_-)$ 和零状态响应及其各阶导数的初始状态来确定。

需要特别注意的是:在求解系统响应 $y(t)$ 时,给出的条件是 $y(0_-)$ 或 $y(0_+)$,不同的求解方法,用到的条件是不同的。

3.4.2　连续时间系统的零输入响应

由上面的分析我们还可以看到,电路系统的响应是由系统的起始状态与输入激励共同

作用的结果。在系统时域分析方法中可以将系统的起始状态也作为一种输入激励,这样根据系统的线性特性,可将系统的响应看作是起始状态与输入激励分别作用于系统而产生的响应叠加。其中由起始状态单独作用于系统产生的输出称为零输入响应,记作 $y_{zi}(t)$;而由输入激励单独作用于系统产生的输出称为零状态响应,记作 $y_{zs}(t)$。则系统的完全响应 $y(t)$ 为

$$y(t) = y_{zi}(t) + y_{zs}(t) \quad t > 0 \tag{3-4-10}$$

若描述系统的微分算子方程为

$$D(p)y(t) = N(p)f(t) \tag{3-4-11}$$

当 $f(t) = 0$ 时,为求系统的零输入响应,就要求解齐次微分算子方程

$$D(p)y_{zi}(t) = (a_0 p^n + a_1 p^{n-1} + \cdots + a_{n-1} p + a_n)y_{zi}(t) = 0 \tag{3-4-12}$$

即　　　　　$D(p)y_{zi}(t) = 0 \tag{3-4-13}$

$y_{zi}(t)$ 就是齐次方程式(3-4-13)的解。式中 $D(p)$ 称为系统的特征多项式,方程 $D(p) = 0$ 是系统的特征方程,特征方程的根称为系统的特征根 $\lambda_i(i = 1,2,\cdots,n)$,因为它具有频率的量纲,又称为特征频率(自然频率或固有频率)。由特征根可求出齐次解的形式如下:

(1) 当特征根是不等实根 $\lambda_1,\lambda_2,\cdots,\lambda_n$ 时,有

$$y_{zi}(t) = c_1 e^{\lambda_1 t} + c_2 e^{\lambda_2 t} + \cdots + c_n e^{\lambda_n t} \tag{3-4-14}$$

(2) 当特征根是相等实根 $\lambda_1 = \lambda_2 = \cdots = \lambda_n = \lambda$ 时,有

$$y_{zi}(t) = c_1 e^{\lambda t} + c_2 t e^{\lambda t} + \cdots + c_n t^{n-1} e^{\lambda t} \tag{3-4-15}$$

(3) 当特征根是一对单复根 $\lambda_{1,2} = \alpha \pm j\beta$ 时,有

$$y_{zi}(t) = e^{\alpha t}(c_1 \cos\beta t + c_2 \sin\beta t) \tag{3-4-16}$$

上式中的 $c_i, i = 1,2,\cdots,n$,为待定系数,由系统的起始状态确定。

需要注意的是:待定系数 $c_i, i = 1,2,\cdots,n$ 可以是实数,也可以是复数。

下面通过例题具体说明系统的零输入响应的求解过程。

例 3-8　电路如图 3-11 所示,$i_L(0_-) = 1A, u_C(0_-) =$ 1V,$t > 0$ 时激励源作用于电路,求零输入响应 $i(t)$。

解　由于题目所求为零输入响应,所以把外加激励看作为 0。画出该电路在零输入时的算子模型,如图 3-14 所示。

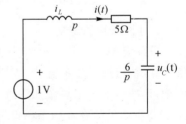

图 3-14　例 3-8 的算子模型

由广义 KVL 方程,$\left(p + 5 + \dfrac{6}{p}\right) i(t) = 0$,即得算子方程

$$(p^2 + 5p + 6)i(t) = 0$$

令 $D(p) = 0$,即

$$p^2 + 5p + 6 = 0$$

可得特征根

$$\lambda_1 = -2, \quad \lambda_2 = -3$$

所以

$$i(t) = c_1 e^{-2t} + c_2 e^{-3t} \tag{3-4-8}$$

在零输入条件下,由于没有外界激励作用,因而系统的状态不会发生变化,系统的起始状态与初始条件是相等的。本题中,$i(0_+) = i(0_-) = 1A$,$i'(0_+) = i'(0_-) = -6$,代入式

(3-4-8),可得

$$\begin{cases} c_1 + c_2 = 1 \\ -2c_1 - 3c_2 = -6 \end{cases} \quad 解得 \begin{cases} c_1 = -3 \\ c_2 = 4 \end{cases}$$

所以,零输入响应 $i(t) = -3e^{-2t} + 4e^{-3t}, t > 0$。

例 3-9 某系统输入输出微分算子方程为

$$(p+2)(p+1)^2 y(t) = f(t)$$

已知系统的起始状态 $y(0_-) = 2$，$y'(0_-) = -2$，$y''(0_-) = 3$,求系统的零输入响应 $y_{zi}(t)$。

解 令 $D(p) = (p+2)(p+1)^2 = 0$,可得特征根 $\lambda_1 = -2, \lambda_{2,3} = -1$,则

$$y_{zi}(t) = c_1 e^{-2t} + c_2 e^{-t} + c_3 t e^{-t}$$

代入系统的起始状态,可得

$$\begin{cases} c_1 + c_2 = 2 \\ -2c_1 - c_2 + c_3 = -2 \\ 4c_1 + c_2 - 2c_3 = 3 \end{cases} \quad 解得 \begin{cases} c_1 = 1 \\ c_2 = 1 \\ c_3 = 1 \end{cases}$$

系统的零输入响应为

$$y_{zi}(t) = e^{-2t} + e^{-t} + t e^{-t} \quad t > 0$$

3.5 连续时间系统的零状态响应

前面已经指出,不考虑起始时刻系统储能的作用(起始状态等于零),由系统的外加激励信号所产生的响应称为系统的零状态响应。这里首先来讨论一种特殊的零状态响应,即冲激响应。

3.5.1 系统的冲激响应

1. 冲激响应的定义

当系统的起始状态全部为零且输入激励为单位冲激信号时,系统所产生的输出响应称为系统的冲激响应,记为 $h(t)$。冲激响应示意图如图 3-15 所示。由于系统冲激响

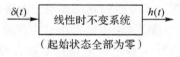

图 3-15 系统的冲激响应示意

应 $h(t)$ 要求系统在零状态条件下,且输入激励为单位冲激信号 $\delta(t)$,因而冲激响应 $h(t)$ 仅取决于系统的内部结构及其元件参数。也就是说,不同结构和元件参数的系统将具有不同的冲激响应。因此,系统的冲激响应 $h(t)$ 可以表征系统本身的特性。对于线性时不变系统,冲激响应的性质可以表示系统的因果性和稳定性,对冲激响应的分析是系统分析中极为重要的问题。

2. 冲激响应的计算

对于 n 阶微分算子方程

$$(p^n + a_1 p^{n-1} + \cdots + a_{n-1} p + a_n) y(t)$$
$$= (b_0 p^m + b_1 p^{m-1} + \cdots + b_{m-1} p + b_m) f(t)$$

当 $f(t) = \delta(t)$ 时,$y(t) = h(t)$,所以冲激响应满足微分算子方程为

$$(p^n + a_1 p^{n-1} + \cdots + a_{n-1} p + a_n) h(t)$$
$$= (b_0 p^m + b_1 p^{m-1} + \cdots + b_{m-1} p + b_m) \delta(t) \tag{3-5-1}$$

起始状态 $h^{(i)}(0_-) = 0(i = 0, 1, \cdots, n-1)$。由于 $\delta(t)$ 及其各阶导数在 $t \geqslant 0_+$ 时都等于零，因此式 (3-5-1) 右端各项在 $t \geqslant 0_+$ 时恒等于零，这时式 (3-5-1) 成为齐次方程，这样，冲激响应 $h(t)$ 的形式应与齐次解的形式相同。

设传输算子为 $H(p) = \dfrac{N(p)}{D(p)} = \dfrac{b_0 p^m + b_1 p^{m-1} + \cdots + b_{m-1} p + b_m}{p^n + a_1 p^{n-1} + \cdots + a_{n-1} p + a_n}$，则

$$h(t) = H(p)\delta(t) = \frac{b_0 p^m + b_1 p^{m-1} + \cdots + b_{m-1} p + b_m}{p^n + a_1 p^{n-1} + \cdots + a_{n-1} p + a_n}\delta(t) \tag{3-5-2}$$

当 $m < n$ 时，$h(t)$ 可按下面方法求解。

(1) 当特征根是不等实根 $\lambda_1, \lambda_2, \cdots, \lambda_n$ 时，可将 $H(p)$ 作部分分式展开，式 (3-5-2) 可写成

$$h(t) = \left(\frac{c_1}{p - \lambda_1} + \frac{c_2}{p - \lambda_2} + \cdots + \frac{c_n}{p - \lambda_n} \right)\delta(t) \tag{3-5-3}$$

式中，$c_1, c_2, \cdots, c_n$ 为部分分式展开的系数。

可以证明

$$h(t) = (c_1 e^{\lambda_1 t} + c_2 e^{\lambda_2 t} + \cdots + c_n e^{\lambda_n t})u(t) \tag{3-5-4}$$

(2) 当特征根中含有 r 重实根 $\lambda_1, \lambda_2, \cdots, \lambda_r$ 时，同样可将 $H(p)$ 作部分分式展开，式 (3-5-2) 可写成

$$h(t) = \left(\frac{c_1}{p - \lambda_1} + \frac{c_2}{(p - \lambda_2)^2} + \cdots + \frac{c_r}{(p - \lambda_r)^r} + \frac{c_{r+1}}{p - \lambda_{r+1}} + \cdots + \frac{c_n}{p - \lambda_n} \right)\delta(t)$$

$$\tag{3-5-5}$$

相应的冲激响应为

$$h(t) = (c_1 e^{\lambda_1 t} + c_2 t e^{\lambda_2 t} + \cdots + c_r t^{r-1} e^{\lambda_r t} + c_{r+1} e^{\lambda_{r+1} t} + \cdots + c_n e^{\lambda_n t})u(t) \tag{3-5-6}$$

式中的 $c_i, i = 1, 2, \cdots, n$ 为部分分式展开系数。

当 $m = n$ 时，$H(p)$ 中含有常数项，为了使方程两边相等，$h(t)$ 中必含有 $\delta(t)$ 项。

当 $m > n$ 时，$H(p)$ 中含有 p 的幂函数项，这样 $h(t)$ 中必含有 $\delta(t)$ 的导数项。

例 3-10　已知某线性时不变系统的微分方程式为

$$\frac{\mathrm{d}y(t)}{\mathrm{d}t} + 3y(t) = 2f(t) \qquad t \geqslant 0$$

求系统的冲激响应 $h(t)$。

解　由微分方程可以写出对应的求冲激响应的微分算子方程：

$$(p + 3)h(t) = 2\delta(t)$$

传输算子

$$H(p) = \frac{2}{p + 3}$$

所以冲激响应为

$$h(t) = 2e^{-3t}u(t)$$

例 3-11　已知某线性时不变系统的微分方程式为

$$\frac{\mathrm{d}y(t)}{\mathrm{d}t} + 6y(t) = 2f'(t) + 3f(t) \qquad t \geqslant 0$$

求系统的冲激响应 $h(t)$。

解　由微分方程可以写出对应的冲激响应的微分算子方程为

$$(p + 6)h(t) = (2p + 3)\delta(t)$$

传输算子

$$H(p) = \frac{2p+3}{p+6} = 2 - \frac{9}{p+6}$$

所以系统的冲激响应为

$$h(t) = 2\delta(t) - 9e^{-6t}u(t)$$

例 3-12　电路如图 3-16 所示,输入为激励源 $i(t)$,输出为 $u_C(t)$,求电路的冲激响应。

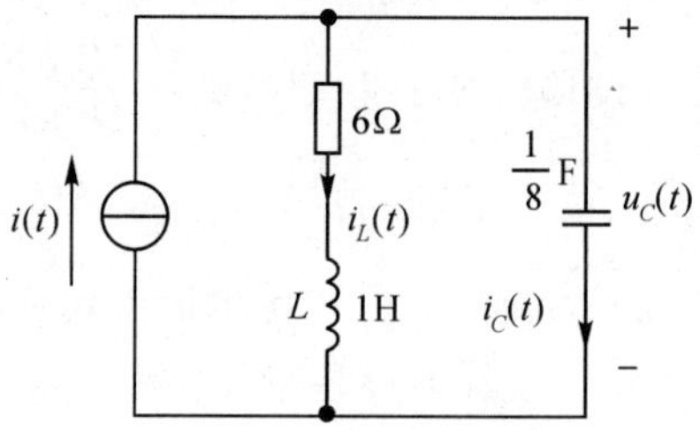

解　由 KCL 方程列出算子方程为

$$i_L(t) + i_C(t) = i(t)$$

$$\frac{u_C(t)}{p+6} + \frac{1}{8}pu_C(t) = i(t)$$

$$\left(\frac{1}{p+6} + \frac{1}{8}p\right)u_C(t) = i(t)$$

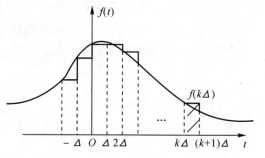

图 3-16　例 3-12 电路

$$u_C(t) = \frac{8p+48}{p^2+6p+8}i(t)$$

$$H(p) = \frac{8p+48}{p^2+6p+8} = \frac{k_1}{p+2} + \frac{k_2}{p+4} = \frac{16}{p+2} - \frac{8}{p+4}$$

冲激响应 $h(t) = (16e^{-2t} - 8e^{-4t})u(t)$

可见,系统的冲激响应只与系统的结构和参数有关,与系统的输入、起始状态无关。

3.5.2　一般信号 $f(t)$ 激励下的零状态响应

1. 连续时间信号分解为冲激信号的线性组合

用常系数线性微分方程描述的系统在起始状态为零的条件下,系统是线性时不变的,而且是因果的。如果一般信号 $f(t)$ 均能表示成冲激信号的线性组合,那么借助系统的冲激响应,利用系统的线性时不变性,我们就能求出任意信号作用下的零状态响应。一般信号均能分解为冲激信号之和吗?下面先来讨论这个问题。

从图 3-17 可见,一个信号可以近似看成许多脉冲分量之和,脉冲间隔为 Δ,脉冲的高度就是信号 $f(t)$ 在该点的函数值。当 $\Delta \to 0$ 时,可以以这些窄脉冲来完全表达信号 $f(t)$。即

图 3-17　任意信号分解为冲激信号的线性组合

$$f(t) \approx \cdots + f(0)[u(t) - u(t-\Delta)] + f(\Delta)[u(t-\Delta) - u(t-2\Delta)]$$

$$+ \cdots + f(k\Delta)[u(t-k\Delta) - u(t-k\Delta-\Delta)]$$

$$+ \cdots = \cdots + f(0)\frac{[u(t) - u(t-\Delta)]}{\Delta}\Delta + f(\Delta)\frac{[u(t-\Delta) - u(t-2\Delta)]}{\Delta}\Delta + \cdots$$

$$+ f(k\Delta)\frac{[u(t-k\Delta) - u(t-k\Delta-\Delta)]}{\Delta}\Delta + \cdots$$

$$= \sum_{k=-\infty}^{\infty} f(k\Delta)\frac{[u(t-k\Delta) - u(t-k\Delta-\Delta)]}{\Delta}\Delta$$

上式是信号 $f(t)$ 的近似表示式,当 Δ 越小时,其误差越小。当 $\Delta \to 0$ 时,上式完全表示信

号 $f(t)$。

当 $\Delta \to 0$ 时，$k\Delta \to \tau, \Delta \to \mathrm{d}\tau, \dfrac{[u(t - k\Delta) - u(t - k\Delta - \Delta)]}{\Delta} \to \delta(t - \tau)$

$$
\begin{aligned}
f(t) &= \lim_{\Delta \to 0} \sum_{k=-\infty}^{\infty} f(k\Delta) \frac{[u(t - k\Delta) - u(t - k\Delta - \Delta)]}{\Delta} \Delta \\
&= \int_{-\infty}^{\infty} f(\tau)\delta(t - \tau)\mathrm{d}\tau
\end{aligned}
\tag{3-5-7}
$$

上式表明了任意信号都可以分解为冲激信号的加权和，其值为信号在不同时刻的函数值。实际上，上式即为冲激函数的抽样特性。这样当求解任意信号作用下系统的零状态响应时，只需求出系统的冲激响应，然后利用线性时不变系统的特性，进行叠加和延时即可求得信号 $f(t)$ 产生的响应。

2. 任意信号作用下的零状态响应与系统冲激响应的关系

下面利用 LTI 的线性和时不变特性，导出一般信号 $f(t)$ 激励下零状态响应的求解方法。

由冲激响应定义，当输入为 $f(t) = \delta(t)$ 时，在零状态条件下系统的输出为 $y_{zs}(t) = h(t)$，记为

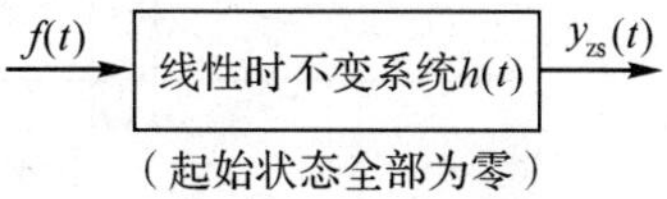

$$\delta(t) \to h(t)$$

由系统的时不变性有

$$\delta(t - \tau) \to h(t - \tau)$$

由系统的齐次性有

$$f(\tau)\delta(t - \tau)\mathrm{d}\tau \to f(\tau)h(t - \tau)\mathrm{d}\tau$$

图 3-18　系统的零状态响应

由系统的叠加性有

$$\int_{-\infty}^{\infty} f(\tau)\delta(t - \tau)\mathrm{d}\tau \to \int_{-\infty}^{\infty} f(\tau)h(t - \tau)\mathrm{d}\tau$$

则由式（3-5-7）及卷积的定义有

$$f(t) \to f(t) * h(t)$$

即对于线性时不变系统，任意信号 $f(t)$ 作用下的零状态响应是系统的输入与系统的冲激响应的卷积，即

$$y_{zs}(t) = f(t) * h(t)$$

例 3-13　已知一线性时不变系统的冲激响应为 $h(t) = (-2\mathrm{e}^{-2t} + 3\mathrm{e}^{-3t})u(t)$，系统的激励为单位阶跃函数 $f(t) = u(t)$，试求系统的零状态响应 $y_{zs}(t)$。

解　由前面的推导可得系统的零状态响应为

$$
\begin{aligned}
y_{zs}(t) &= f(t) * h(t) = u(t) * (-2\mathrm{e}^{-2t} + 3\mathrm{e}^{-3t})u(t) \\
&= \int_{-\infty}^{\infty} (-2\mathrm{e}^{-2\tau} + 3\mathrm{e}^{-2\tau})u(\tau) \times u(t - \tau)\mathrm{d}\tau \\
&= \int_{0}^{t} (-2\mathrm{e}^{-2\tau} + 3\mathrm{e}^{-3\tau})\mathrm{d}\tau = (\mathrm{e}^{-2t} - \mathrm{e}^{-3t})u(t)
\end{aligned}
$$

这里卷积采用了解析法。

例 3-14　已知系统的冲激响应为 $h(t) = u(t) - u(t - 3)$，系统的输入为 $f(t) = \mathrm{e}^{-t}u(t)$，试求系统的零状态响应。

解　$h(t), f(t)$ 的波形如图 3-19 所示，本题采用图解法求卷积。

系统的零状态响应为

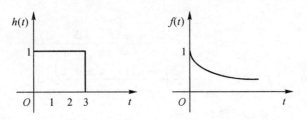

图 3-19　例 3-14 图

$$y_{zs}(t) = f(t) * h(t) = \int_{-\infty}^{\infty} h(\tau)f(t-\tau)\mathrm{d}\tau$$

图解法求卷积示意图如图 3-20 所示。

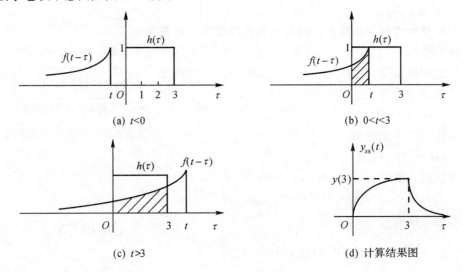

图 3-20　卷积的图解表示

由 $f(t-\tau) = \mathrm{e}^{-(t-\tau)}u(t-\tau)$，找出两个函数的重叠区间分段进行计算。

(1) 当 $t < 0$ 时，$y_{zs}(t) = 0$。

(2) 当 $0 < t < 3$ 时，$y_{zs}(t) = \int_0^t \mathrm{e}^{-(t-\tau)}\mathrm{d}\tau = \mathrm{e}^{-t}\int_0^t \mathrm{e}^\tau \mathrm{d}\tau = 1 - \mathrm{e}^{-t}$。

(3) 当 $t > 3$ 时，$y_{zs}(t) = \int_0^3 \mathrm{e}^{-(t-\tau)}\mathrm{d}\tau = \mathrm{e}^{-t}\int_0^3 \mathrm{e}^\tau \mathrm{d}\tau = (\mathrm{e}^3 - 1)\mathrm{e}^{-t}$。

所以系统的零状态响应为

$$y_{zs}(t) = \begin{cases} 0 & t < 0 \\ 1 - \mathrm{e}^{-t} & 0 < t < 3 \\ (\mathrm{e}^3 - 1)\mathrm{e}^{-t} & t > 3 \end{cases}$$

其波形如图 3-20(d) 所示。

例 3-15　描述一个线性时不变系统的微分方程为

$$y''(t) + 3y'(t) + 2y(t) = \mathrm{e}^{-t}u(t)$$

且系统的起始状态 $y'(0_-) = 3$，$y(0_-) = 0$，求系统的零输入响应 $y_{zi}(t)$、冲激响应 $h(t)$、零状态响应 $y_{zs}(t)$、全响应 $y(t)$。

解　(1) 求零输入响应

采用前面描述的方法进行求解。先写出方程对应零输入时的算子方程为 $(p^2 + 3p +$

2）$y(t) = 0$,可得

$$y_{zi}(t) = c_1 \mathrm{e}^{-t} + c_2 \mathrm{e}^{-2t}, t > 0$$

代入起始状态值可得 $\begin{cases} c_1 + c_2 = 0 \\ -c_1 - 2c_2 = 3 \end{cases}$ 解得 $\begin{cases} c_1 = 3 \\ c_2 = -3 \end{cases}$

零输入响应为 $y_{zi}(t) = 3\mathrm{e}^{-t} - 3\mathrm{e}^{-2t}, t > 0$,也可以表达成 $y_{zi}(t) = (3\mathrm{e}^{-t} - 3\mathrm{e}^{-2t})u(t)$。

（2）求冲激响应

由微分方程可得传输算子为

$$h(p) = \frac{1}{p^2 + 3p + 2} = \frac{1}{p+1} - \frac{1}{p+2}$$

所以冲激响应为

$$h(t) = (\mathrm{e}^{-t} - \mathrm{e}^{-2t})u(t)$$

（3）求零状态响应

$$\begin{aligned} y_{zs}(t) &= h(t) * f(t) = (\mathrm{e}^{-t} - \mathrm{e}^{-2t})u(t) * \mathrm{e}^{-t}u(t) \\ &= \int_{-\infty}^{\infty} (\mathrm{e}^{-\tau} - \mathrm{e}^{-2\tau})u(\tau) \times \mathrm{e}^{-(t-\tau)}u(t-\tau)\mathrm{d}\tau \\ &= \int_0^t (\mathrm{e}^{-t} - \mathrm{e}^{-\tau} \times \mathrm{e}^{-t})\mathrm{d}\tau \\ &= (t\mathrm{e}^{-t} + \mathrm{e}^{-2t} - \mathrm{e}^{-t})u(t) \end{aligned}$$

（4）全响应

$$y(t) = y_{zs}(t) + y_{zi}(t) = (t\mathrm{e}^{-t} + 2\mathrm{e}^{-t} - 2\mathrm{e}^{-2t})u(t)$$

例 3-16　图 3-21 所示系统由几个子系统组成,各子系统的冲激响应分别为 $h_1(t) = u(t)$（积分器）, $h_2(t) = \delta(t-1)$（单位延时）, $h_3(t) = -\delta(t)$（倒相器）,试求总系统的冲激响应。

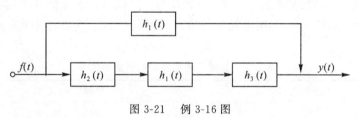

图 3-21　例 3-16 图

解　由卷积的分配律、结合律可得系统的零状态响应为

$$\begin{aligned} y_{zs}(t) &= f(t) * [h_1(t) + h_2(t) * h_1(t) * h_3(t)] \\ &= f(t) * h_1(t) + f(t) * h_2(t) * h_1(t) * h_3(t) \end{aligned}$$

当 $f(t) = \delta(t)$ 时, $y_{zs}(t) = h(t)$,代入上式可得系统的冲激响应为

$$\begin{aligned} h(t) &= \delta(t) * h_1(t) + \delta(t) * h_2(t) * h_1(t) * h_3(t) \\ &= u(t) + \delta(t-1) * u(t) * [-\delta(t)] = u(t) - u(t-1) \end{aligned}$$

3.6　系统微分方程的经典解法

前面我们介绍了用算子方程建立系统微分方程的方法,并通过算子方程、传输算子、卷积来求解系统的零输入响应、冲激响应、零状态响应。本节介绍直接应用微分方程经典解法

来求解系统的响应的方法,即经典分析法。

经典分析中,微分方程的全解由齐次解 $y_h(t)$ 和特解 $y_p(t)$ 组成,即

$$y(t) = y_h(t) + y_p(t)$$

齐次解是齐次微分方程

$$a_0 \frac{\mathrm{d}^n}{\mathrm{d}t^n} y(t) + a_1 \frac{\mathrm{d}^{n-1}}{\mathrm{d}t^{n-1}} y(t) + \cdots + a_{n-1} \frac{\mathrm{d}}{\mathrm{d}t} y(t) + a_n y(t) = 0 \qquad (3\text{-}6\text{-}1)$$

的解,它的基本形式为 $k\mathrm{e}^{\lambda t}$。将 $k\mathrm{e}^{\lambda t}$ 代入式(3-42),得

$$ka_0 \lambda^n \mathrm{e}^{\lambda t} + ka_1 \lambda^{n-1} \mathrm{e}^{\lambda t} + \cdots + ka_{n-1} \lambda \mathrm{e}^{\lambda t} + ka_n \mathrm{e}^{\lambda t} = 0$$

由于 $k = 0$ 对应的解是无意义的,在 $k \neq 0$ 的条件下可得

$$a_0 \lambda^n + a_1 \lambda^{n-1} + \cdots + a_{n-1} \lambda + a_n = 0 \qquad (3\text{-}6\text{-}2)$$

式(3-6-2)称为微分方程所对应的特征方程,这与前面利用微分算子方程得出的结论是一致的。解特征方程求得特征根 $\lambda_i (i = 1, 2, \cdots, n)$,由特征根可写出齐次解的形式如下:

(1) 当特征根是不等实根 $\lambda_1, \lambda_2, \cdots, \lambda_n$ 时,齐次解

$$y_h(t) = k_1 \mathrm{e}^{\lambda_1 t} + k_2 \mathrm{e}^{\lambda_2 t} + \cdots + k_n \mathrm{e}^{\lambda_n t} \qquad (3\text{-}6\text{-}3)$$

(2) 当特征根是相等实根 $\lambda_1 = \lambda_2 = \cdots = \lambda_n = \lambda$ 时,齐次解

$$y_h(t) = k_1 \mathrm{e}^{\lambda t} + k_2 t \mathrm{e}^{\lambda t} + \cdots + k_n t^{n-1} \mathrm{e}^{\lambda t} \qquad (3\text{-}6\text{-}4)$$

(3) 当特征根是成对共轭复根时 $\lambda_1 = \sigma_1 \pm \mathrm{j}\omega_1, \lambda_2 = \sigma_2 \pm \mathrm{j}\omega_2, \cdots, \lambda_l = \sigma_l \pm \mathrm{j}\omega_l, (l = n/2)$ 时,齐次解为

$$y_h(t) = \mathrm{e}^{\sigma_1 t}[k_{11}\cos(\omega_1 t) + k_{12}\sin(\omega_1 t)] + \cdots + \mathrm{e}^{\sigma_l t}[k_{l1}\cos(\omega_l t) + k_{l2}\sin(\omega_l t)]$$

$$(3\text{-}6\text{-}5)$$

以上各式中的 $k_i (i = 1, \cdots, n)$ 为待定系数,由初始条件确定。

特解的形式与激励信号的形式有关。将特解与激励信号代入原微分方程,求出特解表示式中的待定系数,即得特解。常用激励信号所对应的特解表示式如表 3-3 所示,供求解方程时选用。

表 3-3   激励信号与相应的特解形式

激励信号	特解
E(常数)	B
t^p	$B_1 t^p + B_2 t^{p-1} + \cdots + B_p t + B_{p+1}$
e^{at}(特征根 $\lambda \neq a$)	$B\mathrm{e}^{at}$
e^{at}(特征根 $\lambda = a$)	$Bt\mathrm{e}^{at}$
$\cos(\omega t)$	$B_1\cos(\omega t) + B_2\sin(\omega t)$
$\sin(\omega t)$	

得到齐次解的表示式和特解后,将两者相加可得全解的表示式。利用已知的 n 个初始条件 $y^{(k)}(0_+) = \left[y(0_+), \dfrac{\mathrm{d}}{\mathrm{d}t} y(0_+), \cdots, \dfrac{\mathrm{d}^{n-1}}{\mathrm{d}t^{n-1}} y(0_+) \right]$,即可求得齐次解表示式中的待定系数,从而得到微分方程的全解。下面通过例题来说明微分方程的经典时域分析法。

例 3-17   给定系统微分方程

$$y''(t) + 3y'(t) + 2y(t) = 2f(t) \qquad t > 0$$

初始条件 $y(0_+) = 1$，$y'(0_+) = 3$，输入信号 $e(t) = e^{-3t}u(t)$，求系统的完全响应 $y(t)$。

解　(1) 求齐次方程 $y''(t) + 3y'(t) + 2y(t) = 0$ 的齐次解 $y_h(t)$。

特征方程　$\lambda^2 + 3\lambda + 2 = 0$

特征根　　$\lambda_1 = -1, \lambda_2 = -2$

齐次解　　$y_h(t) = B_1 e^{-t} + B_2 e^{-2t}$

(2) 非齐次方程 $y''(t) + 3y'(t) + 2y(t) = 2f(t)$ 的一个特解 $y_p(t)$。

设 $y_p(t) = ce^{-3t}, t > 0$，将特解代入原方程可求得常数 $c = 1$，故方程的特解为

$$y_p(t) = e^{-3t} \quad t > 0$$

(3) 求方程的全解

全解的表示式为

$$y(t) = y_h(t) + y_p(t) = B_1 e^{-t} + B_2 e^{-2t} + e^{-3t}$$

代入初始条件，令 $t = 0$ 可得

$$\begin{cases} B_1 + B_2 + 1 = 1 \\ -B_1 - 2B_2 - 3 = 3 \end{cases}$$

解得 $B_1 = 6, B_2 = -6$，方程的全解即系统的完全响应为

$$y(t) = 6e^{-t} - 6e^{-2t} + e^{-3t}, t > 0$$

从上面的例题可以看出，常系数微分方程的全解由齐次解和特解组成。齐次解的形式与系统的特征根有关，仅依赖于系统本身的特性，而与激励信号的形式无关，因此称为系统的固有响应。而特解的形式是由激励信号确定的，称为强迫响应。所以，系统的响应不仅可以分解为零输入响应与零状态响应，也可以分解为固有响应与强迫响应。

从上面的分析可以看出，系统的全响应 $y(t)$ 不仅可以分解为零输入响应 $y_{zi}(t)$ 和零状态响应 $y_{zs}(t)$，而且，还可以分解成固有响应（齐次解）$y_h(t)$ 和强迫响应（特解）$y_p(t)$。这两种求解方法虽然有某些相似之处，但不论从含义上还是从解题步骤上都有明显的区别，下面从两个方面加以说明。

1. 两种分解的区别

(1) 虽然固有响应和零输入响应都是齐次方程的解，但两者的系数各不相同，零输入响应的系数仅由系统的起始状态来决定，而固有响应的系数则由系统的初始状态和激励共同决定。

(2) 在起始状态为零时，系统的零输入响应为零，但在激励信号的作用下，固有响应并不为零，也就是说，固有响应包含零输入响应的全部和零状态响应的一部分。

2. 解题步骤

(1) 将系统响应分解为零输入响应和零状态响应，即

$$y(t) = y_{zi}(t) + y_{zs}(t)$$

① 由齐次方程求零输入响应 $y_{zi}(t)$，得到系数 $c_1, c_2, \cdots, c_n$。

② 代入起始状态 $y(0_-), y^{(1)}(0_-), \cdots, y^{(n)}(0_-)$，确定系数 $c_1, c_2, \cdots, c_n$。

③ 求零状态响应 $y_{zs}(t)$。

④ 求全响应 $y(t)$。

(2) 将系统响应分解为固有响应和强迫响应即

$$y(t) = y_h(t) + y_p(t)$$

① 求齐次方程的解,得到系数 $c_1, c_2, \cdots, c_n$。

② 求特解,将特解代入方程,确定特解的系数 $P_1, P_2, \cdots, P_n$。

③ 写出全响应方程 $y(t) = y_h(t) + y_p(t)$。

④ 代入初始状态 $y(0_+), y^{(1)}(0_+), \cdots, y^{(n)}(0_+)$,确定齐次方程的系数 $c_1, c_2, \cdots, c_n$。

⑤ 求出全响应 $y(t) = y_h(t) + y_p(t)$。

【本章知识要点】

1. 卷积积分的定义

任意两个信号 $f_1(t)$ 和 $f_2(t)$ 的卷积

$$f_1(t) * f_2(t) = \int_{-\infty}^{\infty} f_1(\tau) f_2(t - \tau) \mathrm{d}\tau = \int_{-\infty}^{\infty} f_1(t - \tau) f_2(\tau) \mathrm{d}\tau$$

2. 卷积积分的图解法步骤

换元 $\longrightarrow$ 反褶 $\longrightarrow$ 平移 $\longrightarrow$ 相乘、确定积分上限、求面积或积分。

3. 卷积积分的重要性质

(1) 任意信号与冲激函数的卷积

$$f(t) * \delta(t) = f(t)$$

$$f(t) * \delta(t - t_1) = f(t - t_1)$$

$$f(t - t_1) * \delta(t - t_2) = f(t - t_1 - t_2)$$

(2) 任意信号与单位阶跃函数的卷积

$$f(t) * u(t) = \int_{-\infty}^{t} f(\tau) \mathrm{d}\tau$$

(3) 两个信号卷积以后的微分(微分性质)

$$\frac{\mathrm{d}}{\mathrm{d}t} [f_1(t) * f_2(t)] = f_1(t) * \frac{\mathrm{d}f_2(t)}{\mathrm{d}t} = \frac{\mathrm{d}f_1(t)}{\mathrm{d}t} * f_2(t)$$

(4) 两个信号卷积以后的积分(积分性质)

$$\int_{-\infty}^{t} [f_1(\lambda) * \dot{f_2}(\lambda)] \mathrm{d}\lambda = f_1(t) * \int_{-\infty}^{t} f_2(\lambda) \mathrm{d}\lambda = f_2(t) * \int_{-\infty}^{t} f_1(\lambda) \mathrm{d}\lambda$$

(5) 微积分性质

$$f_1(t) * f_2(t) = \frac{\mathrm{d}f_1(t)}{\mathrm{d}t} * \int_{-\infty}^{t} f_2(\lambda) \mathrm{d}\lambda = \int_{-\infty}^{t} f_1(\lambda) \mathrm{d}\lambda * \frac{\mathrm{d}f_2(t)}{\mathrm{d}t}$$

4. 线性时不变系统的数学模型

线性时不变的连续时间系统的数学模型通常用常系数线性微分方程来表示,引入微分算子以后,可以用微分算子方程来表示。对于 n 阶常系数线性微分方程的一般形式

$$a_0 \frac{\mathrm{d}^n}{\mathrm{d}t^n} y(t) + a_1 \frac{\mathrm{d}^{n-1}}{\mathrm{d}t^{n-1}} y(t) + \cdots + a_{n-1} \frac{\mathrm{d}}{\mathrm{d}t} y(t) + a_n y(t)$$

$$= b_0 \frac{\mathrm{d}^m}{\mathrm{d}t^m} f(t) + b_1 \frac{\mathrm{d}^{m-1}}{\mathrm{d}t^{m-1}} f(t) + \cdots + b_{m-1} \frac{\mathrm{d}}{\mathrm{d}t} f(t) + b_m f(t)$$

其微分算子方程为

$$(a_0 p^n + a_1 p^{n-1} + \cdots + a_{n-1} p + a_n) y(t)$$

$$= (b_0 p^m + b_1 p^{m-1} + \cdots + b_{m-1} p + b_m) f(t)$$

在电路微分方程的建立过程中,先利用电路元件的算子模型建立电路系统的微分算子方程,再写成常系数线性微分方程,简化了运算。

5. 线性时不变系统的响应

（1）零输入响应 $y_{zi}(t)$

它是由起始状态单独作用于系统而产生的响应。

（2）零状态响应 $y_{zs}(t)$

它由输入激励单独作用于系统而产生的响应。

（3）全响应 $y(t)$

$y(t) = y_{zi}(t) + y_{zs}(t)$，它是由系统的起始状态与输入激励共同作用下的系统的响应。系统的全响应可以分解为系统的零输入响应与零状态响应。

（4）冲激响应 $h(t)$

它是指系统的输入激励为单位冲激信号时，系统的零状态响应。

（5）各种响应的求解

在时域分析中，系统的零输入响应与冲激响应的求解，可以通过系统微分算子方程与传输算子的方法求解，也可以采用微分方程的经典法求解（计算量较大），任意信号作用下的零状态响应除了求解微分方程的经典法以外，一般通过卷积积分的方法求解。

对于线性时不变系统，任意信号 $f(t)$ 作用下的零状态响应是系统的输入与系统冲激响应的卷积，$y_{zs}(t) = f(t) * h(t)$

（6）系统微分方程的经典解法

在经典解法中，微分方程的全解由齐次解 $y_h(t)$ 和特解 $y_p(t)$ 组成，即

$$y(t) = y_h(t) + y_p(t)$$

它表示了系统的全响应还可以分解为固有响应与强迫响应，固有响应只与系统的本身的特性有关，强迫响应的形式则由激励信号确定。

习 题

3-1 用图解法计算题 3-1 图中 $f_1(t) * f_2(t)$ 的卷积积分。

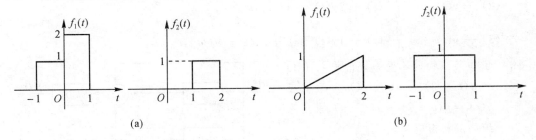

题 3-1 图

3-2 利用卷积的性质，求下列函数的卷积 $f(t) = f_1(t) * f_2(t)$：

(1) $f_1(t) = \cos(\omega t)$，$f_2(t) = \delta(t + 1) - \delta(t - 1)$；

(2) $f_1(t) = u(t) - u(t - 2)$，$f_2(t) = u(t - 1) - u(t - 2)$；

(3) $f_1(t) = e^{-t}u(t)$，$f_2(t) = u(t - 1)$；

(4) $f_1(t) = \cos 2\pi t[u(t) - u(t - 1)]$，$f_2(t) = u(t)$。

3-3 试写出下列算子方程的微分方程式：

(1) $(p + 2)y(t) = (p + 1)f(t)$；

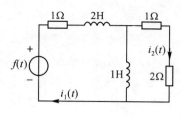

(2) $y(t) = \dfrac{2p+1}{p+3}f(t)$;

(3) $(p+1)(p+2)y(t) = p(p+3)f(t)$。

3-4 电路如题 3-4 图所示，$f(t)$ 为激励信号，响应为 $i_2(t)$，试列出算子方程与微分方程。

题 3-4 图

3-5 电路如题 3-5 图所示，$f(t)$ 为激励信号，试列出求 $i_1(t),i_2(t)$ 的算子方程。

3-6 写出题 3-6 图所示的输入 $f(t)$ 与输出 $i_1(t)$，$i_2(t)$ 及 $i_3(t)$ 之间的线性微分方程，并求转移算子。

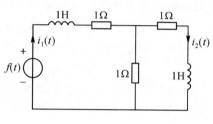

题 3-5 图

3-7 已知系统的微分方程与起始状态分别如下：

$$\frac{\mathrm{d}^3}{\mathrm{d}t^3}y(t) + 2\frac{\mathrm{d}^2}{\mathrm{d}t^2}y(t) + \frac{\mathrm{d}}{\mathrm{d}t}y(t)$$

$$= 3\frac{\mathrm{d}}{\mathrm{d}t}f(t) + f(t)$$

$$y(0_-) = y'(0_-) = 0, y''(0_-) = 1$$

求其零输入响应，并指出其自然频率。

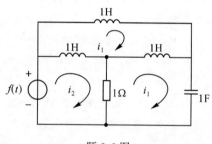

3-8 已知某系统输入输出微分算子方程为

$$(p^3 + 3p^2 + 2p)y(t) = pf(t)$$

已知系统的起始状态 $y(0_-) = 1, y'(0_-) = y''(0_-) = 0$，求出其零输入响应。

题 3-6 图

3-9 试求下列微分方程所描述的连续时间 LTI 系统的冲激响应 $h(t)$：

(1) $\dfrac{\mathrm{d}}{\mathrm{d}t}y(t) + 4y(t) = 3\dfrac{\mathrm{d}}{\mathrm{d}t}f(t) + 2f(t), t \geqslant 0$;

(2) $\dfrac{\mathrm{d}^2}{\mathrm{d}t^2}y(t) + 3\dfrac{\mathrm{d}}{\mathrm{d}t}y(t) + 2y(t) = 4f(t), t \geqslant 0$;

(3) $\dfrac{\mathrm{d}^2}{\mathrm{d}t^2}y(t) + 4\dfrac{\mathrm{d}}{\mathrm{d}t}y(t) + 4y(t) = 2\dfrac{\mathrm{d}}{\mathrm{d}t}f(t) + 5f(t), t \geqslant 0$。

3-10 已知某线性时不变系统的输入 $f(t) = u(t-3) - u(t-4)$，冲激响应 $h(t) = u(t-7) - u(t-9)$，求出系统的零状态响应。

3-11 已知某线性时不变系统的输入 $f(t) = u(t)$，冲激响应 $h(t) = (4e^{-4t} - e^{-t})u(t)$，求出系统的零状态响应。

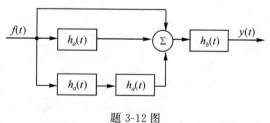

题 3-12 图

3-12 题 3-12 图所示系统，它由几个子系统组合而成，各子系统的冲激响应分别为 $h_a(t) = \delta(t-1), h_b(t) = u(t) - u(t-3)$，试求总系统的冲激响应 $h(t)$。

3-13 已知某连续时间 LTI 系统的微分方程为

$$y''(t) + 5y'(t) + 6y(t) = f(t)$$

$$y(0_-) = 1, y'(0_-) = 0, f(t) = 10\cos tu(t)。$$

(1) 求系统的单位冲激响应 $h(t)$;

(2) 求系统的零输入响应 $y_{zi}(t)$,零状态响应 $y_{zs}(t)$ 及完全响应 $y(t)$。

3-14　系统输出 $y(t)$ 对输入 $f(t)$ 的转移算子为

$$H(p) = \frac{p+3}{p^2+3p+2}$$

且(1) $f(t) = u(t)$, $y(0_-) = 1$, $y'(0_-) = 2$;

　　(2) $f(t) = e^{-3t}u(t)$, $y(0_-) = 1$, $y'(0_-) = 2$。

试分别求其全响应。

3-15　选择题:

(1) 零状态响应的模式由(　　)确定。零输入响应的模式由(　　)确定。

A. 起始状态　　　B. 系统参数　　　C. 起始状态和系统参数　　　D. 输入信号

(2) 系统单位冲激响应由(　　)决定。

A. 起始状态　　　B. 系统参数　　　C. 输入信号　　　D. 前述三者共同

3-16　某连续时间 LTI 系统的输入 $f(t)$ 和冲激响应 $h(t)$ 如题 3-16 图所示,试求系统的零状态响应,并画出波形。

3-17　如题 3-17 图所示的系统,试求当输入 $f(t) = e^{-t}u(t)$ 时,系统的零状态响应。

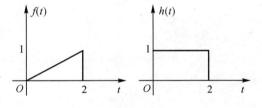

题 3-16 图

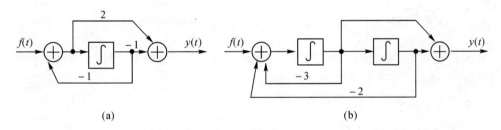

(a)　　　　　　　　　　　　　　(b)

题 3-17 图

第4章 离散时间系统的时域分析

【内容摘要】 本章主要介绍离散时间系统的卷积和,离散时间系统的数学模型,离散时间系统的零输入响应,离散时间系统的零状态响应以及差分方程的经典解法。

当系统的输入为离散时间信号时,所产生的输出也为离散时间信号的系统,称为离散时间系统,简称离散系统。

离散系统的数学模型可用差分方程来表示,离散系统的分析与连续系统的分析在很多方面有相同之处。比如,也分为零输入响应 $y_{zi}(n)$ 和零状态响应 $y_{zs}(n)$,也可用齐次解 $y_h(n)$ 和特解 $y_p(n)$ 来计算完全响应,离散系统也有传输算子和单位脉冲响应。

4.1 卷积和

卷积和是离散信号间的一种运算,与连续信号的卷积积分类似,可用于离散系统的零状态响应,在信号与系统中有十分重要的地位。

卷积和又称为离散卷积,简称为卷积。

4.1.1 卷积和的意义

两个离散信号 $f_1(n)$ 和 $f_2(n)$,其卷积和定义为

$$f(n) = f_1(n) * f_2(n) = \sum_{m=-\infty}^{\infty} f_1(m)f_2(n-m) \tag{4-1-1}$$

两个离散信号经卷积和后仍为离散信号。由于离散信号中的自变量 n 只能取整数($0, \pm 1, \pm 2, \cdots$),式中的 m 也只能取整数。

从定义式(4-1-1)可见,卷积和运算是一种褶积、位移和求和的运算过程。

为了便于理解卷积和的概念,下面举例用图解法求两离散信号的卷积和。

例 4-1 设 $f_1(n) = u(n) - u(n-4)$,$f_2(n) = u(n) - u(n-3)$,计算 $f(n) = f_1(n) * f_2(n)$。

解 从定义式见,要计算 $f_1(n) * f_2(n)$ 需如下五个步骤:

(1)画出 $f_1(n)$ 和 $f_2(n)$ 的波形,并将变量 n 换成 m,得到 $f_1(m)$ 和 $f_2(m)$ 的波形,如图 4-1(a)和 4-1(b)所示。

(2)将 $f_2(m)$ 反褶成 $f_2(-m)$ 如图 4-1(c)所示。

（3）将反褶后的 $f_2(-m)$ 位移，位移量是 n，在 m 坐标系中，$n<0$ 图形左移，如图 4-1(d) 所示。$n>0$ 图形右移，如图 4-1(e) 所示。

（4）将 $f_1(m)$ 和 $f_2(n-m)$ 对应同一变量 m 的数值相乘，再把所有的乘积相加。

（5）n 从 $-\infty$ 到 ∞ 变化，重复步骤（3）和（4）。

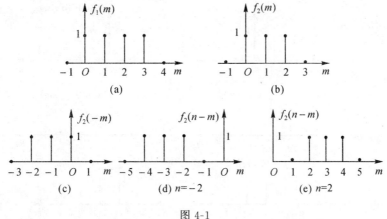

图 4-1

按以上的步骤完成的卷积和的结果如下：

（1）$n<0$，如图 4-2(a) 所示，由于 $f_1(m)$ 和 $f_2(n-m)$ 无重叠部分，故
$$f(n) = f_1(n) * f_2(n) = 0$$

（2）$n=0$，如图 4-2(b) 所示，只有 $m=0$ 处重叠，故
$$f(n) = f_1(n) * f_2(n) = 1$$

（3）$n=1$，如图 4-2(c) 所示，只有 $m=0,1$ 处重叠，故
$$f(n) = f_1(n) * f_2(n) = 1 + 1 = 2$$

（4）$n=2$，如图 4-2(d) 所示，只有 $m=0,1,2$ 处重叠，故
$$f(n) = f_1(n) * f_2(n) = 1 + 1 + 1 = 3$$

（5）$n=3$，如图 4-2(e) 所示，只有 $m=1,2,3$ 处重叠，故
$$f(n) = f_1(n) * f_2(n) = 1 + 1 + 1 = 3$$

（6）$n=4$，如图 4-2(f) 所示，只有 $m=2,3$ 处重叠，故
$$f(n) = f_1(n) * f_2(n) = 1 + 1 = 2$$

（7）$n=5$，如图 4-2(g) 所示，只有 $m=3$ 处重叠，故
$$f(n) = f_1(n) * f_2(n) = 1$$

（8）$n \geqslant 6$，如图 4-2(h) 所示，无重叠，故
$$f(n) = f_1(n) * f_2(n) = 0$$

最后，以 n 为横坐标，画出 $f(n)$ 的波形如图 4-3 所示。

4.1.2　卷积和的性质

离散信号的卷积和运算主要有以下性质，利用其性质可方便地进行卷积和运算及系统分析。

（1）交换律
$$f_1(n) * f_2(n) = f_2(n) * f_1(n) \tag{4-1-2}$$

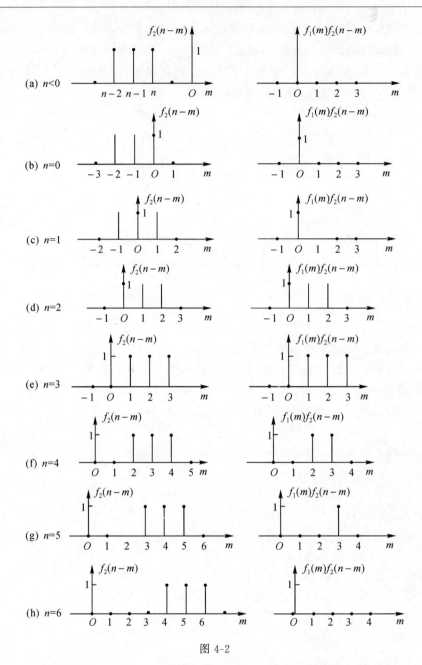

图 4-2

或
$$\sum_{-\infty}^{\infty} f_1(m)f_2(n-m) = \sum_{-\infty}^{\infty} f_2(m)f_1(n-m)$$

$$(4\text{-}1\text{-}3)$$

只要令式(4-1-3)左边 $n-m=\tau$ 代入即证得。

交换律表明，两离散信号的卷积和可以将其中一个信号作为第一信号，另一信号作为第二信号。

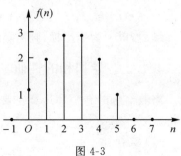

图 4-3

(2) 分配律

$$f_1(n) * [f_2(n) + f_3(n)] = f_1(n) * f_2(n) + f_1(n) * f_3(n) \tag{4-1-4}$$

用定义即可证得。

分配律用于系统分析，相当于并联系统的冲激响应等于组成并联系统的各子系统的冲激响应之和，如图 4-4 所示。

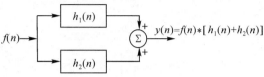

h1(n)
h2(n)
f(n)
Σ
+
+
y(n)=f(n)*[h1(n)+h2(n)]

图 4-4

(3) 结合律

$$\begin{aligned}[f_1(n) * f_2(n)] * f_3(n) &= f_1(n) * [f_2(n) * f_3(n)] \\ &= f_2(n) * [f_1(n) * f_3(n)]\end{aligned} \tag{4-1-5}$$

结合律表明：三个信号的卷积和是任意两个信号的卷积和与第三个信号的卷积和。需要注意的是，结合律是有条件的，只有任意两个信号的卷积和存在时才成立。

结合律用于系统分析，相当于串联系统的冲激响应等于组成系统的各子系统的冲激响应之卷积，如图 4-5 所示。

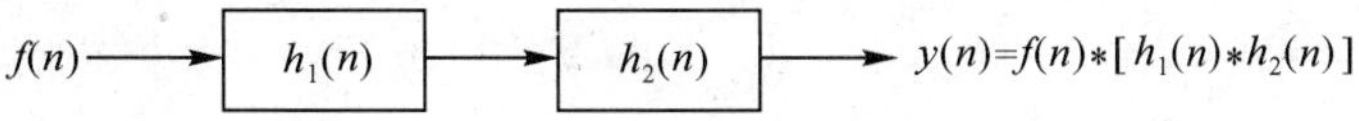

f(n)
h1(n)
h2(n)
y(n)=f(n)*[h1(n)*h2(n)]

图 4-5

(4) 序列与 $\delta(n)$ 的卷积

$$f(n) * \delta(n) = f(n) \tag{4-1-6}$$

这是由于 $f(n) * \delta(n) = \sum_{m=-\infty}^{\infty} \delta(m) f(n-m)$

$$\delta(m) f(n-m) = \begin{cases} f(n) & m = 0 \\ 0 & m \neq 0 \end{cases}$$

(5) 位移性

两个离散信号 $f_1(n)$ 和 $f_2(n)$ 及整数 N（可正可负），已知 $f(n) = f_1(n) * f_2(n)$，则有

$$f(n-N) = f_1(n-N) * f_2(n) = f_1(n) * f_2(n-N) \tag{4-1-7}$$

其中：

$$f(n) = f_1(n) * f_2(n)$$

根据位移性质，有

$$f(n) * \delta(n-N) = f(n-N) \tag{4-1-8}$$

4.1.3 卷积和的计算

卷积和的计算方法有用图解法计算（见例 4-1）、用定义式计算、用竖式乘法计算及算子法计算。

本节主要介绍用定义式和竖式乘法计算卷积和。

1. 用定义式计算

当已知两个离散信号的函数式，可用定义式(4-1-1) 来计算，在计算过程中，经常用到几何级数的求和公式，列于表 4-1 中。

表 4-1　级数的求和公式

1	$\sum\limits_{n=n_1}^{n_2} a^n = \begin{cases} \dfrac{a^{n_1} - a^{n_2+1}}{1-a} & a \neq 1 \\ n_2 - n_1 + 1 & a = 1 \end{cases}$	6	$\sum\limits_{m=-\infty}^{n} mu(m) = \dfrac{1}{2}n(n+1)u(n)$
2	$\sum\limits_{n=n_1}^{\infty} a^n = \dfrac{a^{n_1}}{1-a} \quad \lvert a \rvert < 1$	7	$\sum\limits_{m=-\infty}^{n} m^2 u(m) = \dfrac{1}{6}n(n+1)(2n+1)u(n)$
3	$\sum\limits_{n=-\infty}^{n_2} a^n = \dfrac{a^{n_2}}{1-a^{-1}} \quad \lvert a \rvert > 1$	8	$\sum\limits_{n=0}^{\infty} na^n = \dfrac{a}{(1-a)^2} \quad \lvert a \rvert < 1$
4	$\sum\limits_{m=-\infty}^{n} \delta(m) = u(n)$	9	$\sum\limits_{n=0}^{\infty} n^2 a^n = \dfrac{a^2+a}{(1-a)^3} \quad \lvert a \rvert < 1$
5	$\sum\limits_{m=-\infty}^{n} u(m) = (n+1)u(n)$		

例 4-2　已知 $f_1(n) = a^n u(n)(0 < a < 1)$，$f_2(n) = u(n) - u(n-N)(N>1)$，求 $f_1(n) * f_2(n)$。

解　$f(n) = f_1(n) * f_2(n) = \sum\limits_{m=-\infty}^{\infty} f_1(m)f_2(n-m)$

$\qquad = \sum\limits_{m=-\infty}^{\infty} a^m u(m)[u(n-m) - u(n-m-N)]$

$\qquad = \sum\limits_{m=-\infty}^{\infty} a^m u(m)u(n-m) - \sum\limits_{m=-\infty}^{\infty} a^m u(m)u(n-m-N)$

当 $n \geqslant m \geqslant 0$ 时,有

$\qquad u(m)u(n-m) = 1$

当 $n - N \geqslant m \geqslant 0$ 时,有

$\qquad u(m)u(n-m-N) = 1$

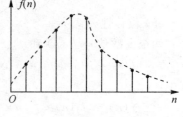

图 4-6

所以　$f(n) = \sum\limits_{m=0}^{n} a^m u(n) - \sum\limits_{m=0}^{n-N} a^m u(n-N)$

$\qquad = \dfrac{1-a^{n+1}}{1-a}u(n) - \dfrac{1-a^{n-N+1}}{1-a}u(n-N)$

$f(n)$ 的波形如图 4-6 所示。

例 4-3　已知 $f_1(n) = f_2(n) = \begin{cases} 1 & 0 \leqslant n \leqslant 4 \\ 0 & \text{其他} \end{cases}$，求 $f_1(n) * f_2(n)$。

解　$f_1(n) = f_2(n) = u(n) - u(n-5)$

$f(n) = f_1(n) * f_2(n) = \sum\limits_{m=-\infty}^{\infty} f_1(m)f_2(n-m)$

$\qquad = \sum\limits_{m=-\infty}^{\infty} [u(m) - u(m-5)][u(n-m) - u(n-m-5)]$

$\qquad = \sum\limits_{m=-\infty}^{\infty} u(m)u(n-m) - \sum\limits_{m=-\infty}^{\infty} u(m)u(n-m-5) - \sum\limits_{m=-\infty}^{\infty} u(m-5)u(n-m)$

$$+ \sum_{m=-\infty}^{\infty} u(m-5)u(n-m-5)$$

$$= \sum_{m=0}^{n} u(n) - \sum_{m=0}^{n-5} u(n-5) - \sum_{m=5}^{n} u(n-5) + \sum_{m=5}^{n-5} u(n-10)$$

$$= (n+1)u(n) - (n-4)u(n-5) - (n-4)u(n-5) + (n-9)u(n-10)$$

$$= (n+1)u(n) - 2(n-4)u(n-5) + (n-9)u(n-10)$$

$f(n)$ 的波形如图 4-7 所示。

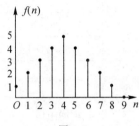

图 4-7

2. 竖式乘法

当参与卷积和运算的两个离散信号是有限长序列时,将离散信号用 $\delta(n)$ 的位移量表示,再用卷积性质来求解是比较方便的。

例 4-4　设 $f_1(n) = \delta(n) + \delta(n-1)$,$f_2(n) = \delta(n) - \delta(n-2)$,求 $f_1(n) * f_2(n)$。

解　　$f(n) = f_1(n) * f_2(n)$

$$= [\delta(n) + \delta(n-1)] * [\delta(n) - \delta(n-2)]$$

$$= \delta(n) * \delta(n) - \delta(n) * \delta(n-2) + \delta(n-1) * \delta(n) - \delta(n-1) * \delta(n-2)$$

$$= \delta(n) - \delta(n-2) + \delta(n-1) - \delta(n-3)$$

$$= \delta(n) + \delta(n-1) - \delta(n-2) - \delta(n-3)$$

当 $f_1(n)$ 和 $f_2(n)$ 为有限项时,可用下式来表示 $f_1(n)$ 和 $f_2(n)$:

$$\{f_1(n)\} = \{1 \quad 1\} \quad n = 0,1 \quad 或 \quad \{f_1(n)\} = \{1 \quad 1\}_0$$

$$\{f_2(n)\} = \{1 \quad 0 \quad -1\} \quad n = 0,1,2 \quad 或 \quad \{f_2(n)\} = \{1 \quad 0 \quad -1\}_0$$

注意:括号下的 0 表示离散信号从 $n = 0$ 开始有数值,最前数字对应 $\delta(n)$ 系数,往右 n 依次增大。

用竖式乘法来计算卷积和,先列出竖式,跟列乘法时的一样,尾部对齐,分别用下一行数值乘上一行数值,注意不能进位。再将同一列乘数进行相加,同样也不能进位。

根据卷积和的位移性可知

$$\{\cdots\}_a * \{\cdots\}_b = \{\cdots\}_{a+b}$$

因此,相乘后的序列的最低位为两个序列的最低位之和。

例 4-5　计算 $\{1 \quad 6 \quad 3\}_{-1} * \{-2 \quad 7\}_3$。

解　列竖式乘法,再计算并确定起点

$$
\begin{array}{rrr}
1 & 6 & 3 \\
\times \quad & -2 & 7 \\
\hline
7 & 42 & 21 \\
-2 \quad -12 & -6 & \\
\hline
-2 \quad -5 & 36 & 21 \\
\end{array}
$$

所以 $\{1 \quad 6 \quad 3\}_{-1} * \{-2 \quad 7\}_3 = \{-2 \quad -5 \quad 36 \quad 21\}_2$,即

$$f(n) = -2\delta(n-2) - 5\delta(n-3) + 36\delta(n-4) + 21\delta(n-5)$$

为方便起见,将常用序列的卷积和列于表 4-2 中,备查。

表 4-2　卷积和表

序号	$f_1(n)$	$f_2(n)$	$f_1(n) * f_2(n) = f_2(n) * f_1(n)$
1	$f(n)$	$\delta(n)$	$f(n)$
2	$f(n)$	$\delta(n - n_0)$	$f(n - n_0)$
3	$a^n u(n) \cdots (a \neq 1)$	$u(n)$	$\dfrac{1 - a^{n+1}}{1 - a} u(n)$
4	$u(n)$	$u(n)$	$(n + 1)u(n)$
5	$a^n u(n)$	$a^n u(n)$	$(n + 1)a^n u(n)$
6	$a^n u(n)$	$nu(n)$	$\left[\dfrac{n}{1 - a} + \dfrac{a(a^n - 1)}{(1 - a)^2} \right] u(n)$
7	$a_1^n u(n) \cdots (a_1 \neq a_2)$	$a_2^n u(n)$	$\dfrac{a_1^{n+1} - a_2^{n+1}}{a_1 - a_2} u(n)$
8	$nu(n)$	$nu(n)$	$\dfrac{1}{6} n(n + 1)(n - 1)u(n)$
9	$nu(n)$	$u(n)$	$\dfrac{1}{2} n(n + 1)u(n)$
10	$a_1^n \cos(\omega_0 n + \theta)u(n)$	$a_2^n u(n)$	$\dfrac{a_1^{n+1}\cos[\omega_0(n + 1) + \theta - \varphi] - a_2^{n+1}\cos(\theta - \varphi)}{\sqrt{a_1^2 + a_2^2 - 2a_1 a_2 \cos\omega_0}} u(n)$ $\varphi = \arctan \dfrac{a_1 \sin(\omega_0)}{a_1 \cos(\omega_0) - a_2}$

4.2　离散时间系统与数学模型

单输入单输出离散时间系统如图 4-8 所示。其作用是将输入序列 $f(n)$ 转化为输出序列 $y(n)$，实现了从输入到输出的运算功能，可表示为

$$y(n) = T[f(n)] \tag{4-2-1}$$

为计算离散系统的输出 $y(n)$，需要建立数学模型（数学方程）。

图 4-8

输入 $f(n)$ 和输出 $y(n)$ 间有直接的数学方程，如差分方程和算子方程，也有间接的方程，如状态变量方程。本节中通过举例来介绍差分方程的建立及转化为算子方程。

4.2.1　离散时间系统的差分方程

离散系统输入和输出间数学模型可用差分方程来表示，不同类型系统方程是根据各自的工作状态和工作原理来建立的，以下用具体例子来略加说明。

例 4-6　一乒乓球从 H 米高处自由下落，到地面后再弹起的高度为第一次的 $\dfrac{4}{5}$，若用 $y(n)$ 表示第 n 次下落的高度，写出其差分方程。

解　$y(n)$ 为第 n 次下落的高度，则第一次下落的高度为 $y(0)$，根据题意，有

$$y(n) = \frac{4}{5} y(n - 1)$$

移项后,有

$$y(n) - \frac{4}{5}y(n-1) = 0 \qquad (n \geqslant 1)$$

且　　　$y(0) = H$

例 4-7　10升量杯中,先倒入 $f(n)$ 升液体 A($f(n) \leqslant 10$ 升,且每次都一样),再倒入液体 B 至 10 升刻度,将量杯中的液体倒入已有 90 升 A 与 B 液体的混合液的容器中。均匀混合后,再从容器中倒出 10 升液体。如此重复以上过程,在第 n 个循环结束后,A 液体在混合液中所占的百分比为 $y(n)$,写出其差分方程。

解　$y(n)$ 表示第 n 次循环结束后液体 A 在混合液中的比例,则 $y(n-1)$ 表示第 $(n-1)$ 次循环结束后的比例,由题意,设

$$\frac{90y(n-1) + f(n)}{100} = y(n)$$

整理后,有

$$100y(n) - 90y(n-1) = f(n) \tag{4-2-2}$$

当 $n \to \infty$ 时,有

$$y(n) = \frac{f(n)}{10} = 0.1f(n) \tag{4-2-3}$$

例 4-8　图 4-9 所示的梯形电路,令各节点对地电压为 $U(n)$,其中 $n = 0,1,2,\cdots,N$,为各节点的序号,列出 $U(n)$ 的差分方程。

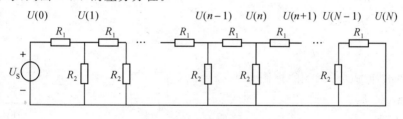

图 4-9

解　对第 $(n-1)$ 个节点,列 KCL 方程有

$$\frac{U(n-2) - U(n-1)}{R_1} = \frac{U(n-1)}{R_2} + \frac{U(n-1) - U(n)}{R_1}$$

整理后,设

$$U(n) - \left(2 + \frac{R_1}{R_2}\right)U(n-1) + U(n-2) = 0 \tag{4-2-4}$$

对第 $(n+1)$ 个节点,列 KCL 方程有

$$\frac{U(n) - U(n+1)}{R_1} = \frac{U(n-1)}{R_2} + \frac{U(n+1) - U(n-2)}{R_1}$$

整理后,有

$$U(n+2) - \left(2 + \frac{R_1}{R_2}\right)U(n+1) + U(n) = 0 \tag{4-2-5}$$

显然有

$$U(0) = U_s, \quad U(N) = 0$$

建立了差分方程,还需确定方程成立的变量 n 的范围及求解方程所需的边界条件。

由上可见,差分方程有两种形式,式(4-2-2)和式(4-2-4)表示的称为后向差分方程。在

后向差分方程中,各项的变量依次是 $n, n-1, n-2, \cdots$。式(4-2-3)和式(4-2-5)表示的称为前向差分方程,在这种方程中,各项的变量依次是 $n, n+1, n+2, \cdots$。当然,这两类差分方程可通过变量替代进行转化。本书以后向差分方程为例来介绍差分方程的求解。

一般的 LTI 离散时间系统,差分方程可表示为

$$a_0 y(n) + a_1 y(n-1) + \cdots + a_{N-1} y(n-N+1) + a_N y(n-N)$$

$$= b_0 f(n) + b_1 f(n-1) + \cdots + b_{M-1} f(n-M+1) + b_M f(n-M) \quad (4\text{-}2\text{-}6)$$

式中:$a_0, \cdots, a_N$ 和 $b_0, \cdots, b_M$ 是实常数,$f(n)$ 的最大位移量是 M,$y(n)$ 的最大位移量是 N,称该差分方程为 N 阶差分方程。式(4-2-6)可简写为

$$\sum_{i=0}^{N} a_i y(n-i) = \sum_{j=0}^{N} b_j f(n-j) \quad (4\text{-}2\text{-}7)$$

4.2.2　离散时间系统的算子方程

算子代表了一种运算,在连续系统中,p 代表微分运算,$\dfrac{1}{p}$ 代表积分运算。在离散系统中也定义了算子 —— 离散算子,离散算子与连续算子一样用途很多。

离散算子分为超前算子和迟后算子两种。

超前算子 E 定义为

$$y(n+1) = E y(n) \quad (4\text{-}2\text{-}8)$$

迟后算子 $\dfrac{1}{E}$ 定义为

$$y(n-1) = \frac{1}{E} y(n) \quad (4\text{-}2\text{-}9)$$

式(4-2-8)和式(4-2-9)的框图可表示为图 4-10(a)和(b)。

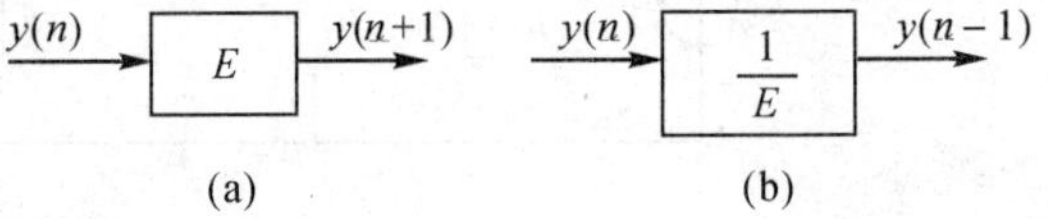

$y(n+1)$ 和 $y(n-1)$ 信号是 $y(n)$ 经位移后产生的,所以超前算子 E 事实上是预测器,迟后算子 $\dfrac{1}{E}$ 是单位延时器。

图 4-10

将算子代入差分方程式(4-2-6)中即得到算子方程。

$$a_0 y(n) + a_1 E^{-1} y(n) + \cdots + a_{N-1} E^{-(N-1)} y(n) + a_N E^{-N} y(n)$$

$$= b_0 f(n) + b_1 E^{-1} f(n) + \cdots + b_{M-1} E^{-(M-1)} f(n) + b_M E^{-M} f(n) \quad (4\text{-}2\text{-}10)$$

上式可以简写为

$$A(E) y(n) = B(E) f(n) \quad (4\text{-}2\text{-}11)$$

传输算子 $H(E)$ 定义为

$$H(E) = \frac{y(n)}{f(n)} \quad (4\text{-}2\text{-}12)$$

将式(4-2-11)代入有

$$H(E) = \frac{y(n)}{f(n)} = \frac{B(E)}{A(E)} \quad (4\text{-}2\text{-}13)$$

一般情况下,$H(E)$ 中的 E 是按正幂次方出现的。如一个 LTI 系统的差分方程为

$$y(n) + 3y(n-1) + 2y(n-2) = f(n) + 3f(n-1)$$

系统的传输算子为

$$H(E) = \frac{1 + 3E^{-1}}{1 + 3E^{-1} + 2E^{-2}} = \frac{E(E + 3)}{E^2 + 3E + 2}$$

4.3　离散时间系统的零输入响应

系统在 $n \geqslant n_0$ 时的零输入响应定义为:在 $n \geqslant n_0$ 时系统的输入为零,即 $f(n) = 0$。由系统的起始状态所引起的响应称为 $n \geqslant n_0$ 时的零输入响应,用 $y_{zi}(n)$ 表示。

若 $f(n)$ 是因果信号,求解零输入响应的方程为(代入式(4-2-6)中)

$$\begin{cases} \sum_{i=0}^{N-1} a_i y_{zi}(n - i) = 0 \\ y(-1), y(-2), \cdots, y(-N) \end{cases} \tag{4-3-1}$$

算子方程为

$$A(E) y_{zi}(n) = 0 \tag{4-3-2}$$

$y_{zi}(n)$ 的计算,按以下三步求解:

(1) 求出特征根

令 $A(E) = 0$,即

$$a_0 E^N + a_1 E^{N-1} + \cdots + a_{N-1}E + a_N = 0 \tag{4-3-3}$$

式(4-3-3)为特征方程,得到 N 个特征根,分单根和重根两种情况。

1) 如果 $E = \alpha$ 是单根,则

$$y_{zi}(n) = c\alpha^n u(n) \tag{4-3-4}$$

2) 如果 $E = \alpha$ 是 k 重根,则

$$y_{zi}(n) = \alpha^n(c_1 + c_2 n + \cdots + c_k n^{k-1})u(n) \tag{4-3-5}$$

其中的 c 为待定系数,由初始条件确定。

(2) 求出 $y(0), y(1), \cdots, y(N-1)$ 这 N 个初始条件

可将 $n = 0, 1, 2, \cdots, N - 1$ 代入式(4-3-1)求解。

(3) 待定系数的确定

可用 $y(-1), y(-2), \cdots, y(-N)$ 代入即可求得。

例 4-9　已知系统的差分方程为 $y(n) + 3y(n-1) + 2y(n-2) = f(n)$,激励 $f(n) = u(n)$,求以下零输入响应 $y_{zi}(n)$:

(1) 系统起始状态为 $y(-1) = -4, y(-2) = 3$;

(2) 系统初始状态为 $y(0) = 1, y(1) = 0$。

解　求解 $y_{zi}(n)$ 的方程为

$$y_{zi}(n) + 3y_{zi}(n-1) + 2y_{zi}(n-2) = 0 \quad n \geqslant 0 \tag{4-3-6}$$

特征方程为

$$D(E) = E^2 + 3E + 2 = 0$$

求得特征根 $\alpha_1 = -1, \alpha_2 = -2$,得

$$y_{zi}(n) = c_1(-1)^n + c_2(-2)^n \quad n \geqslant 0 \tag{4-3-7}$$

(1) 由起始条件代入方程

$$y_{zi}(-1) = y(-1) = -4 \qquad y_{zi}(-2) = y(-2) = 3$$

$$\begin{cases} -4 = y_{zi}(-1) = c_1(-1)^{-1} + c_2(-2)^{-1} \\ 3 = y_{zi}(-2) = c_1(-1)^{-2} + c_2(-2)^{-2} \end{cases}$$

得 $c_1 = 2, c_2 = 4$。

系统的零输入响应

$$y_{zi}(n) = [2(-1)^n + 4(-2)^n]u(n)$$

（2）已经知道了系统的初始条件，而不是零输入响应的起始条件，所以先求出 $y(-1)$ 和 $y(-2)$。方法是在同次差分方程中，用 $n = 0$ 和 $n = 1$ 代入，得

$$\begin{cases} y(0) + 3y(-1) + 2y(-2) = u(0) \\ y(1) + 3y(0) + 2y(-1) = u(1) \end{cases}$$

即

$$\begin{cases} 1 + 3y(-1) + 2y(-2) = 1 \\ 0 + 3 \times 1 + 2y(-1) = 1 \end{cases}$$

得 $y(-1) = -1, y(-2) = 1.5$，即 $y_{zi}(-1) = y(-1) = -1, y_{zi}(-2) = y(-2) = 1.5$。

在式（4-3-7）中，将 $n = -1$ 和 -2 代入，有

$$\begin{cases} -1 = y_{zi}(-1) = c_1(-1)^{-1} + c_2(-2)^{-1} \\ 1.5 = y_{zi}(-2) = c_1(-1)^{-2} + c_2(-2)^{-2} \end{cases}$$

求得 $c_1 = 2, c_2 = -2$，所以零输入响应为

$$y_{zi}(n) = [2 \times (-1)^n - 2 \times (-2)^n]u(n)$$

例 4-10　求 $y(n) + 8y(n-1) + 28y(n-2) + 48y(n-3) + 32y(n-4) = f(n) + 3f(n-1)$ 的零输入响应 $y_{zi}(n)$。已知 $f(n)$ 为因果信号，且

$$y(-1) = -\frac{3}{4}, \ y(-2) = -\frac{1}{8}, \ y(-3) = \frac{9}{32}, \ y(-4) = -\frac{7}{32}$$

解　特征方程为

$$D(E) = E^4 + 8E^3 + 28E^2 + 48E + 32 = (E+2)^2(E^2 + 4E + 8) = 0$$

特征根为 $\alpha_{1,2} = -2$，$\alpha_{3,4} = -2 \pm \mathrm{j}2$。

$$\begin{aligned} y_{zi}(n) &= (-2)^n(c_1 + c_2 n) + c_3(-2 + \mathrm{j}2)^n + c_4(-2 - \mathrm{j}2)^n \\ &= (-2)^n(c_1 + c_2 n) + c_3(2\sqrt{2}\,\mathrm{e}^{\mathrm{j}\frac{3}{4}\pi})^n + c_4(2\sqrt{2}\,\mathrm{e}^{-\mathrm{j}\frac{3}{4}\pi})^n \\ &= (-2)^n(c_1 + c_2 n) + (2\sqrt{2})^n\left[(c_3 + \mathrm{j}c_4)\cos\left(\frac{3}{4}\pi n\right) + (c_3 - \mathrm{j}c_4)\sin\left(\frac{3}{4}\pi n\right)\right] \\ &= (-2)^n(c_1 + c_2 n) + (2\sqrt{2})^n\left[P_1\cos\left(\frac{3}{4}\pi n\right) + P_2\sin\left(\frac{3}{4}\pi n\right)\right] \end{aligned}$$

将 $n = -1, -2, -3, -4$ 代入，有

$$-\frac{3}{4} = y_{zi}(-1) = (-2)^{-1}(c_1 - c_2) + (2\sqrt{2})^{-1}\left[P_1\cos\left(\frac{3}{4}\pi\right) - P_2\sin\left(\frac{3}{4}\pi\right)\right]$$

$$-\frac{1}{8} = y_{zi}(-2) = (-2)^{-2}(c_1 - 2c_2) + (2\sqrt{2})^{-2}\left[P_1\cos\left(\frac{3}{2}\pi\right) - P_2\sin\left(\frac{3}{2}\pi\right)\right]$$

$$\frac{9}{32} = y_{zi}(-3) = (-2)^{-3}(c_1 - 3c_2) + (2\sqrt{2})^{-3}\left[P_1\cos\left(\frac{9}{4}\pi\right) - P_2\sin\left(\frac{9}{4}\pi\right)\right]$$

$$-\frac{7}{32} = y_{zi}(-4) = (-2)^{-4}(c_1 - 4c_2) + (2\sqrt{2})^{-4}[P_1\cos(3\pi) - P_2\sin(3\pi)]$$

求得 $c_1 = c_2 = 1, P_2 = 2, P_1 = 1$,所以

$$y_{zi}(n) = \left\{ (-2)^n(1+n) + (2\sqrt{2})^n \left[2\cos\left(\frac{3}{4}\pi n\right) + \sin\left(\frac{3}{4}\pi n\right) \right] \right\} u_{(n)}$$

4.4　离散时间系统的零状态响应

零状态响应的定义是:系统的起始状态为零。由系统的外加激励信号所产生的响应,用 $y_{zs}(n)$ 表示。在因果信号 $f(n)$ 的作用下,求零状态响应的方程为

$$\begin{cases} \sum_{i=0}^{N-1} a_i y_{zs}(n-i) = \sum_{j=0}^{M-1} b_j f(n-j) & n \geqslant 0 \\ y_{zs}(-1) = y_{zs}(-2) = \cdots = y_{zs}(-N) = 0 \end{cases} \tag{4-4-1}$$

习惯上,边界条件省略不写。下面介绍零状态响应的求解方法。

4.4.1　离散时间信号的时域分解

根据单位脉冲序列定义和序列位移性质,由

$$\delta(n-m) = \begin{cases} 1 & n = m \\ 0 & n \neq m \end{cases} \tag{4-4-2}$$

可以得到

$$f(n)\delta(n-m) = \begin{cases} f(m) & n = m \\ 0 & n \neq m \end{cases} \tag{4-4-3}$$

因此,对任意序列 $f(n)$,可以写成

$$\begin{aligned} f(n) = &\cdots + f(-2)\delta(n+2) + f(-1)\delta(n+1) + f(0)\delta(n) \\ &+ f(1)\delta(n-1) + f(2)\delta(n-2) + \cdots \end{aligned} \tag{4-4-4}$$

即

$$f(n) = \sum_{m=-\infty}^{\infty} f(m)\delta(n-m) \tag{4-4-5}$$

这就是常用的离散时间信号的时域分解公式。

4.4.2　离散时间系统的单位脉冲响应

设系统初始观察时刻 $n_0 = 0$,则离散时间系统对单位脉冲序列 $\delta(n)$ 的零状态响应称为系统的单位脉冲响应,记为 $h(n)$。

LTI 离散时间系统的单位脉冲响应可以由系统的传输算子 $H(E)$ 求出。下面对此加以说明。

当 $H(E)$ 为单极点时,系统的传输算子可以表示为

$$H(E) = \frac{E}{E - \gamma} \tag{4-4-6}$$

相应的差分方程为

$$(E - \gamma)y_{zs}(n) = Ef(n)$$

令 $f(n) = \delta(n)$ 时,其 $y_{zs}(n) = h(n)$,故有

$$(E - \gamma)h(n) = E\delta(n)$$

即

$$h(n + 1) - \gamma h(n) = \delta(n + 1)$$

因此，可以得到

$$h(n + 1) = \gamma h(n) + \delta(n + 1) \tag{4-4-7}$$

根据系统的因果性，当 $n \leqslant -1$ 时，有 $h(n) = 0$，以此为初始条件，对式（4-4-7）进行递推运算，可得

$$h(0) = \gamma h(-1) + \delta(0) = 1$$

$$h(1) = \gamma h(0) + \delta(1) = \gamma$$

$$h(2) = \gamma h(1) + \delta(2) = \gamma^2$$

$$\cdots\cdots$$

$$h(n) = \gamma h(n - 1) + \delta(n) = \gamma^n$$

所以有

$$H(E) = \frac{E}{E - \gamma} \rightarrow h(n) = \gamma^n u(n) \tag{4-4-8}$$

同理，由以上推导方法，可以进一步推导出

$$H(E) = \frac{E}{(E - \gamma)^2} \rightarrow h(n) = n\gamma^{n-1} u(n) \tag{4-4-9}$$

$$H(E) = \frac{E}{(E - \gamma)^3} \rightarrow h(n) = \frac{n(n - 1)}{2!}\gamma^{n-2} u(n) \tag{4-4-10}$$

$$H(E) = \frac{E}{(E - \gamma)^m} \rightarrow h(n) = \frac{1}{(m - 1)!}n(n - 1)\cdots(n - m + 2)\gamma^{n-m+1} u(n) \tag{4-4-11}$$

下面归纳一下由系统传输算子 $H(E)$ 计算单位脉冲响应 $h(n)$ 的一般方法。设 LTI 离散时间系统的传输算子为

$$H(E) = \frac{b_m + b_{m-1}E^{-1} + \cdots + b_0 E^{-m}}{1 + a_{n-1}E^{n-1} + \cdots + a_0} \tag{4-4-12}$$

求解单位脉冲响应 $h(n)$ 的步骤如下：

（1）将 $H(E)$ 除以 E 得到 $\dfrac{H(E)}{E}$；

（2）将 $\dfrac{H(E)}{E}$ 展开成部分分式和的形式；

（3）将部分分式展开式两边乘以 E，得到 $H(E)$ 的部分分式展开式

$$H(E) = \sum_{i=1}^{q} H_i(E) = \sum_{i=1}^{q} \frac{K_i E}{(E - p_i)^{d_i}} \tag{4-4-13}$$

式中：q 为 $\dfrac{H(E)}{E}$ 的相异极点数；p 为第 i 个极点；d_i 为该极点的阶数；k_i 为相应各部分分式项系数。各极点的阶数之和等于 n，即

$$d_1 + d_2 + \cdots + d_n = n$$

（4）由式（4-4-11）求得各 $H_i(E)$ 对应的单位脉冲响应分量 $h_i(n)$；

（5）求出系统的单位脉冲响应

$$h(n) = \sum_{i=1}^{q} h_i(n) \tag{4-4-14}$$

例 4-11　已知描述某离散时间系统的差分方程为

$$y(n) + y(n-1) - 6y(n-2) = f(n)$$

求系统的单位脉冲响应 $h(n)$。

解　系统的传输算子 $H(E)$ 为

$$H(E) = \frac{1}{1 + E^{-1} - 6E^{-2}} = \frac{E^2}{E^2 + E - 6}$$

将 $\dfrac{H(E)}{E}$ 进行部分分式展开,得

$$\frac{H(E)}{E} = \frac{E}{(E-2)(E+3)} = \frac{2}{5}\left(\frac{1}{E-2}\right) + \frac{3}{5}\left(\frac{1}{E+3}\right)$$

$$H(E) = \frac{2}{5}\left(\frac{E}{E-2}\right) + \frac{3}{5}\left(\frac{E}{E+3}\right)$$

由于

$$\frac{2}{5}\left(\frac{E}{E-2}\right) \rightarrow h_1(n) = \frac{2}{5} \times 2^n u(n)$$

$$\frac{3}{5}\left(\frac{E}{E+3}\right) \rightarrow h_2(n) = \frac{3}{5} \times (-3)^n u(n)$$

所以,系统的单位脉冲响应为

$$h(n) = h_1(n) + h_2(n) = \left[\frac{2}{5} \times 2^n + \frac{3}{5} \times (-3)^n\right]u(n)$$

4.4.3　离散时间系统的零状态响应

设离散时间系统的输入信号为 $f(n)$,其相应的零状态响应为 $y_{zs}(n)$。由离散时间信号的时域分解可知,可将任一输入序列 $f(n)$ 分解为一系列移位脉冲序列的线性组合,即

$$f(n) = \sum_{m=-\infty}^{\infty} f(m)\delta(n-m) \tag{4-4-15}$$

根据 LTI 系统的线性性质和移不变性,可以分别求出每个移位脉冲序列 $f(m)\delta(n-m)$ 作用于系统的零状态响应。然后将它们叠加起来就可以得到系统对输入 $f(n)$ 的零状态响应 $y_{zs}(n)$。

对于 LTI 离散时间系统,输入输出关系为

$$\delta(n) \rightarrow h(n) \quad \text{(单位脉冲响应的定义)}$$

$$\delta(n-m) \rightarrow h(n-m) \quad \text{(系统的移不变性)}$$

$$f(m)\delta(n-m) \rightarrow f(m)h(n-m) \quad \text{(系统的齐次性)}$$

$$\sum_{m=-\infty}^{\infty} f(m)\delta(n-m) \rightarrow \sum_{m=-\infty}^{\infty} f(m)h(n-m) \quad \text{(系统的叠加性)}$$

由信号的分解公式及卷积和运算的定义

$$\sum_{m=-\infty}^{\infty} f(m)h(n-m) = f(n) * h(n)$$

可得

$$y_{zs}(n) = \sum_{m=-\infty}^{\infty} f(m)h(n-m) = f(n) * h(n) \tag{4-4-16}$$

上式表明,LTI 离散时间系统的零状态响应等于输入信号序列 $f(n)$ 与系统单位脉冲响应 $h(n)$ 的卷积和。

例 4-12　求系统 $y(n) - 3y(n-1) + 2y(n-2) = f(n) + f(n-1), f(n) = 2^n u(n)$ 的零状态响应。

解　(1) 求 $h(n)$

$$H(E) = \frac{E(E+1)}{E^2 - 3E + 2} = \frac{-2E}{E-1} + \frac{3E}{E-2}$$

所以　　$h(n) = [-2 + 3 \times (2)^n] u(n)$

(2) 求 $y_{zs}(n)$

$$y(n) = h(n) * f(n) = [-2 + 3 \times 2^n] u(n) * 2^n u(n)$$

$$= -2u(n) * 2^n u(n) + 3 \times 2^n u(n) * 2^n u(n)$$

$$\underline{\underline{\text{(查表4-2)}}} -2 \frac{1 - 2^{n-1}}{1 - 2} u(n) + 3(n+1)2^n u(n) = [2 + (3n-1)2^n] u(n)$$

4.4.4　离散时间系统的完全响应

求完全响应的方程为

$$\begin{cases} \sum_{i=0}^{N-1} a_i y(n-i) = \sum_{j=0}^{M-1} b_j f(n-j) \\ y(-1), y(-2), \cdots, y(-N) \end{cases} \tag{4-4-17}$$

求零输入响应方程为式(4-4-1)，即

$$\begin{cases} \sum_{i=0}^{N-1} a_i y_{zi}(n-i) = 0 \\ y(-1), y(-2), \cdots, y(-N) \end{cases} \tag{4-4-18}$$

求零状态响应方程为式(4-4-1)，即

$$\begin{cases} \sum_{i=0}^{N-1} a_i y_{zs}(n-i) = \sum_{j=0}^{M-1} b_j f(n-j) \\ y(-1) = y(-2) = \cdots = y(-N) = 0 \end{cases} \tag{4-4-19}$$

显然，式(4-4-18)和式(4-4-19)是从式(4-4-17)中分出来的，也就是说式(4-4-18)和式(4-4-19)的相加为式(4-4-17)，故完全响应是零输入响应 $y_{zi}(n)$ 和零状态响应 $y_{zi}(n)$ 之和。即

$$y(n) = y_{zi}(n) + y_{zs}(n) \tag{4-4-20}$$

4.5　离散时间系统差分方程的经典解法

与微分方程的求解相似，差分方程的解 $y(n)$ 也可由齐次解 $y_h(n)$ 和特解 $y_p(n)$ 组成，即

$$y(n) = y_h(n) + y_p(n)$$

4.5.1　齐次解的计算

齐次解是满足式(4-2-7)右边等于零，即

$$\sum_{i=0}^{N} a_i y_h(n-i) = 0 \tag{4-5-1}$$

式(4-5-1)称为齐次方程。

要求齐次解，首先要确定齐次解的函数形式。在差分方程中，最简单的是一阶差分方程，

将 $N = 1$ 代入式(4-5-1)有

$$a_0 y_h(n) + a_1 y_h(n-1) = 0$$

即　　　　$\dfrac{y_h(n)}{y_h(n-1)} = -\dfrac{a_1}{a_0} = \lambda$

上式表明,$y_h(n)$ 是公比为 λ 的等比级数,故 $y_h(n) = c\lambda^n$,c 为任意常数。一般情况下差分方程的齐次解是以 $c\lambda^n$ 项的组合而成。将 $y_h(n) = c\lambda^n$ 代入式(4-5-1)中,有

$$\sum_{i=0}^{N} a_i c\lambda^{n-i} = 0$$

即　　　　$c\lambda^{n-N} \sum_{i=0}^{N} a_i \lambda^{N-i} = 0$

要使上式成立,只有

$$\sum_{i=0}^{N} a_i \lambda^{N-i} = 0 \tag{4-5-2}$$

即　　　　$a_0 \lambda^N + a_1 \lambda^{N-1} + \cdots + a_{N-1}\lambda + a_N = 0 \tag{4-5-3}$

式(4-5-2)和式(4-5-3)称为特征方程,λ 称为特征根。显然 λ 有 N 个根,这些根中分为单根(有实数单根和共轭复数单根)和重根两种情况。

1. 单根

单根分为实数单根和共轭复数单根两种。

(1)λ_1 是实数单根,则对应的齐次解为

$$y(n) = c_1 \lambda_1^n \tag{4-5-4}$$

(2)$\lambda_{1,2}$ 是共轭复数,表示为 $\lambda_{1,2} = \alpha \pm j\omega$,则对应齐次解为

$$y_h(n) = c_1(\alpha + j\omega)^n + c_2(\alpha - j\omega)^n$$

$$= c_1(\sqrt{a^2 + \omega^2}\, e^{j\arctan\frac{\omega}{\alpha}})^n + c_2(\sqrt{a^2 + \omega^2}\, e^{-j\arctan\frac{\omega}{\alpha}})^n$$

$$= (\sqrt{a^2 + \omega^2})^n \left[(c_1 + c_2)\cos\left(n\arctan\frac{\omega}{\alpha}\right) + j(c_1 - c_2)\sin\left(n\arctan\frac{\omega}{\alpha}\right) \right]$$

$$= (\sqrt{a^2 + \omega^2})^n \left[P_1\cos\left(n\arctan\frac{\omega}{\alpha}\right) + P_2\sin\left(n\arctan\frac{\omega}{\alpha}\right) \right] \tag{4-5-5}$$

其中 P_1, P_2 也是待定系数。

2. 重根

λ_1 是 k 重根,对应的齐次解为

$$y_h(n) = \lambda_1^n(c_1 + c_2 n + \cdots + c_k n^{k-1}) \tag{4-5-6}$$

注意:括号内共有 k 项,$c_1, c_2, \cdots, c_k$ 是待定系数。

不同类型的特征根所对应的齐次解列于表 4-3 中。

表 4-3　特征根对应的齐次解形式

	λ_i	$y_h(n)$
单根	实数 λ_1	$c_1 \lambda_1^n$
	共轭复数 $\alpha \pm j\omega$	$(\sqrt{a^2 + \omega^2})^n \left[c_1\cos\left(n\arctan\frac{\omega}{\alpha}\right) + c_2\sin\left(n\arctan\frac{\omega}{\alpha}\right) \right]$
重根	λ_1 是 k 重根	$\lambda_1^n(c_1 + c_2 n + \cdots + c_k n^{k-1})$

例 4-13 求差分方程 $y(n) + 3y(n-1) + 2y(n-2) = f(n)$ 的齐次解。

解 齐次方程为 $y_h(n) + 3y_h(n-1) + 2y_h(n-2) = 0$

特征方程为 $\lambda^2 + 3\lambda + 2 = 0$

求得特征根为 $\lambda_1 = -1, \lambda_2 = -2$

齐次解为 $y_h(n) = c_1(-1)^n + c_2(-2)^n$

例 4-14 已知系统的传输算子 $H(E) = \dfrac{E+3}{E^2 + 2E + 2}$，求齐次解。

解 特征方程为 $\lambda^2 + 2\lambda + 2 = 0$

求得特征根 $\lambda_{1,2} = -1 \pm j$

对应的齐次解 $y_h(n) = (\sqrt{2})^n \left[c_1\cos\left(\dfrac{3}{4}\pi n\right) + c_2\sin\left(\dfrac{3}{4}\pi n\right) \right]$

4.5.2 特解的计算

将输入 $f(n)$ 代到差分方程的右边，右边函数称为自由项，根据自由项函数来决定特解函数，常见有以下几种。

1. 自由项是多项式

$$f(n) = F_k n^k + F_{k-1} n^{k-1} + \cdots + F_1 n + F_0 \tag{4-5-7}$$

一般情况下，可设特解为 $y_p(n) = D_k n^k + D_{k-1} n^{k-1} + \cdots + D_1 n + D_0 \tag{4-5-8}$

即也为与 $f(n)$ 同次的多项式。注意：不论 $f(n)$ 中是否缺项，$y_p(n)$ 中不能缺项，需确定的是系数 $D_0, D_1, \cdots, D_k$。有时特解多项式的最高次超过 k。

例 4-15 求下列差分方程的特解：

$(1)y(n) - 2y(n-1) = n$；　$(2)y(n) - y(n-1) = 2n$。

解 （1）设 $y_p(n) = D_1 n + D_0$，代入差分方程左边，有

$$D_1 n + D_0 - 2D_1(n-1) - 2D_0 = n$$

即　　　$-D_1 n + 2D_1 - D_0 = n$

得　　　$\begin{cases} -D_1 = 1 \\ 2D_1 - D_0 = 0 \end{cases}$

求得 $D_1 = -1, D_0 = -2$，所以特解为 $y_p(n) = 2n$。

（2）设 $y_p(n) = D_1 n + D_0$，代入有

$$D_1 n + D_0 - D_1(n-1) - D_0 = 2$$

即 $D_1 = 2, D_0$ 为任意值，故取为 0 最简单，所以特解为

$$y_p(n) = 2n$$

2. 自由项是正弦序列

$$f(n) = F\sin(\omega n) \text{ 或 } F\cos(\omega n)$$

特解为 $y_p(n) = D_1\sin(\omega n) + D_2\cos(\omega n)$

例 4-16 求 $y(n) - 2y(n-1) + 2y(n-2) = \cos\left(\dfrac{\pi}{2}n\right)u(n)$ 的特解。

解 （1）当 $n < 0$ 时，自由项为 0，故 $y_p(n) = 0$。

（2）当 $n > 0$ 时，特解方程为

$$y_p(n) - 2y_p(n-1) + 2y_p(n-2) = \cos\left(\dfrac{\pi}{2}n\right)$$

设　$y_p(n) = D_1\sin\left(\dfrac{\pi}{2}n\right) + D_2\cos\left(\dfrac{\pi}{2}n\right)$

则　　$-2y_p(n-1) = -2D_1\sin\left[\dfrac{\pi}{2}(n-1)\right] - 2D_2\cos\left[\dfrac{\pi}{2}(n-1)\right]$

$$= 2D_1\cos\left(\dfrac{\pi}{2}n\right) - 2D_2\sin\left(\dfrac{\pi}{2}n\right)$$

$$2y_p(n-2) = 2D_1\sin\left[\dfrac{\pi}{2}(n-2)\right] + 2D_2\cos\left[\dfrac{\pi}{2}(n-2)\right]$$

$$= -2D_1\sin\left(\dfrac{\pi}{2}n\right) - 2D_2\cos\left(\dfrac{\pi}{2}n\right)$$

代入方程左边，有

$$(-D_1 - 2D_2)\sin\left(\dfrac{\pi}{2}n\right) + (2D_1 - D_2)\cos\left(\dfrac{\pi}{2}n\right) = \cos\left(\dfrac{\pi}{2}n\right)$$

即有　　$\begin{cases} -D_1 - 2D_2 = 0 \\ 2D_1 - D_2 = 1 \end{cases}$

求得 $D_1 = \dfrac{2}{5}, D_2 = -\dfrac{1}{5}, y_p(n) = \dfrac{2}{5}\sin\left(\dfrac{\pi}{2}n\right) - \dfrac{1}{5}\cos\left(\dfrac{\pi}{2}n\right)$

最后系统的特解为

$$y_p(n) = \left[\dfrac{2}{5}\sin\left(\dfrac{\pi}{2}n\right) - \dfrac{1}{5}\cos\left(\dfrac{\pi}{2}n\right)\right]u(n)$$

3. 自由项为指数函数

$$f(n) = Fa^n$$

(1) 若 a 不是特征根，则 $y_p(n) = Da^n$ 　　　　　　(4-5-9)

(2) 若 a 是特征根，如果 a 是特征单根，则 $y_p(n) = Dna^n$ 　　(4-5-10)

如果 a 是特征重根，则 $y_p(n) = Dn^2a^n$ 　　　　　　(4-5-11)

如果 a 是 k 重特征根，则 $y_p(n) = Dn^ka^n$ 　　　　(4-5-12)

例 4-17　求 $y(n) - 2y(n-1) = 2^n$ 的特解。

解　由于自由项是指数函数，应先判断 $a = 2$ 是否为特征根。

系统的特征方程为 $\lambda - 2 = 0$，求得特征根为 $\lambda = 2$。由于 $a = 2 = \lambda$，故设特解为 $y_p(n) = Dn2^n$，代入左边有

$$Dn2^n - 2D(n-1)2^n = 2^n$$

求得 $D = 1$，所以特解为

$$y_p(n) = n2^n$$

4. 自由项是以上函数的组合

如果自由项是以上函数的组合，则特解也是相应的组合，将自由项与对应特解列于表 4-4 中，备查。

表 4-4　自由项与特解

	$f(n)$	$y_p(n)$
多项式	$F_k n^k + F_{k-1} n^{k-1} + \cdots + F_1 n + F_0$	$D_k n^k + D_{k-1} n^{k-1} + \cdots + D_1 n + D_0$
正弦	$F\sin(\omega n)$ $F\cos(\omega n)$	$D_1 \sin(\omega n) + D_2 \cos(\omega n)$
指数	Fa^n	a 不是特征根　Da^n a 是特征根　$Dn^k a^n$

4.5.3　完全解的计算

如果求出了齐次解和特解,则完全解 $y(n)$ 为

$$y(n) = y_h(n) + y_p(n) \tag{4-5-13}$$

对于 N 阶差分方程,由于齐次解中有 N 个待定系数,需要 N 个边界条件来确定这些系数,需注意的是这些边界条件能否直接使用,下面举例说明。

例 4-18　差分方程为 $y(n) + y(n-1) - 2y(n-2) = n$,$y(-1) = 0$,$y(-2) = 1$,求 $y(n)$。

解　(1)齐次解的计算

特征方程为　$\lambda^2 + \lambda - 2 = 0$

求解特征根　$\lambda_1 = -2$,$\lambda_2 = 1$

齐次解为　$y_h(n) = c_1(-2)^n + c_2(1)^n = c_1(-2)^n + c_2$

(2)特解的计算

由于方程的自由项是 1 次多项式,如果设特解也为 1 次多项式,代入方程后不可能成立,故设 $y_p(n) = D_1 n^2 + D_2 n + D_3$,代入后有

$$6D_1 n - 7D_1 + 3D_2 = n$$

求得 $D_1 = \dfrac{1}{6}$,$D_2 = \dfrac{7}{18}$,D_3 任意取,则

$$y_p(n) = \frac{1}{6}n^2 + \frac{7}{18}n$$

(3)完全解计算

$$y_{(n)} = y_h(n) + y_p(n) = c_1(-2)^n + c_2 + \frac{1}{6}n^2 + \frac{7}{18}n$$

(4) c_1,c_2 的确定

从差分方程看,对所有的 n 都成立,故 $n = -1$ 和 -2 是应在完全解内,用 $n = -1$ 和 $n = -2$ 代入完全解中,有

$$\begin{cases} 0 = y(-1) = c_1(-2)^{-1} + c_2 + \dfrac{1}{6} \times (-1)^2 + \dfrac{7}{18} \times (-1) \\ 1 = y(-2) = c_1(-2)^{-2} + c_2 + \dfrac{1}{6} \times (-2)^2 + \dfrac{7}{18} \times (-2) \end{cases}$$

求得 $c_1 = \dfrac{32}{27}$,$c_2 = \dfrac{22}{27}$,则完全解为

$$y(n) = \frac{32}{27}(-2)^n + \frac{22}{27} + \frac{1}{6}n^2 + \frac{7}{18}n$$

例 4-19　求解差分方程 $y(n) + y(n-1) - 6y(n-2) = 4^{n-1}u(n-1)$，$y(0) = 0$，$y(1) = 1$。

解　(1) 齐次解计算

可求得 $y_h(n) = c_1 2^n + c_2(-3)^n$

(2) 特解

$n < 1$ 时，自由项为 0，故 $y_p(n) = 0$；

$n \geqslant 1$ 时，自由项为 $4^{n-1} = \dfrac{1}{4} \times 4^n$。

设 $y_p(n) = D4^n$，代入后，有

$$D4^n + D4^{n-1} - 6D4^{n-2} = 4^{n-1}$$

解得 $D = \dfrac{2}{7}$，$y_p(n) = \dfrac{2}{7} \times 4^n$，所以

$$y_p(n) = \frac{2}{7}(4)^n u(n-1)$$

(3) 完全解

$$y(n) = y_h(n) + y_p(n) = \left[c_1 2^n + c_2(-3)^n + \frac{2}{7} \times 4^n \right] u(n-1)$$

(4) c_1, c_2 的计算

c_1, c_2 只能用 $n \geqslant 1$ 的 $y(n)$ 来求，已知的 $y(1)$ 在完全解内，而 $y(0)$ 不是的。在系统的差分方程中，用 $n = 2$ 代入，有

$$y(2) + y(1) - 6y(0) = 4^{(2-1)}u(2-1) = 4$$

求得 $y(2) = 3$。

完全解中，用 $n = 1$，$n = 2$ 代入，有

$$1 = y(1) = 2c_1 - 3c_2 + \frac{8}{7}$$

$$3 = y(2) = 4c_1 + 9c_2 + \frac{2}{7} \times 16$$

求得 $c_1 = -\dfrac{1}{5}$，$c_2 = -\dfrac{3}{35}$，所以完全解为

$$y(n) = \left[-\frac{1}{5} \times 2^n - \frac{3}{35} \times (-3)^n + \frac{2}{7} \times 4^n \right] u(n-1)$$

【本章知识要点】

1. 卷积的定义

$$f(n) = f_1(n) * f_2(n) = \sum_{m=-\infty}^{\infty} f_1(m)f_2(n-m) = \sum_{m=-\infty}^{\infty} f_2(m)f_1(n-m)$$

2. 卷积的性质

互换性，分配性，结合性，序列与 $\delta(n)$ 的卷积，位移性。

3. 卷积的计算

(1) 图形法计算　(2) 用公式计算　(3) 竖式乘法计算

4. 算子及算子的方程

(1) 离散算子定义　(2) 算子表示差分方程及算子方程　(3) 传输算子

5. 零输入响应的定义及求解

6. 零状态响应的定义及求解

7. 齐次解，特解和完全解的计算

习　题

4-1　用图解法计算 $\left(\dfrac{1}{2}\right)^n u(n) * [u(n) - u(n-2)]$ 并画出卷积和的波形。

4-2　用卷积和定义计算下列各题：

(1) $2^n u(n) * 3^n u(n)$；　　　　　　　　(2) $u(n) * nu(n)$；

(3) $2 * \left(\dfrac{1}{2}\right)^n u(n)$；　　　　　　　　(4) $u(n) * 3^n u(-n)$。

4-3　用位移性质计算下列各卷积和：

(1) $nu(n) * [\delta(n+1) - \delta(n-2)]$；　　(2) $nu(n) * 2^n u(n-1)$；

(3) $nu(n) * (n-1)u(n-1)$；　　　　(4) $3^{n-1}u(n-2) * 2^n u(n-1)$。

4-4　求以下卷积和：

(1) $2^n u(-n-1) * \left(\dfrac{1}{2}\right)^n u(n-1)$；　　(2) $2^n u(-n) * 3^n u(-n)$。

4-5　用竖式乘法求下列各卷积和：

(1) $3^n[u(n) - u(n-3)] * [\delta(n) - 2\delta(n-1)]$；

(2) $[u(n) - u(n-4)] * [u(n+1) - u(n-2)]$；

(3) $\{2\ \ 7\ \ 6\}_2 * \{2\ \ 3\ \ 4\}_{-3}$；

(4) $\{2\ \ 7\}_{-1} * \{2\ \ 4\ \ 6\}_{-2}$。

4-6　已知 $f_1(n) = \left(\dfrac{1}{4}\right)^n u(n)$，$f_2(n) = \delta(n) - \dfrac{1}{4}\delta(n-1)$，$f_3(n) = \left(\dfrac{1}{4}\right)^n$，计算

(1) $y_1(n) = [f_1(n) * f_2(n)] * f_3(n)$；

(2) $y_2(n) = [f_2(n) * f_3(n)] * f_1(n)$；

(3) $y_3(n) = [f_1(n) * f_3(n)] * f_2(n)$。

$y_1(n)$，$y_2(n)$ 和 $y_3(n)$ 相等吗？说明为什么。

4-7　证明

$$a_1^n\cos(\beta n + \theta)u(n) * a_2^n u(n) = \dfrac{a_1^{n+1}\cos[\beta(n+1) + \theta - \varphi] - a_2^{n+1}\cos(\theta - \varphi)}{\sqrt{a_1^2 + a_2^2 - 2a_1 a_2\cos\beta}}u(n)$$

其中 $\varphi = \arctan\dfrac{a_1\sin\beta}{a_1\cos\beta - a_2}$。

4-8　某人向银行贷款 10 万元，贷款月利率为 0.5%，从次月起开始向银行每月还款 1000 元，以第 n 个月的欠款 $y(n)$ 建立差分方程并求此人还清贷款的时间。

4-9　银行向个人开放零存整取业务，每月存入 50 元，月利率 0.5%，连续 5 年，以第 n 个月账上金额 $y(n)$ 建立差分方程，并求到期的金额。

4-10　题 4-10 图所示的复合系统，各子系统的单位脉冲响应为 $h_1(n) = u(n)$，$h_2(n) = u(n-5)$。求复合系统的单位脉冲响应 $h(n)$。

4-11　题图 4-10(a) 所示系统，已知复合系统的 $h(n)$ 如题 4-11 图所示。

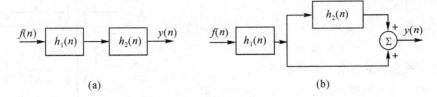

(a)　　　　　　　　　　　(b)

题 4-10 图

(1) 设 $h_2(n) = u(n) - u(n-2)$，求 $h_1(n)$。

(2) 求输入 $f(n) = \delta(n) - \delta(n-1)$ 时的零状态响应。

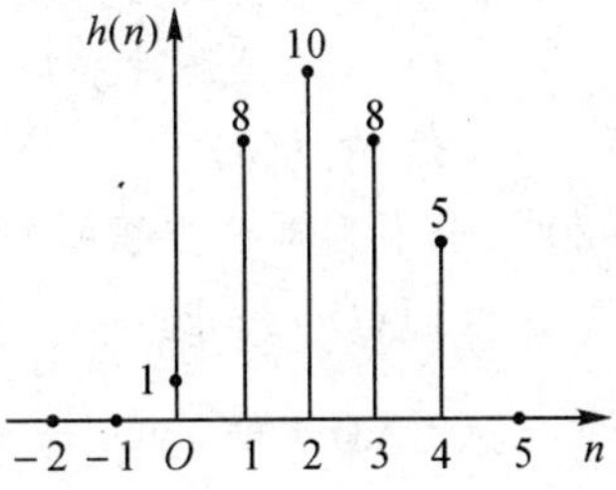

4-12　已知 LTI 系统的输入 $f(n) = \delta(n) + \dfrac{1}{2}\delta(n-1)$，零

状态响应 $y_{zs}(n) = \left(\dfrac{1}{2}\right)^n u(n)$，求单位脉冲响应 $h(n)$。

4-13　系统的差分方程为 $y(n) + 5y(n-1) + 4y(n-2) = 2^n u(n)$，求下列两种情况时的零输入响应、零状态响应和完全响应：

题 4-11 图

(1) $y(-1) = 0$，$y(-2) = 1$；

(2) $y(0) = 0$，$y(1) = 1$。

4-14　求差分方程 $y(n+2) + 3y(n+1) + 2y(n) = 2^n u(n)$，$y(0) = 0$，$y(1) = 1$ 的零输入响应、零状态响应和完全响应。

4-15　求下列系统的单位脉冲响应 $h(n)$ 和单位阶跃响应 $g(n)$：

(1) $y(n) = f(n) - 2f(n-1)$；

(2) $y(n) + 2y(n-1) = f(n) + f(n-1)$；

(3) $y(n) - \dfrac{1}{2}y(n-2) = 2f(n) - f(n-2)$；

(4) $y(n) - 3y(n-1) + 2y(n-2) = f(n) - f(n-1)$。

4-16　LTI 离散系统的输入输出关系为

$$(1)\ y(n) = \sum_{k=-\infty}^{n} 2^{k-n} f(k+1); \qquad (2)\ y(n) = \sum_{k=0}^{\infty} 2^k f(n-k);$$

求系统的单位脉冲响应和单位阶跃响应。

4-17　证明

(1) 已知 LTI 系统的单位阶跃响应为 $g(n) = \left[\dfrac{3}{2} - \dfrac{1}{2} \times \left(\dfrac{1}{3}\right)^n\right] u(n)$

则单位脉冲响应为 $h(n) = \left(\dfrac{1}{3}\right)^n u(n)$；

(2) LTI 系统单位脉冲响应 $h(n) = (n+1)\alpha^n u(n)$ 　　 $(|\alpha| < 1)$；

则单位阶跃响应为 $g(n) = \left[\dfrac{1}{(\alpha-1)^2} - \dfrac{\alpha}{(\alpha-1)^2}\alpha^n + \dfrac{\alpha}{\alpha-1}(n+1)\alpha^n\right] u(n)$。

4-18　离散系统如题 4-18 图所示。

(1) 求单位脉冲响应 $h(n)$；

(2) 若 $f(n) = 2^n u(n)$，且 $y(-1) = 0$，$y(-2) = 1$，用齐次解和特解方法求完全响

应 $y(n)$；

(3) 若 $f(n) = 2^n u(n)$，$y(n) = [2 + 4 \times (2)^n + 3 \times (3)^n]u(n)$，求 $y(-1)$ 和 $y(-2)$ 的值。

　　并求零输入响应和零状态响应。

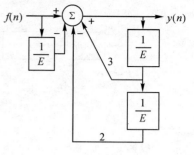

题 4-18 图

4-19　已知 LTI 系统的单位阶跃响应 $g(n) = [2^n + 3 \times (5)^n + 10]u(n)$，

(1) 求系统的后向差分方程；

(2) 求单位脉冲响应 $h(n)$；

(3) 求 $f(n) = u(n) + 3^n u(n)$ 时的零状态响应。

4-20　求下列差分方程的响应 $y(n)$：

(1) $y(n) + 2y(n-1) = 3$，$y(-1) = 2$；

(2) $y(n) + 4y(n-1) + 3y(n-2) = 2^n$，$y(-1) = \dfrac{1}{15}$，$y(0) = \dfrac{4}{15}$；

(3) $y(n) - 6y(n-1) + 9y(n-2) = 2n + 2$，$y(1) = 6$，$y(2) = 24.5$；

(4) $y(n) + 2y(n-1) + 2y(n-2) = \cos\left(\dfrac{\pi}{2}n\right)$，$y(0) = 0$，$y(1) = 1$。

4-21　已知系统方程为 $y(n) - y(n-1) = f(n)$，求下列情况时的解：

(1) $f(n) = 2$，$y(0) = 1$；

(2) $f(n) = n$，$y(-1) = 1$；

(3) $f(n) = n^2$，$y(0) = 1$。

4-22　用经典法求解下列差分方程：

(1) $y(n) + 6y(n-1) + 9y(n-2) = [3^n + (-2)^n]u(n)$，

　　$y(-1) = 0$，$y(-2) = 1$；

(2) $y(n) + 4y(n-1) + 8y(n-2) = \cos\left(\dfrac{\pi}{2}n\right)u(n) + 2u(n)$，

　　$y(-1) = 0$，$y(-2) = 1$。

第5章 连续时间信号的频域分析

【内容提要】 本章介绍连续时间周期信号的傅里叶级数、周期信号的频谱,非周期信号的傅里叶变换、典型信号的频谱函数、傅里叶变换的性质。

5.1 周期信号的傅里叶级数

5.1.1 三角形式的傅里叶级数

周期信号的表示式为

$$f(t) = f(t + T) \tag{5-1-1}$$

式中 T 为 $f(t)$ 的基波周期,其倒数 $f_0 = 1/T$ 是信号的基波频率。若周期信号 $f(t)$ 满足狄利克雷(Dirichlet)条件:

(1) 在一个周期内如果有间断点存在,则间断点的数目是有限个;

(2) 在一个周期内,极大值和极小值的数目是有限个;

(3) 在一个周期内,信号是绝对可积的,即 $\int_{t_0}^{t_0+T} |f(t)| \mathrm{d}t$ 等于有限值(T 为周期);

则 $f(t)$ 可以展开为三角形式的傅里叶级数

$$\begin{aligned}
f(t) &= a_0 + a_1\cos(\omega_0 t) + b_1\sin(\omega_0 t) + a_2\cos(2\omega_0 t) + b_2\sin(2\omega_0 t) \\
&\quad + \cdots + a_n\cos(n\omega_0 t) + b_n\sin(n\omega_0 t) + \cdots \\
&= a_0 + \sum_{n=1}^{\infty} [a_n\cos(n\omega_0 t) + b_n\sin(n\omega_0 t)]
\end{aligned} \tag{5-1-2}$$

式中

$$a_0 = \frac{1}{T} \int_{t_0}^{t_0+T} f(t)\mathrm{d}t \tag{5-1-3}$$

$$a_n = \frac{2}{T} \int_{t_0}^{t_0+T} f(t)\cos(n\omega_0 t)\mathrm{d}t \tag{5-1-4}$$

$$b_n = \frac{2}{T} \int_{t_0}^{t_0+T} f(t)\sin(n\omega_0 t)\mathrm{d}t \tag{5-1-5}$$

式中,$\omega_0 = 2\pi/T$ 是基波角频率,有时也称基波频率。一般取 $t_0 = -T/2$。

若将式(5-1-2)中同频率项合并,可以写成另一种形式

$$f(t) = c_0 + \sum_{n=1}^{\infty} c_n\cos(n\omega_0 t + \varphi_n) \tag{5-1-6}$$

比较式(5-1-2)和式(5-1-6),可以看出傅里叶级数中各个量之间有如下关系:

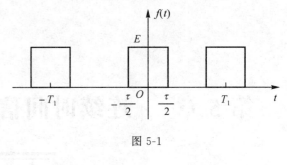

图 5-1

$$
\left.\begin{array}{l}
c_0 = a_0 \\
c_n = \sqrt{a_n^2 + b_n^2} \\
a_n = c_n\cos\varphi_n \\
b_n = -c_n\sin\varphi_n \\
\tan\varphi_n = -\dfrac{b_n}{a_n} \\
(n = 1, 2, \cdots)
\end{array}\right\} \qquad (5\text{-}1\text{-}7)
$$

例 5-1 试将图 5-1 所示的周期矩形信号 $f(t)$ 展开为三角形式的傅里叶级数。

解 将信号 $f(t)$ 按式(5-1-2)分解成傅里叶级数,并按式(5-1-3)、式(5-1-4)和式(5-1-5)分别计算 a_0, a_n, b_n:

$$
a_0 = \frac{1}{T_1}\int_{-\frac{T_1}{2}}^{\frac{T_1}{2}} f(t)\mathrm{d}t = \frac{1}{T_1}\int_{-\frac{\tau}{2}}^{\frac{\tau}{2}} E\mathrm{d}t = \frac{E\tau}{T_1}
$$

$$
a_n = \frac{2}{T_1}\int_{-\frac{T_1}{2}}^{\frac{T_1}{2}} f(t)\cos(n\omega_0 t)\mathrm{d}t = \frac{2}{T_1}\int_{-\frac{\tau}{2}}^{\frac{\tau}{2}} E\cos(n\omega_0 t)\mathrm{d}t
$$

$$
= \frac{2}{T_1}\int_{-\frac{\tau}{2}}^{\frac{\tau}{2}} E\cos\left(n\,\frac{2\pi}{T_1}t\right)\mathrm{d}t = \frac{2E}{n\pi}\sin\left(\frac{n\pi\tau}{T_1}\right) = \frac{2E\tau}{T_1}\frac{\sin\left(\dfrac{n\pi\tau}{T_1}\right)}{\dfrac{n\pi\tau}{T_1}}
$$

这里函数 $\dfrac{\sin x}{x}$ 称为"样本函数",用符号 $S_a(x)$ 表示:

$$
S_a(x) = \frac{\sin x}{x}
$$

$S_a(x)$ 函数是一个偶函数,当 $x \to 0$ 时,$S_a(x) = 1$;当 $x = k\pi$ 时,$S_a(x) = 0$。其波形如图 5-2 所示。

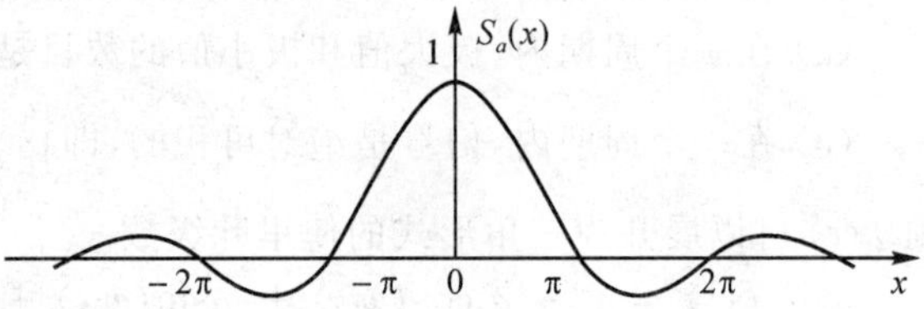

因此,a_n 可以写为

$$
a_n = \frac{2E\tau}{T_1}S_a\left(\frac{n\pi\tau}{T_1}\right)
$$

图 5-2

由于该信号是偶函数,所以 $b_n = 0$,所以

$$
f(t) = \frac{E\tau}{T_1} + \frac{2E\tau}{T_1}\sum_{n=1}^{\infty} S_a\left(\frac{n\pi\tau}{T_1}\right)\cos(n\omega_0 t)
$$

5.1.2 指数形式的傅里叶级数

利用欧拉公式

$$
\cos n\omega_0 t = \frac{1}{2}(\mathrm{e}^{\mathrm{j}n\omega_0 t} + \mathrm{e}^{-\mathrm{j}n\omega_0 t})
$$

$$
\sin n\omega_0 t = \frac{1}{2\mathrm{j}}(\mathrm{e}^{\mathrm{j}n\omega_0 t} - \mathrm{e}^{-\mathrm{j}n\omega_0 t})
$$

将三角形式的傅里叶级数表示为复指数形式的傅里叶级数

$$f(t) = a_0 + \sum_{n=1}^{\infty} \left(\frac{a_n - \mathrm{j}b_n}{2} \mathrm{e}^{\mathrm{j}n\omega_0 t} + \frac{a_n + \mathrm{j}b_n}{2} \mathrm{e}^{-\mathrm{j}n\omega_0 t} \right) \tag{5-1-8}$$

令　　　　$$F(n\omega_0) = \frac{1}{2}(a_n - \mathrm{j}b_n) \qquad (n = 1, 2, \cdots) \tag{5-1-9}$$

考虑到 a_n 是 n 的偶函数，b_n 是 n 的奇函数（见式(5-1-3)和式(5-1-5)），由式(5-1-9)可知

$$F(-n\omega_0) = \frac{1}{2}(a_n + \mathrm{j}b_n)$$

将上述结果代入式(5-1-8)，得到

$$f(t) = a_0 + \sum_{n=1}^{\infty} \left[F(n\omega_0)\mathrm{e}^{\mathrm{j}n\omega_0 t} + F(-n\omega_0)\mathrm{e}^{-\mathrm{j}n\omega_0 t} \right]$$

令 $F(0) = a_0$，考虑到

$$\sum_{n=1}^{\infty} F(-n\omega_0)\mathrm{e}^{-\mathrm{j}n\omega_0 t} = \sum_{n=-1}^{-\infty} F(n\omega_0)\mathrm{e}^{\mathrm{j}n\omega_0 t}$$

得到 $f(t)$ 的指数形式傅里叶级数为

$$f(t) = \sum_{n=-\infty}^{\infty} F(n\omega_0)\mathrm{e}^{\mathrm{j}n\omega_0 t} \tag{5-1-10}$$

若将式(5-1-4)和式(5-1-5)代入式(5-1-9)，就可以得到指数形式的傅里叶级数的系数 $F(n\omega_0)$（或简写作 F_n），它等于

$$F_n = \frac{1}{T}\int_{t_0}^{t_0+T} f(t)\mathrm{e}^{-\mathrm{j}n\omega_0 t}\mathrm{d}t \tag{5-1-11}$$

从式(5-1-7)和式(5-1-9)可以看出指数形式和三角形式系数之间的关系：

$$\left.\begin{aligned}
&F_0 = a_0 = c_0 \\[4pt]
&F_n = |F_n|\mathrm{e}^{\mathrm{j}\varphi_n} = \frac{1}{2}(a_n - \mathrm{j}b_n) = \frac{1}{2}c_n\mathrm{e}^{\mathrm{j}\varphi_n} \\[4pt]
&F_{-n} = |F_{-n}|\mathrm{e}^{-\mathrm{j}\varphi_n} = \frac{1}{2}(a_n + \mathrm{j}b_n) = \frac{1}{2}c_n\mathrm{e}^{-\mathrm{j}\varphi_n} \\[4pt]
&|F_n| = |F_{-n}| = \frac{1}{2}c_n \\[4pt]
&\varphi_n = -\arctan\frac{b_n}{a_n} \\[4pt]
&F_n + F_{-n} = a_n \\[4pt]
&\mathrm{j}(F_n - F_{-n}) = b_n
\end{aligned}\right\} \tag{5-1-12}$$

由于复指数引入了 $-n$ 使得频谱有了负频率。实际上负频率是不存在的，这只是将第 n 项谐波分量的三角形式写成两个复指数形式后出现的一种数学频率。

例 5-2　试将图 5-1 所示的周期矩形信号 $f(t)$ 展开为指数形式的傅里叶级数。

解　将信号 $f(t)$ 按式(5-1-10)分解成傅里叶级数，并按式(5-1-11)计算出 F_n，有

$$F_n = \frac{1}{T_1}\int_{-\frac{\tau}{2}}^{\frac{\tau}{2}} E\mathrm{e}^{-\mathrm{j}n\omega_0 t}\mathrm{d}t = \frac{E\tau}{T_1}S_a\left(\frac{n\omega_0\tau}{2}\right) \tag{5-1-13}$$

所以

$$f(t) = \sum_{n=-\infty}^{\infty} F(n\omega_0)\mathrm{e}^{\mathrm{j}n\omega_0 t} = \frac{E\tau}{T_1}\sum_{n=-\infty}^{\infty} S_a\left(\frac{n\omega_0\tau}{2}\right)\mathrm{e}^{\mathrm{j}n\omega_0 t}$$

5.2 周期信号的频谱

5.2.1 信号的频谱

式(5-1-11)和式(5-1-12)说明,周期信号可分解为各次谐波频率分量的叠加,而傅里叶级数系数 c_n 或 $|F_n|$ 反映了不同谐波分量的幅度,φ_n 反映了不同谐波分量的相位。以频率 $n\omega_0$(或 ω)作自变量,各次谐波的振幅与频率的关系称为振幅频谱;相位与频率的关系称为相位频谱。振幅频谱和相位频谱合称为信号频谱。将它们沿频率 $n\omega_0$ 轴分布的图形画出来,就称为周期信号的频谱图。这种图形清晰地表征了周期信号的频域特性,从频域特性说明了该信号携带的全部信息。

信号可以是连续的,也可以是离散的。相应的信号频谱也有离散频谱和连续频谱之分。

5.2.2 周期信号的单边频谱和双边频谱

在周期信号 $f(t)$ 的三角形式傅里叶级数中,分量的形式为 $c_n\cos(n\omega_0 t + \varphi_n)$,$n$ 为整数,且 $n \geqslant 0$,故把 c_n 随 $n\omega_0$ 变化的图形($c_n \sim n\omega_0$)称为单边幅度频谱,把 φ_n 随 $n\omega_0$ 变化的图形($\varphi_n \sim n\omega_0$)称为单边相位频谱,两图合在一起称为 $f(t)$ 的单边频谱。

与此类似,周期信号 $f(t)$ 的指数形式傅里叶级数中,分量的形式为 $F_n e^{jn\omega_0 t}$,且 $F_n e^{jn\omega_0 t}$ 和 $F_{-n}e^{-jn\omega_0 t}$ 成对出现,n 为整数,且 $-\infty < n < \infty$,故把 $|F_n|$ 随 $n\omega_0$ 变化的图形($|F_n| \sim n\omega_0$)称为双边幅度频谱,把 φ_n 随 $n\omega_0$ 变化的图形($\varphi_n \sim n\omega_0$)称为双边相位频谱,两图合在一起称为 $f(t)$ 的双边频谱。

无论是单边频谱还是双边频谱,分别与 $f(t)$ 有一一对应的关系。

例 5-3 已知 $f(t) = 1 + \sin\omega_1 t + 2\cos\omega_1 t + \cos\left(2\omega_1 t + \dfrac{\pi}{4}\right)$,请画出其单边和双边幅度谱和相位谱。

解 将信号 $f(t)$ 化为余弦形式:

$$f(t) = 1 + \sqrt{5}\cos(\omega_1 t - 0.15\pi) + \cos\left(2\omega_1 t + \frac{\pi}{4}\right)$$

三角形式的傅里叶级数谱系数为

$c_0 = 1,\ \varphi_0 = 0;$

$c_1 = \sqrt{5} = 2.236,\ \varphi_1 = -0.15\pi;$

$c_2 = 1,\ \varphi_2 = 0.25\pi$

所以信号 $f(t)$ 的单边频谱如图 5-3 所示。

将信号 $f(t)$ 化为指数形式:

$$f(t) = 1 + \frac{1}{2j}(e^{j\omega_1 t} - e^{-j\omega_1 t}) + \frac{2}{2}(e^{j\omega_1 t} + e^{-j\omega_1 t}) + \frac{1}{2}\left[e^{(2j\omega_1 t + \frac{\pi}{4})} + e^{-(2j\omega_1 t + \frac{\pi}{4})}\right]$$

整理,得

$$f(t) = 1 + \left(1 + \frac{1}{2j}\right)e^{j\omega_1 t} + \left(1 - \frac{1}{2j}\right)e^{-j\omega_1 t} + \frac{1}{2}e^{j\frac{\pi}{4}}e^{j2\omega_1 t} + \frac{1}{2}e^{-j\frac{\pi}{4}}e^{-j2\omega_1 t}$$

$$= \sum_{n=-2}^{2} F(n\omega_1)e^{jn\omega_1 t}$$

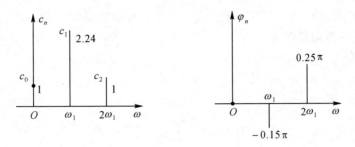

图 5-3

指数形式的傅里叶级数系数为

$$F(0) = 1,\ F(\omega_1) = \left(1 + \frac{1}{2\mathrm{j}}\right) = 1.12\mathrm{e}^{-\mathrm{j}0.15\pi},\ F(2\omega_1) = \frac{1}{2}\mathrm{e}^{\mathrm{j}\frac{\pi}{4}}$$

$$F(-\omega_1) = \left(1 - \frac{1}{2\mathrm{j}}\right) = 1.12\mathrm{e}^{\mathrm{j}0.15\pi},\ F(-2\omega_1) = \frac{1}{2}\mathrm{e}^{-\mathrm{j}\frac{\pi}{4}}$$

所以信号 $f(t)$ 的双边频谱如图 5-4 所示。

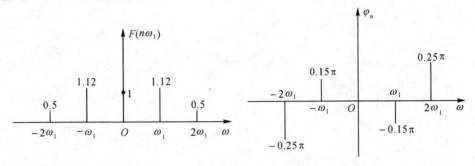

图 5-4

画频谱图时必须注意以下几点：

（1）$F_0 = c_0$，但当 $n \neq 0$ 时，$|F_n| = \dfrac{c_n}{2}$；

（2）三角型傅里叶级数必须统一用余弦函数来表示；

（3）由于 c_n 表示振幅，故 $c_n \geqslant 0$；

（4）当 $f(t)$ 为实信号时，双边幅度频谱 $|F_n|$ 是 $n\omega_0$ 的偶函数，双边相位频谱 φ_n 是 $n\omega_0$ 的奇函数；

（5）为了使图形清晰，采用竖线代替点的办法来表示幅度或相位的数值，称为谱线，谱线只在基波的整数倍处出现。

5.2.3　周期矩形脉冲信号的频谱

周期矩形脉冲信号如图 5-1 所示，其中 E 为脉冲幅度，τ 为脉冲宽度，T_1 为脉冲重复周期（假设 $T_1 = 5\tau$），则信号在一周期内的表达式为

$$\begin{cases} f(t) = E & |t| < \dfrac{\tau}{2} \\ f(t) = 0 & \dfrac{\tau}{2} < |t| < \dfrac{T_1}{2} \end{cases}$$

为求该信号的双边频谱,可以先求出傅里叶级数的复数振幅,根据式(5-1-13)可知,该信号第 n 次谐波的复数频谱为

$$F_n = \frac{E\tau}{T_1} S_a\left(\frac{n\omega_0\tau}{2}\right) = |F_n| e^{j\varphi_n} \tag{5-2-1}$$

式中 $|F_n| = \dfrac{E\tau}{T_1}\left| S_a\left(\dfrac{n\omega_0\tau}{2}\right) \right|$

使 $S_a\left(\dfrac{n\omega_0\tau}{2}\right) = 0$ 的 $\omega = n\omega_0$ 是 F_n 的零点,由此解出 F_n 的零点为

$$\omega = \frac{2m\pi}{\tau} \qquad (m = \pm 1, \pm 2, \cdots) \tag{5-2-2}$$

虽然 $S_a\left(\dfrac{n\omega_0\tau}{2}\right)$ 是实数,但通过零点后,$S_a\left(\dfrac{n\omega_0\tau}{2}\right)$ 有正、负变化,使得 F_n 也有正、负变化。相应地,当 $F_n > 0$ 时相位为 0;当 $F_n < 0$ 时相位为 π($e^{j\pi} = e^{-j\pi} = -1$)。所以,周期矩形脉冲信号的双边幅度频谱和相位频谱为

$$|F_n| = \frac{E\tau}{T_1}\left| S_a\left(\frac{n\omega_0\tau}{2}\right) \right|$$

$$\varphi_n = \begin{cases} 0 & \dfrac{4n\pi}{\tau} < |\omega| < \dfrac{2(2n+1)\pi}{\tau} \\[2mm] \pi & \dfrac{2(2n+1)\pi}{\tau} < |\omega| < \dfrac{4(n+1)\pi}{\tau} \end{cases} \tag{5-2-3}$$

$$(n = 0, 1, 2, \cdots)$$

其单边频谱由式(5-1-17)可得

$$\left. \begin{aligned} c_0 &= F_0 = \frac{E\tau}{T_1} \\[2mm] c_n &= 2|F_n| = \frac{2E\tau}{T_1}\left| S_a\,\frac{n\omega_0\tau}{2} \right| \end{aligned} \right\} \tag{5-2-4}$$

$T_1 = 5\tau$ 时,周期矩形脉冲信号的单边频谱与双边频谱如图 5-5 所示。

5.2.4   周期 T_1 及脉冲宽度 τ 对频谱的影响

对图 5-5 作如下讨论:

(1)频谱图是离散的,频率间隔 $\omega_0 = \dfrac{2\pi}{T_1}$,因此,随着周期 T_1 的增加,离散谱线的间隔 ω_0 减小;若 $T_1 \to \infty$,$\omega_0 \to 0$,$|F_n| \to 0$,离散谱将变为连续谱。

(2)直流、基波及各次谐波分量的大小正比于脉冲幅度 E 及脉冲宽度 τ,反比于周期 T_1,各次谐波幅度的包络线为抽样信号 $S_a\left(\dfrac{n\omega_0\tau}{2}\right)$,$n\omega_0 = \dfrac{2\pi m}{\tau}$($m = \pm 1, \pm 2, \cdots$)为零点。

(3)频谱图中有无穷多根谱线,但主要能量集中在原点与第一个零点 $\omega = \dfrac{2\pi}{\tau}$ 之间。

5.2.5   信号的有效带宽

从周期矩形脉冲信号的频谱图可见,其频谱包络线每当 $n\omega_0\tau/2 = m\pi$ 时,即 $n\omega_0 = \dfrac{2m\pi}{\tau}$($m$ 取非零整数)时,取零值。其中第一个零点在 $\pm 2\pi/\tau$ 处,此后谐波的幅度逐渐减小。在实际应用中,对于包络线为抽样函数的频谱,通常把从零频率开始到频谱包络线第一次过

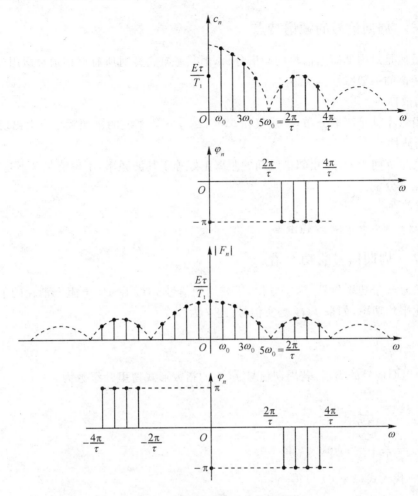

图 5-5　周期矩形脉冲信号的频谱

零点的那个频率之间的频带作为周期矩形脉冲信号的频带宽度,用符号 ω_B(单位为 rad/s)或 f_B(单位为 Hz)表示,即有

$$\omega_B = 2\pi/\tau, \; f_B = 1/\tau \tag{5-2-5}$$

可见,信号的有效带宽与时域持续时间 τ 成反比。

　　对于一般的频谱,常以从零频率开始到频谱振幅下降为包络线最大值的 $\dfrac{1}{10}$ 的频率之间的频带定义为信号的频带宽度。

　　信号的有效带宽(简称带宽)是信号频率特性中的重要指标,具有实际应用意义。在信号的有效带宽内,集中了信号的绝大部分谐波分量。换句话说,若信号丢失有效带宽以外的谐波成分,不会对信号产生明显影响。同样,任何系统也有其有效带宽。当信号通过系统时,信号与系统的有效带宽必须"匹配"。若信号的有效带宽大于系统的有效带宽,则信号通过此系统时,就会产生失真;若信号的有效带宽远小于系统的带宽,信号可以顺利通过,但对系统资源是巨大的浪费。

5.2.6 周期信号的频谱特点

以上虽然是对周期矩形信号的频谱分析,但其基本特性对所有周期信号适用,由此给出周期信号频谱的一般特性。

(1) 离散性

频谱沿频率轴呈离散分布,谱线仅在 $0, \omega_0, 2\omega_0, \cdots$ 等基波的倍频频率点上出现。

(2) 谐波性

各谱线呈等间距分布,相邻谱线间的距离正好等于基波频率,不可能包含不是基波整数倍的其他频率分量。

(3) 收敛性

随着 $n \to \infty$,$|F_n|$ 或 c_n 趋于零。

5.2.7 周期信号的功率谱

周期信号属于功率信号,为了方便,研究周期信号 $f(t)$ 在 1Ω 电阻上消耗的平均功率,称为归一化平均功率,如果 $f(t)$ 是实信号,定义为

$$P = \frac{1}{T_1} \int_{-\frac{T_1}{2}}^{\frac{T_1}{2}} f^2(t) \mathrm{d}t \tag{5-2-6}$$

式中,T_1 为周期信号的周期。若周期信号 $f(t)$ 的指数形式傅里叶级数为

$$f(t) = \sum_{n=-\infty}^{+\infty} F_n \mathrm{e}^{jn\omega_0 t} \tag{5-2-7}$$

$$F_n = \frac{1}{T_1} \int_{-\frac{T_1}{2}}^{\frac{T_1}{2}} f(t) \mathrm{e}^{-jn\omega_0 t} \mathrm{d}t$$

将式(5-2-7)代入式(5-2-6)可得

$$P = \frac{1}{T_1} \int_{-\frac{T_1}{2}}^{\frac{T_1}{2}} f^2(t) \mathrm{d}t = \frac{1}{T_1} \int_{-\frac{T_1}{2}}^{\frac{T_1}{2}} f(t) \left[\sum_{n=-\infty}^{+\infty} F_n \mathrm{e}^{jn\omega_0 t} \right] \mathrm{d}t \tag{5-2-8}$$

把上式的求和与积分的次序交换,得

$$P = \sum_{n=-\infty}^{+\infty} F_n \left[\frac{1}{T_1} \int_{-\frac{T_1}{2}}^{\frac{T_1}{2}} f(t) \mathrm{e}^{jn\omega_0 t} \mathrm{d}t \right] = \sum_{n=-\infty}^{+\infty} F_n \cdot F_{-n} = \sum_{n=-\infty}^{+\infty} |F_n|^2 \tag{5-2-9}$$

式(5-2-9)称为帕什瓦尔(Parseval)功率守恒定理。该式表明周期信号的平均功率不仅可以在时域中求取,还可以在频域中确定。$|F_n|^2$ 随 $n\omega_0$ 的分布情况称为周期信号的功率频谱,简称功率谱。

式(5-2-9)也可以写成

$$P = \sum_{n=-\infty}^{+\infty} |F_n|^2 = F_0^2 + 2 \sum_{n=1}^{+\infty} |F_n|^2 = c_0^2 + \sum_{n=1}^{+\infty} \frac{c_n^2}{2} \tag{5-2-10}$$

可见任意周期信号的平均功率等于信号所包含的直流、基波以及各次谐波的平均功率之和。显然,周期信号的功率谱也是离散频谱。从周期信号的功率谱中不仅可以看出各个分量的平均功率的分布情况,而且可以确定在周期信号的有效带宽内谐波分量具有的平均功率占整个周期信号的功率之比。

例 5-4 试求如图 5-1 所示周期矩形脉冲信号 $f(t)$ 的功率谱,并计算在其有效带宽(0

$\sim 2\pi/\tau)$ 内谐波分量所具有的平均功率占整个信号平均功率的百分比。其中,$E = 1, T_1 = 1/4, \tau = 1/20$。

解　周期矩形脉冲信号 $f(t)$ 的傅里叶级数复系数为

$$F_n = \frac{E\tau}{T_1} \frac{\sin\left(n\omega_0 \dfrac{\tau}{2}\right)}{n\omega_0 \dfrac{\tau}{2}}$$

将 $E = 1, T_1 = 1/4, \tau = 1/20$ 和 $\omega_0 = \dfrac{2\pi}{T_1} = 8\pi$ 代入上式得

$$F_n = 0.2 S_a(n\omega_0/40) = 0.2 S_a(n\pi/5)$$

$$|F_n|^2 = 0.04 S_a^2(n\pi/5)$$

画出 $|F_n|^2$ 随 $n\omega_0$ 变化的图形即得周期矩形脉冲信号的功率谱,如图 5-6 所示。显然,在有效频带宽度$(0 \sim 2\pi/\tau)$ 内,包含了一个直流分量和四个谐波分量。信号的平均功率为

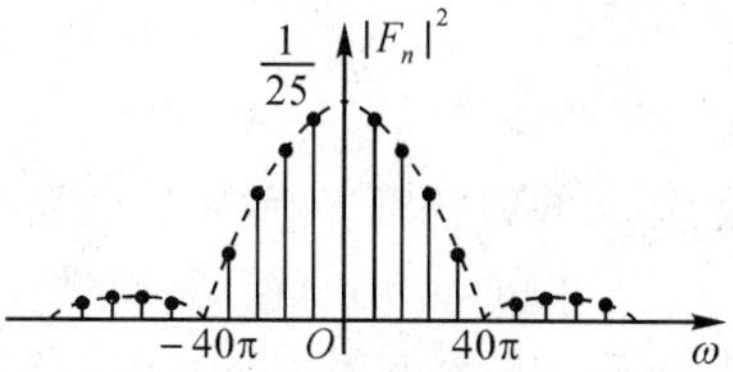

图 5-6

$$P = \frac{1}{T_1} \int_{-\frac{T_1}{2}}^{\frac{T_1}{2}} f^2(t)\mathrm{d}t = 0.2$$

而包含在有效带宽$(0 \sim 2\pi/\tau)$ 内的各谐波平均功率为

$$P_1 = \sum_{n=-4}^{4} |F_n|^2 = |F_0|^2 + 2\sum_{n=1}^{4} |F_n|^2 = 0.1806$$

$$\frac{P_1}{P} = \frac{0.1806}{0.200} \approx 90\%$$

从上式可以看出,周期矩形脉冲信号包含在有效带宽内的各次谐波平均功率之和占整个信号平均功率的 90%。因此,若用直流分量、基波、二次、三次、四次谐波来近似周期矩形脉冲信号,可以达到很高的精度。由此可见,周期矩形脉冲信号的有效带宽的定义为零至第一个零点的合理性。

5.3　非周期信号的傅里叶变换

5.3.1　非周期信号的频谱

非周期信号可视为周期无穷长的周期信号。因此,可以从周期信号的频谱分析来推测非周期信号的频谱。以周期矩形脉冲信号为例,当周期 $T_1 \to \infty$ 时,周期信号就变成单脉冲的非周期信号。由 5.2 节分析可知,随着 T_1 的增大,离散谱线间隔 ω_0 就变窄;当 $T_1 \to \infty$ 时,$\omega_0 \to 0$,$|F_n| \to 0$,离散谱就变成了连续谱。虽然 $|F_n| \to 0$,但其频谱分布规律依然存在,它们之间的相对值仍有差别。为了表明振幅、相位随频率变化的相对关系,引入频谱密度函数。

已知周期信号的傅里叶级数为

$$f(t) = \sum_{n=-\infty}^{\infty} F_n \mathrm{e}^{\mathrm{j}n\omega_0 t} \tag{5-3-1}$$

式中

$$F_n = F(n\omega_0) = \frac{1}{T_1}\int_{-\frac{T_1}{2}}^{\frac{T_1}{2}} f(t)\mathrm{e}^{-jn\omega_0 t}\mathrm{d}t \tag{5-3-2}$$

对于非周期信号,重复周期 $T_1 \to \infty$,重复频率 $\omega_0 \to 0$,谱线间隔 $\Delta(n\omega_0) \to \mathrm{d}\omega$,而 $\frac{1}{T_1} = \frac{\omega_0}{2\pi} = \frac{\mathrm{d}\omega}{2\pi}$,离散频率 $n\omega_0$ 变成连续频率 ω。因此,式(5-3-2)可写为

$$F_n = F(n\omega_0) = \frac{\omega_0}{2\pi}\int_{-\infty}^{\infty} f(t)\mathrm{e}^{-j\omega t}\mathrm{d}t \tag{5-3-3}$$

式中积分 $\int_{-\infty}^{\infty} f(t)\mathrm{e}^{-j\omega t}\mathrm{d}t$ 仅是变量 ω 的函数,可定义为 $F(\omega)$ 或 $F(j\omega)$,即

$$F(j\omega) = \lim_{\omega_0 \to 0}\frac{2\pi F(n\omega_0)}{\omega_0} = \lim_{T_1 \to \infty} T_1 F(n\omega_0) = \int_{-\infty}^{\infty} f(t)\mathrm{e}^{-j\omega t}\mathrm{d}t \tag{5-3-4}$$

在此式中 $\frac{F(n\omega_0)}{\omega_0}$ 表示单位频带的频谱值 —— 即频谱密度的概念。因此 $F(\omega)$ 称为原函数 $f(t)$ 的频谱密度函数,或简称为频谱函数,它一般是复函数,可以写作

$$F(j\omega) = |F(\omega)|\mathrm{e}^{j\varphi(\omega)} \tag{5-3-5}$$

其中 $F(j\omega)$ 的模用 $F(\omega)$ 或 $|F(j\omega)|$ 表示,它代表信号中各频率分量的相对大小。$\varphi(\omega)$ 是 $F(j\omega)$ 的相位函数,它表示信号中各频率分量之间的相位关系。为了与周期信号的频谱相一致,人们习惯上也把 $|F(j\omega)| \sim \omega$ 与 $\varphi(\omega) \sim \omega$ 曲线分别称为非周期信号的幅度频谱与相位频谱。

根据上面的分析,可以得到

$$F_n = \frac{1}{2\pi}F(j\omega)\mathrm{d}\omega \tag{5-3-6}$$

将式(5-3-6)代入(5-3-1)中,同时将求和号改为积分号,则有

$$f(t) = \frac{1}{2\pi}\int_{-\infty}^{\infty} F(j\omega)\mathrm{e}^{j\omega t}\mathrm{d}\omega \tag{5-3-7}$$

5.3.2　非周期信号的傅里叶变换

式(5-3-4)和式(5-3-7)是用周期信号的傅里叶级数通过极限的方法导出的非周期信号频谱的表示式,称为傅里叶变换。通常式(5-3-4)称为傅里叶正变换,式(5-3-7)称为傅里叶逆变换。为书写方便,习惯上采用如下符号:

傅里叶正变换

$$F(j\omega) = \mathrm{FT}[f(t)] = \int_{-\infty}^{\infty} f(t)\mathrm{e}^{-j\omega t}\mathrm{d}t$$

傅里叶逆变换

$$f(t) = \mathrm{FT}^{-1}[F(j\omega)] = \frac{1}{2\pi}\int_{-\infty}^{\infty} F(j\omega)\mathrm{e}^{j\omega t}\mathrm{d}\omega$$

$F(j\omega)$ 与 $f(t)$ 具有一一对应的关系,是同一信号的两种不同表现形式。由傅里叶变换的推导过程表明,信号傅里叶变换存在的条件与傅里叶级数存在的条件基本相同,傅里叶变换存在的充分条件是无限区间内函数绝对可积,即

$$\int_{-\infty}^{\infty} |f(t)|\mathrm{d}t < \infty \tag{5-3-8}$$

5.3.3　常用非周期信号的傅里叶变换

1. 冲激函数

单位冲激函数 $\delta(t)$ 的傅里叶变换 $F(j\omega)$ 为

$$F(j\omega) = \text{FT}[f(t)] = \int_{-\infty}^{\infty} \delta(t)e^{-j\omega t}dt = 1 \tag{5-3-9}$$

可见,单位冲激函数的频谱等于常数,也就是说,在整个频率范围内频谱是均匀分布的。因此,这种频谱通常称为"均匀谱"或"白色谱",如图 5-7 所示。

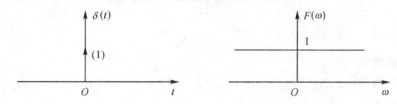

图 5-7　单位冲激信号的波形及其频谱

2. 矩形脉冲信号

已知矩形脉冲信号的表达式为

$$f(t) = E\left[u\left(t + \frac{\tau}{2}\right) - u\left(t - \frac{\tau}{2}\right)\right]$$

其中:E 为脉冲幅度;τ 为脉冲宽度。矩形脉冲信号的傅里叶变换为

$$F(j\omega) = \int_{-\frac{\tau}{2}}^{\frac{\tau}{2}} Ee^{-j\omega t}dt = \frac{E}{-j\omega}e^{-j\omega t}\Big|_{-\frac{\tau}{2}}^{\frac{\tau}{2}}$$

$$= \frac{E\tau}{\omega\frac{\tau}{2}} \cdot \frac{e^{j\omega\frac{\tau}{2}} - e^{-j\omega\frac{\tau}{2}}}{2j} = E\tau\frac{\sin\left(\frac{\omega\tau}{2}\right)}{\frac{\omega\tau}{2}} = E\tau S_a\left(\frac{\omega\tau}{2}\right)$$

所以,矩形脉冲信号的频谱为

$$F(j\omega) = E\tau S_a\left(\frac{\omega\tau}{2}\right) \tag{5-3-10}$$

因此,矩形脉冲信号的幅度谱和相位谱分别为

$$|F(j\omega)| = E\tau\left|S_a\left(\frac{\omega\tau}{2}\right)\right|$$

$$\varphi(\omega) = \begin{cases} 0 & \dfrac{4n\pi}{\tau} < |\omega| < \dfrac{2(2n+1)\pi}{\tau} \\[2mm] \pm\pi & \dfrac{2(2n+1)\pi}{\tau} < |\omega| < \dfrac{2(2n+2)\pi}{\tau} \end{cases} \quad n = 0, 1, 2, \cdots$$

因为 $F(j\omega)$ 是实函数,通常用一条 $F(j\omega)$ 曲线同时表示幅度谱 $F(\omega)$ 和相位谱 $\varphi(\omega)$,如图 5-8 所示。

由以上分析可见,虽然矩形脉冲信号在时域集中于有限的范围内,然而它的频谱却以 $S_a\left(\dfrac{\omega\tau}{2}\right)$ 的规律变化,分布在无限宽的频率范围上,但是其信号能量主要集中于 $f = 0 \sim \dfrac{1}{\tau}$ 范围。因而,通常认为这种信号所占有的频率范围(频带)B 近似为 $\dfrac{1}{\tau}$,即

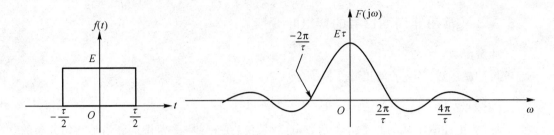

图 5-8　矩形脉冲信号的波形及频谱

$$B = \frac{1}{\tau} \tag{5-3-11}$$

3. 直流信号

直流信号的表达式为

$$f(t) = 1 \quad -\infty < t < \infty$$

利用式(5-3-9)求出的 $\delta(t)$ 频谱，由傅里叶反变换公式得

$$\delta(t) = \frac{1}{2\pi} \int_{-\infty}^{\infty} e^{j\omega t} d\omega \tag{5-3-12}$$

由于 $\delta(t)$ 是 t 的偶函数，所以上式可等价为

$$\delta(t) = \delta(-t) = \frac{1}{2\pi} \int_{-\infty}^{\infty} e^{-j\omega t} d\omega \tag{5-3-13}$$

作变量代换 $\omega \Leftrightarrow t$，则上式可写为

$$\delta(\omega) = \frac{1}{2\pi} \int_{-\infty}^{\infty} e^{-j\omega t} dt = \frac{1}{2\pi} \int_{-\infty}^{\infty} 1 \cdot e^{-j\omega t} dt$$

因此有

$$F(j\omega) = FT[1] = \int_{-\infty}^{\infty} 1 e^{-j\omega t} dt = 2\pi \delta(\omega) \tag{5-3-14}$$

直流信号 $f(t) = 1$，$-\infty < t < \infty$ 及其频谱如图 5-9 所示。由图可知，直流信号的频谱只在 $\omega = 0$ 处有一冲激。

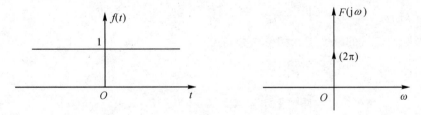

图 5-9　直流信号及其频谱

4. 单边指数信号

已知单边指数信号的表示式为

$$f(t) = e^{-\alpha t} u(t) \quad \alpha > 0 \tag{5-3-15}$$

$$F(j\omega) = \int_{-\infty}^{\infty} f(t) e^{-j\omega t} dt = \int_{0}^{\infty} e^{-\alpha t} e^{-j\omega t} dt = \frac{1}{\alpha + j\omega} \tag{5-3-16}$$

幅度频谱为

$$|F(j\omega)| = \frac{1}{\sqrt{\alpha^2 + \omega^2}} \tag{5-3-17}$$

相位频谱为

$$\varphi(\omega) = -\arctan\left(\frac{\omega}{\alpha}\right) \tag{5-3-18}$$

单边指数信号的波形、幅度频谱和相位频谱如图 5-10 所示。

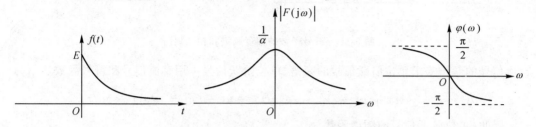

图 5-10　单边指数信号的波形及频谱

5. 符号函数

符号函数 $\text{sgn}(t)$ 定义为

$$\text{sgn}(t) = \begin{cases} -1 & t < 0 \\ 0 & t = 0 \\ 1 & t > 0 \end{cases}$$

虽然符号函数不满足 Dirichlet 条件,但其傅里叶变换存在。因为

$$\text{sgn}(t) = \lim_{\alpha \to 0} \text{sgn}(t) e^{-\alpha|t|}$$

因此可以借助符号函数与双边指数衰减函数相乘,先得乘积信号的频谱,然后取极限,从而得到符号函数的频谱。

下面先求乘积信号 $f_1(t) = \text{sgn}(t) e^{-\alpha|t|}$ 的频谱 $F_1(j\omega)$。因为

$$\begin{aligned} F_1(j\omega) &= \int_{-\infty}^{\infty} f_1(t) e^{-j\omega t} dt \\ &= \int_{-\infty}^{0} -e^{\alpha t} e^{-j\omega t} dt + \int_{0}^{\infty} e^{-\alpha t} e^{-j\omega t} dt \\ &= \frac{-1}{\alpha - j\omega} + \frac{1}{\alpha + j\omega} = \frac{-j2\omega}{\alpha^2 + \omega^2} \end{aligned}$$

所以,符号函数的频谱为

$$F(j\omega) = \lim_{\alpha \to 0} F_1(j\omega) = \lim_{\alpha \to 0} \frac{-j2\omega}{\alpha^2 + \omega^2} = \frac{2}{j\omega} \tag{5-3-19}$$

幅度频谱

$$|F(j\omega)| = \frac{2}{|\omega|} = \frac{2\text{sgn}(\omega)}{\omega} \tag{5-3-20}$$

相位频谱

$$\varphi(\omega) = \begin{cases} \pi/2 & \omega < 0 \\ -\pi/2 & \omega > 0 \end{cases} = -\frac{\pi}{2} \text{sgn}(\omega) \tag{5-3-21}$$

符号函数的幅度频谱和相位频谱如图 5-11 所示。

6. 单位阶跃信号 $u(t)$

单位阶跃信号也不满足 Dirichlet 条件,但其傅里叶变换同样存在。可以利用符号函数和

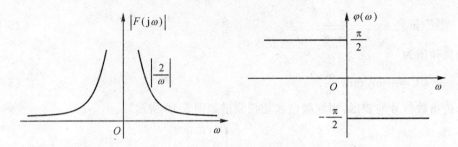

图 5-11　符号函数的幅度频谱和相位频谱

直流信号的频谱来求单位阶跃信号的频谱。单位阶跃信号可用直流信号和符号函数表示为

$$u(t) = \frac{1}{2}[u(t) + u(-t)] + \frac{1}{2}[u(t) - u(-t)] = \frac{1}{2} + \frac{1}{2}\text{sgn}(t)$$

因此,单位阶跃信号的频谱函数为

$$\text{FT}[u(t)] = \pi\delta(\omega) + \frac{1}{j\omega} \tag{5-3-22}$$

单位阶跃信号的幅度频谱和相位频谱如图 5-12 所示。

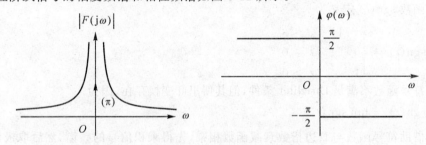

图 5-12　阶跃信号的幅度频谱和相位频谱

　　熟悉上述常用信号的傅里叶变换对进一步掌握信号与系统的频域分析将会带来很大的方便。为了便于查找,在表 5-1 中给出了部分常用信号的傅里叶变换对。

表 5-1　部分常用傅里叶变换对

编号	名称	$f(t)$	$F(j\omega)$
1	冲激函数	$E\delta(t)$	E
2	直流信号	E	$2\pi E\delta(\omega)$
3	矩形脉冲	$\begin{cases} E & \|t\| < \dfrac{\tau}{2} \\ 0 & \|t\| \geqslant \dfrac{\tau}{2} \end{cases}$	$E\tau S_a\left(\dfrac{\omega\tau}{2}\right)$
4	抽样脉冲	$S_a(\omega_c t)$	$\begin{cases} \dfrac{\pi}{\omega_c} & \|\omega\| < \omega_c \\ 0 & \|\omega\| > \omega_c \end{cases}$
5	单边指数脉冲	$Ee^{-\alpha t}u(t)$ $(\alpha > 0)$	$\dfrac{E}{\alpha + j\omega}$
6	双边指数脉冲	$Ee^{-\alpha\|t\|}$ $(\alpha > 0)$	$\dfrac{2\alpha E}{\alpha^2 + \omega^2}$

续表

编号	名称	$f(t)$	$F(j\omega)$
7	阶跃函数	$Eu(t)$	$\pi E\delta(\omega) + \dfrac{E}{j\omega}$
8	符号函数	$E\mathrm{sgn}(t) = \begin{cases} E & t > 0 \\ -E & t < 0 \end{cases}$	$\dfrac{2E}{j\omega}$
9	余弦信号	$E\cos(\omega_0 t)$	$E\pi[\delta(\omega + \omega_0) + \delta(\omega - \omega_0)]$
10	正弦信号	$E\sin(\omega_0 t)$	$jE\pi[\delta(\omega + \omega_0) - \delta(\omega - \omega_0)]$
11	复指数信号	$Ee^{j\omega_0 t}$	$2\pi E\delta(\omega - \omega_0)$
12	线性信号	$tu(t)$	$j\pi\delta'(\omega) - \dfrac{1}{\omega^2}$
13	冲激序列	$\delta_T(t) = \displaystyle\sum_{n=-\infty}^{\infty} \delta(t - nT_1)$	$\omega_1 \displaystyle\sum_{n=-\infty}^{\infty} \delta(\omega - n\omega_1) \quad \left(\omega_1 = \dfrac{2\pi}{T_1}\right)$

5.4　傅里叶变换的基本性质

傅里叶变换揭示了信号时间特性和频率特性之间的联系。信号可以在时域中用时间函数 $f(t)$ 表示,亦可以在频域中用频谱密度函数 $F(j\omega)$ 表示;只要其中一个确定,另一个随之确定,两者是一一对应的。在实际信号分析中,往往还需要对信号的时、频特性之间的对应关系、变换规律有更深入、具体的了解。另外,我们也希望了解傅里叶变换在工程中的应用以及简化变换的运算,因此对傅里叶变换基本性质及定理的理解与掌握就显得非常重要。

1. 线性

若 $f_i(t) \longleftrightarrow F_i(j\omega)(i = 1, 2, 3, \cdots, n)$,则

$$\sum_{i=1}^{n} a_i f_i(t) \overset{\text{FT}}{\longleftrightarrow} \sum_{i=1}^{n} a_i F_i(j\omega) \tag{5-4-1}$$

其中 a_i 为常数,n 为正整数。

例 5-5　已知信号 $f(t)$ 的波形如图 5-13 所示,试求信号 $f(t)$ 的傅里叶变换。

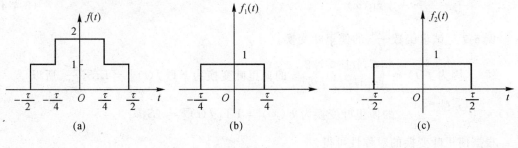

图 5-13

解　$f(t)$ 可看成两个方波叠加,所以由线性性质可得 $f_1(t)$ 和 $f_2(t)$ 的图形如图 5-13(b),(c)所示。

由式(5-3-10)可得

$$F_1(j\omega) = \frac{\tau}{2}S_a\left(\frac{\omega\tau}{4}\right)$$

$$F_2(j\omega) = \tau S_a\left(\frac{\omega\tau}{2}\right)$$

故　　　　$$F(j\omega) = \tau S_a\left(\frac{\omega\tau}{2}\right) + \frac{\tau}{2}S_a\left(\frac{\omega\tau}{4}\right)$$

2. 对称性

若 $f(t) \xleftrightarrow{\text{FT}} F(j\omega)$，则

$$F(jt) \xleftrightarrow{\text{FT}} 2\pi f(-\omega) \tag{5-4-2}$$

证明　因为

$$f(t) = \frac{1}{2\pi}\int_{-\infty}^{\infty} F(j\omega)e^{j\omega t}d\omega$$

显然　　　$$f(-t) = \frac{1}{2\pi}\int_{-\infty}^{\infty} F(j\omega)e^{-j\omega t}d\omega$$

将变量 t 与 ω 互换，可以得到

$$2\pi f(-\omega) = \int_{-\infty}^{\infty} F(jt)e^{-j\omega t}dt$$

所以　　　$$F(jt) \xleftrightarrow{\text{FT}} 2\pi f(-\omega)$$

若 $f(t)$ 是偶函数，式(5-4-2)变成

$$F(jt) \xleftrightarrow{\text{FT}} 2\pi f(\omega) \tag{5-4-3}$$

例 5-6　求信号 $f(t) = \dfrac{1}{\pi t}$ 的傅里叶变换。

解　已知符号函数的傅里叶变换为

$$\text{sgn}(t) \xleftrightarrow{\text{FT}} \frac{2}{j\omega}$$

由傅里叶变换的对称性可得

$$\frac{2}{jt} \xleftrightarrow{\text{FT}} 2\pi\,\text{sgn}(-\omega) = -2\pi\,\text{sgn}(\omega)$$

由傅里叶变换的线性特性得

$$\frac{1}{\pi t} \xleftrightarrow{\text{FT}} -j\,\text{sgn}(\omega) \tag{5-4-4}$$

例 5-7　试求函数 $\dfrac{\sin t}{t}$ 的傅里叶变换。

解　因为 $f(t) = \begin{cases} E, & |t| < \tau/2 \\ 0, & |t| > \tau/2 \end{cases}$ 的傅里叶变换为 $\text{FT}[f(t)] = E\tau S_a\dfrac{\omega\tau}{2}$，所以

$f(t) = \begin{cases} 1, & |t| < 1 \\ 0, & |t| > 1 \end{cases}$ 的傅里叶变换为 $F(j\omega) = \text{FT}[f(t)] = 2S_a\omega$。

根据傅里叶变换的对称性可得

$$\text{FT}[f(t)] = \text{FT}\left[\frac{2\sin t}{t}\right] = 2\pi f(\omega) = \begin{cases} 2\pi & |\omega| < 1 \\ 0 & |\omega| > 1 \end{cases}$$

两边同乘以 $\dfrac{1}{2}$，得

$$\text{FT}\left[\frac{\sin t}{t}\right] = \begin{cases} \pi & |\omega| < 1 \\ 0 & |\omega| > 1 \end{cases}$$

即　　　　　$\text{FT}\left[\dfrac{\sin t}{t}\right] = \pi[u(\omega + 1) - u(\omega - 1)]$

对应的变换图如图 5-14 所示。

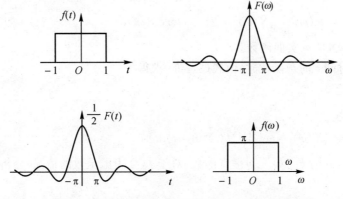

图 5-14　例 5-7 的时间函数与频谱函数的对称性举例

3. 奇偶虚实性

实际存在的信号都是实信号,虚信号是为了数学运算上的方便而引入的。现在研究时间函数 $f(t)$ 与其频谱函数 $F(j\omega)$ 之间的奇偶虚实关系。

在一般情况下,$F(j\omega)$ 是复函数,因而可以把它表示成模与相位或者实部与虚部两部分,即

$$F(j\omega) = \int_{-\infty}^{\infty} f(t)e^{-j\omega t}dt = |F(j\omega)|e^{j\varphi(\omega)} = R(\omega) + jX(\omega)$$

显然

$$\left.\begin{aligned} |F(j\omega)| &= \sqrt{R^2(\omega) + X^2(\omega)} \\ \varphi(\omega) &= \arctan\left[\frac{X(\omega)}{R(\omega)}\right] \end{aligned}\right\} \tag{5-4-5}$$

下面讨论 $f(t)$ 是实函数的情况。因为

$$\begin{aligned} F(j\omega) &= \int_{-\infty}^{\infty} f(t)e^{-j\omega t}dt \\ &= \int_{-\infty}^{\infty} f(t)\cos(\omega t)dt - j\int_{-\infty}^{\infty} f(t)\sin(\omega t)dt \end{aligned}$$

在这种情况下,显然

$$\left.\begin{aligned} R(\omega) &= \int_{-\infty}^{\infty} f(t)\cos(\omega t)dt \\ X(\omega) &= -\int_{-\infty}^{\infty} f(t)\sin(\omega t)dt \end{aligned}\right\} \tag{5-4-6}$$

$R(\omega)$ 为偶函数,$X(\omega)$ 为奇函数。因此可以得到

$$F(-j\omega) = F^*(j\omega) \tag{5-4-7}$$

利用式(5-4-5)可证得 $|F(j\omega)|$ 是偶函数,$\varphi(\omega)$ 是奇函数,即实函数的傅里叶变换的幅度谱和相位谱分别为偶、奇函数。

在上述基础上,进一步考察 $f(t)$ 的奇偶性对 $F(j\omega)$ 的影响。

当 $f(t)$ 为时间 t 的偶函数时，$f(t)\sin\omega t$ 是时间 t 的奇函数，$f(t)\cos\omega t$ 是时间 t 的偶函数，由式(5-4-6)知，此时

$$\left.\begin{array}{l} R(\omega) = 2\displaystyle\int_0^\infty f(t)\cos(\omega t)\mathrm{d}t \\ X(\omega) = 0 \end{array}\right\}$$

因此　　　$F(\mathrm{j}\omega) = R(\omega) + \mathrm{j}X(\omega) = 2\displaystyle\int_0^\infty f(t)\cos(\omega t)\mathrm{d}t$

由此可看出 $F(\mathrm{j}\omega)$ 是 ω 实偶函数。

当 $f(t)$ 为时间 t 的奇函数时，由式(5-4-6)求得

$$R(\omega) = 0$$

此时

$$F(\mathrm{j}\omega) = \mathrm{j}X(\omega) = -2\mathrm{j}\int_0^\infty f(t)\sin(\omega t)\mathrm{d}t$$

由此可看出，此时 $F(\mathrm{j}\omega)$ 是 ω 虚奇函数。对于 $f(t)$ 为虚函数的情况，分析方法同上，结论相反。

此外，无论 $f(t)$ 为实函数或复函数，都具有以下性质

$$\left.\begin{array}{l} f(-t) \overset{\text{FT}}{\longleftrightarrow} F(-\mathrm{j}\omega) \\ f^*(t) \overset{\text{FT}}{\longleftrightarrow} F^*(-\mathrm{j}\omega) \\ f^*(-t) \overset{\text{FT}}{\longleftrightarrow} F^*(\mathrm{j}\omega) \end{array}\right\} \tag{5-4-8}$$

证明过程留给读者作为练习。

任意实信号可以分解为偶分量和奇分量之和，即

$$f(t) = [f(t) + f(-t)]/2 + [f(t) - f(-t)]/2 = f_e(t) + f_o(t)$$

由傅里叶变换的线性特性及式(5-4-7)和式(5-4-8)得

$$f_e(t) \overset{\text{FT}}{\longleftrightarrow} \frac{1}{2}\left[F(\mathrm{j}\omega) + F^*(\mathrm{j}\omega)\right] = F_{\mathrm{R}}(\mathrm{j}\omega) \tag{5-4-9}$$

$$f_o(t) \overset{\text{FT}}{\longleftrightarrow} \frac{1}{2}\left[F(\mathrm{j}\omega) - F^*(\mathrm{j}\omega)\right] = \mathrm{j}F_{\mathrm{I}}(\mathrm{j}\omega) \tag{5-4-10}$$

例 5-8　求双边指数信号

$$f(t) = \mathrm{e}^{-\alpha|t|} \qquad (-\infty < t < \infty)$$

的傅里叶变换。

解　由式(5-3-16)知

$$\mathrm{e}^{-\alpha t}u(t) \overset{\text{FT}}{\longleftrightarrow} \frac{1}{\alpha + \mathrm{j}\omega} = \frac{\alpha - \mathrm{j}\omega}{\alpha^2 + \omega^2}$$

因为

$$f_e(t) = \frac{1}{2}\left[\mathrm{e}^{-\alpha t}u(t) + \mathrm{e}^{\alpha t}u(-t)\right] = \frac{1}{2}\mathrm{e}^{-\alpha|t|}$$

由式(5-4-9)可得

$$\frac{1}{2}\mathrm{e}^{-\alpha|t|} \overset{\text{FT}}{\longleftrightarrow} \mathrm{Re}\left(\frac{1}{\alpha + \mathrm{j}\omega}\right) = \frac{\alpha}{\alpha^2 + \omega^2}$$

故

$$\mathrm{e}^{-\alpha|t|} \overset{\text{FT}}{\longleftrightarrow} \frac{2\alpha}{\alpha^2 + \omega^2}$$

4. 尺度变换特性

若 $f(t) \xleftrightarrow{\text{FT}} F(j\omega)$，则

$$f(at) \xleftrightarrow{\text{FT}} \frac{1}{|a|}F\left(j\frac{\omega}{a}\right) \quad (a\ \text{为非零的实函数}) \tag{5-4-11}$$

证明

$$\text{FT}[f(at)] = \int_{-\infty}^{\infty} f(at)e^{-j\omega t}\mathrm{d}t$$

当 $a > 0$ 时，令 $at = x$，则 $\mathrm{d}t = \frac{1}{a}\mathrm{d}x$，$t = \frac{x}{a}$，代入上式得

$$\text{FT}[f(at)] = \frac{1}{a}\int_{-\infty}^{\infty} f(x)e^{-j\frac{\omega}{a}x}\mathrm{d}x = \frac{1}{a}F\left(j\frac{\omega}{a}\right)$$

当 $a < 0$ 时，令 $at = x$，则 $\mathrm{d}t = -\frac{1}{a}\mathrm{d}x$，代入上式

$$\text{FT}[f(at)] = \frac{1}{a}\int_{-\infty}^{\infty} f(x)e^{-j\frac{\omega}{a}x}\mathrm{d}x \quad (\text{再令 } x = t \text{ 且积分上、下限互换})$$

$$= \frac{-1}{\alpha}\int_{-\infty}^{\infty} f(t)e^{-j\frac{\omega}{a}t}\mathrm{d}t = \frac{1}{-\alpha}F\left(j\frac{\omega}{a}\right)$$

综合 $a > 0$，$a < 0$ 两种情况，尺度变换特性表示为

$$f(\alpha t) \xleftrightarrow{\text{FT}} \frac{1}{|\alpha|}F\left(j\frac{\omega}{a}\right)$$

对于 $\alpha = -1$ 这种特殊情况，式(5-4-11)变成

$$f(-t) \xleftrightarrow{\text{FT}} F(-j\omega)$$

尺度特性说明，信号在时域中压缩（$|a| > 1$），频域中扩展；反之，信号在时域中扩展（$|a| < 1$），在频域中一定压缩；即信号的脉宽与频宽成反比。一般时宽有限的信号，其频宽无限，反之亦然。在通信系统中，常需要增加通信速度，这就要求相应地扩展通信设备的有效带宽。

例 5-9　已知

$$f(t) \xleftrightarrow{\text{FT}} \tau S_a\left(\frac{\omega\tau}{2}\right)$$

求 $f(2t)$ 和 $f(t/2)$ 的频谱函数。

解　根据傅里叶变换的尺度变换特性，$f(2t)$ 和 $f(t/2)$ 的频谱函数分别为

$$f(2t) \xleftrightarrow{\text{FT}} \frac{\tau}{2}S_a\left(\frac{\omega\tau}{4}\right)$$

$$f(t/2) \xleftrightarrow{\text{FT}} 2\tau S_a(\omega\tau)$$

其波形和频谱如图 5-15 所示。

5. 时移特性

若 $f(t) \xleftrightarrow{\text{FT}} F(j\omega)$，则

$$f(t \pm t_0) \xleftrightarrow{\text{FT}} F(j\omega)e^{\pm j\omega t_0} \tag{5-4-12}$$

证明　根据傅里叶变换定义有

$$\text{FT}[f(t - t_0)] = \int_{-\infty}^{\infty} f(t - t_0)e^{-j\omega t}\mathrm{d}t$$

令 $x = t - t_0$，则 $\mathrm{d}x = \mathrm{d}t$，因此

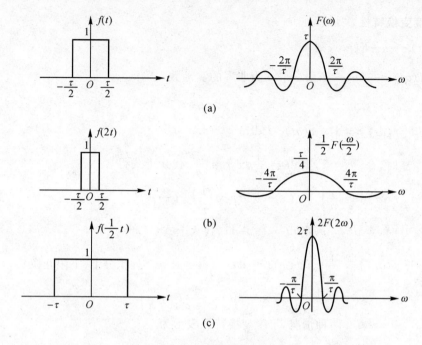

图 5-15　尺度变换特性举例说明

$$\mathrm{FT}[f(t - t_0)] = \int_{-\infty}^{\infty} f(x)\mathrm{e}^{-\mathrm{j}\omega(t_0+x)}\mathrm{d}x = F(\mathrm{j}\omega)\mathrm{e}^{-\mathrm{j}\omega t_0}$$

函数 $f(t - t_0)$ 是函数 $f(t)$ 在时域中延迟了 t_0。这一性质表明,函数在时域中时移,对应于其频谱在频域中产生附加相移,即相位频谱变化量为 $-\omega t_0$,而幅度频谱则保持不变。

不难证明:

$$f(at - t_0) \xleftrightarrow{\ \mathrm{FT}\ } \frac{1}{|a|}\mathrm{FT}\left(\mathrm{j}\,\frac{\omega}{a}\right)\mathrm{e}^{-\mathrm{j}\frac{\omega t_0}{a}} \tag{5-4-13}$$

显然,尺度变换和时移特性是上式的两种特殊情况。

例 5-10　脉冲宽度为 τ,脉冲高度为 E 的单矩形脉冲 $f_0(t)$ 的频谱为

$$F_0(\mathrm{j}\omega) = E\tau S_a\left(\frac{\omega\tau}{2}\right)$$

求三矩形脉冲信号 $f(t) = f_0(t) + f_0(t + T) + f_0(t - T)$ 的频谱。

解　利用傅里叶变换的线性和时移特性有

$$F(\mathrm{j}\omega) = F_0(\mathrm{j}\omega)(1 + \mathrm{e}^{\mathrm{j}\omega T} + \mathrm{e}^{-\mathrm{j}\omega T}) = F_0(\mathrm{j}\omega)[1 + 2\cos(\omega T)]$$

$$= E\tau S_a\left(\frac{\omega\tau}{2}\right)[1 + 2\cos(\omega T)]$$

其频谱如图 5-16 所示。

6. 频移特性

若 $f(t) \xleftrightarrow{\ \mathrm{FT}\ } F(\mathrm{j}\omega)$,则

$$f(t)\mathrm{e}^{\pm\mathrm{j}\omega_0 t} \xleftrightarrow{\ \mathrm{FT}\ } F[\mathrm{j}(\omega \mp \omega_0)] \tag{5-4-14}$$

式中,ω_0 为任意常数。

证明　根据傅里叶变换的定义,得

$$\mathrm{FT}[f(t)\mathrm{e}^{\mathrm{j}\omega_0 t}] = \int_{-\infty}^{\infty} f(t)\mathrm{e}^{\mathrm{j}\omega_0 t}\mathrm{e}^{-\mathrm{j}\omega t}\mathrm{d}t = \int_{-\infty}^{\infty} f(t)\mathrm{e}^{-\mathrm{j}(\omega-\omega_0)t}\mathrm{d}t = F[\mathrm{j}(\omega - \omega_0)]$$

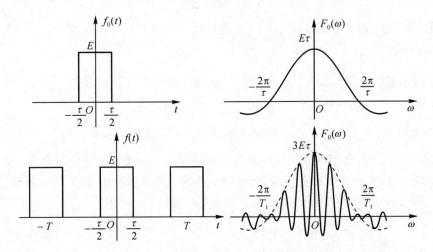

图 5-16　单脉冲、三脉冲信号的波形及频谱

频移特性表明信号在时域中与复因子 $e^{j\omega_0 t}$ 相乘,则在频域中将使整个频谱搬移 ω_0。

例 5-11　已知矩形调幅信号 $f(t) = G(t)\cos\omega_0 t$（如图 5-17(a) 所示）,其中 $G(t)$ 为矩形脉冲,脉幅为 E,脉宽为 τ,试求其频谱函数。

解　已知矩形脉冲 $G(t)$ 的频谱 $G(j\omega)$ 为

$$G(j\omega) = E\tau S_a\left(\frac{\omega\tau}{2}\right)$$

因为

$$f(t) = \frac{1}{2}G(t)(e^{j\omega_0 t} + e^{-j\omega_0 t})$$

根据频移特性,可得 $f(t)$ 的频谱 $F(j\omega)$ 为

$$F(j\omega) = \frac{1}{2}\{G[j(\omega + \omega_0)] + G[j(\omega - \omega_0)]\}$$

$$= \frac{E\tau}{2}S_a\left[\frac{(\omega - \omega_0)\tau}{2}\right] + \frac{E\tau}{2}S_a\left[\frac{(\omega + \omega_0)\tau}{2}\right]$$

可见,调幅信号的频谱等于将包络线的频谱一分为二,各向左右移载频 ω_0。矩形调幅信号的频谱 $F(j\omega)$ 如图 5-17(b) 所示。

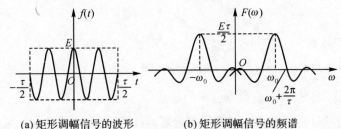

(a) 矩形调幅信号的波形　　　　　(b) 矩形调幅信号的频谱

图 5-17　矩形调幅信号的波形与频谱

7. 卷积特性

（1）时域卷积特性

若 $f_1(t) \overset{\text{FT}}{\longleftrightarrow} F_1(j\omega)$, $f_2(t) \overset{\text{FT}}{\longleftrightarrow} F_2(j\omega)$,则

$$f_1(t) * f_2(t) \overset{\text{FT}}{\longleftrightarrow} F_1(j\omega) \cdot F_2(j\omega) \tag{5-4-15}$$

证明 $\mathrm{FT}[f_1(t)*f_2(t)]=\int_{-\infty}^{\infty}\left[\int_{-\infty}^{\infty}f_1(\tau)f_2(t-\tau)\mathrm{d}\tau\right]\mathrm{e}^{-\mathrm{j}\omega t}\mathrm{d}t$

交换积分次序得

$$\mathrm{FT}[f_1(t)*f_2(t)]=\int_{-\infty}^{\infty}f_1(\tau)\left[\int_{-\infty}^{\infty}f_2(t-\tau)\mathrm{e}^{-\mathrm{j}\omega t}\mathrm{d}t\right]\mathrm{d}\tau$$

由傅里叶变换的时移特性得

$$\mathrm{FT}[f_1(t)*f_2(t)]=\int_{-\infty}^{\infty}f_1(\tau)F_2(\mathrm{j}\omega)\mathrm{e}^{-\mathrm{j}\omega t}\mathrm{d}\tau=F_1(\mathrm{j}\omega)\cdot F_2(\mathrm{j}\omega)$$

式(5-4-15)表明,傅里叶变换可以将时域的卷积运算转换成频域中的乘法运算。

例 5-12 求图 5-18 所示宽度为 2τ、幅度为 τ 的三角形脉冲信号的 $f(t)$ 频谱。

解 设 $g(t)$ 是一宽度为 τ,幅度为 1 的矩形脉冲信号,由于

$$g(t)*g(t)=f(t)$$

而 $$g(t)\xleftrightarrow{\mathrm{FT}}\tau S_a\left(\frac{\omega\tau}{2}\right)$$

所以,利用卷积特性可得

$$f(t)\xleftrightarrow{\mathrm{FT}}\tau^2 S_a^{\,2}\left(\frac{\omega\tau}{2}\right)$$

该题的计算过程如图 5-18 所示。

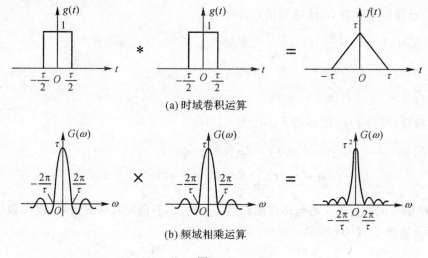

(a) 时域卷积运算

(b) 频域相乘运算

图 5-18

(2) 频域卷积特性

若 $f_1(t)\xleftrightarrow{\mathrm{FT}}F_1(\mathrm{j}\omega)$, $f_2(t)\xleftrightarrow{\mathrm{FT}}F_2(\mathrm{j}\omega)$,则

$$f_1(t)\cdot f_2(t)\xleftrightarrow{\mathrm{FT}}\frac{1}{2\pi}F_1(\mathrm{j}\omega)*F_2(\mathrm{j}\omega)\tag{5-4-16}$$

式(5-4-16)表明,两信号在时域的乘积运算,可以转换为两信号在频域的卷积运算。

例 5-13 求余弦脉冲 $f(t)=E\cos\left(\frac{\pi t}{\tau}\right)$, $|t|<\tau/2$ 的频谱。

解 余弦脉冲可看作一个矩形脉冲 $G(t)$ 与无穷长余弦函数 $\cos\left(\frac{\pi t}{\tau}\right)$ 的乘积,即

$$f(t)=\cos\left(\frac{\pi t}{\tau}\right)G(t)$$

又因为

$$G(j\omega) = FT[G(t)] = E\tau S_a\left(\frac{\omega\tau}{2}\right)$$

余弦信号的频谱查表 5-1 可得

$$\cos\left(\frac{\pi t}{\tau}\right) \xleftarrow{\ FT\ } \pi\delta\left(\omega + \frac{\pi}{\tau}\right) + \pi\delta\left(\omega - \frac{\pi}{\tau}\right)$$

傅里叶变换的频域卷积定理可知

$$F(j\omega) = \frac{1}{2\pi}G(j\omega) * \left[\pi\delta\left(\omega + \frac{\pi}{\tau}\right) + \pi\delta\left(\omega - \frac{\pi}{\tau}\right)\right] = \frac{2E\tau\cos(\omega\tau/2)}{\pi\left[1 - \left(\frac{\omega\tau}{\pi}\right)^2\right]}$$

余弦脉冲信号的频谱如图 5-19 所示。

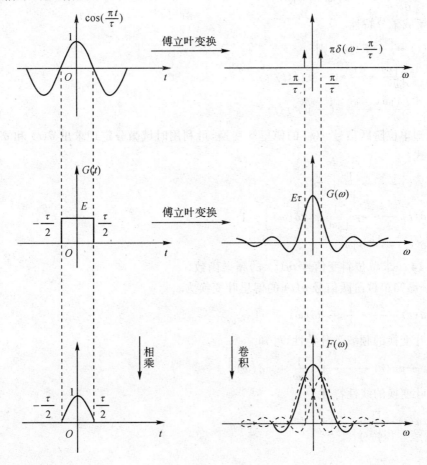

图 5-19

8. 微分特性

(1) 时域微分特性

若 $f(t) \xleftarrow{\ FT\ } F(j\omega)$，则

$$\frac{df(t)}{dt} \xleftarrow{\ FT\ } j\omega F(j\omega) \tag{5-4-17}$$

$$\frac{d^n f(t)}{dt^n} \xleftarrow{\ FT\ } (j\omega)^n F(j\omega) \tag{5-4-18}$$

证明　因为

$$f(t) = \frac{1}{2\pi} \int_{-\infty}^{\infty} F(j\omega) e^{j\omega t} d\omega$$

等式两边对 t 求导数，得

$$\frac{f(t)}{dt} = \frac{1}{2\pi} \int_{-\infty}^{\infty} [j\omega F(j\omega)] e^{j\omega t} d\omega$$

所以

$$\frac{df(t)}{dt} \xleftarrow{\quad FT \quad} j\omega F(j\omega)$$

同理，可推出

$$\frac{d^n f(t)}{dt^n} \xleftarrow{\quad FT \quad} (j\omega)^n F(j\omega)$$

（2）频域微分特性

若 $f(t) \xleftarrow{\quad FT \quad} F(j\omega)$，则

$$\frac{dF(j\omega)}{d\omega} \xleftarrow{\quad FT \quad} (-jt)f(t) \tag{5-4-19}$$

$$\frac{d^n F(j\omega)}{d\omega^n} \xleftarrow{\quad FT \quad} (-jt)^n f(t) \tag{5-4-20}$$

若已知单位阶跃信号 $u(t)$ 的傅里叶变换，可利用时域微分定理求出 $\delta(t)$ 和 $\delta'(t)$ 的傅里叶变换式：

$$u(t) \xleftarrow{\quad FT \quad} \frac{1}{j\omega} + \pi\delta(\omega)$$

$$\delta(t) \xleftarrow{\quad FT \quad} j\omega \left[\frac{1}{j\omega} + \pi\delta(\omega) \right] = 1$$

$$\delta'(t) \xleftarrow{\quad FT \quad} j\omega$$

例 5-14　求单位斜变信号 $tu(t)$ 的频谱函数。

解　已知单位阶跃信号 $u(t)$ 的傅里叶变换为

$$u(t) \xleftarrow{\quad FT \quad} \frac{1}{j\omega} + \pi\delta(\omega)$$

根据傅里叶变换的频域微分特性，可知

$$-jtu(t) \xleftarrow{\quad FT \quad} \frac{d}{d\omega} \left[\frac{1}{j\omega} + \pi\delta(\omega) \right]$$

运用傅里叶变换的线性特性

$$tu(t) \xleftarrow{\quad FT \quad} j \frac{d}{d\omega} \left[\frac{1}{j\omega} + \pi\delta(\omega) \right]$$

即

$$tu(t) \xleftarrow{\quad FT \quad} -\frac{1}{\omega^2} + j\pi\delta'(\omega)$$

9. 时域积分特性

若 $f(t) \xleftarrow{\quad FT \quad} F(j\omega)$，则

$$\int_{-\infty}^{t} f(\tau)d\tau \xleftarrow{\quad FT \quad} \frac{F(j\omega)}{j\omega} + \pi F(0)\delta(\omega) \tag{5-4-21}$$

证明　$FT\left[\int_{-\infty}^{t} f(\tau)d\tau \right] = FT[f(t) * u(t)] = FT[f(t)] \cdot FT[u(t)]$

$$= F(j\omega) \left[\pi\delta(\omega) + \frac{1}{j\omega} \right] = \pi F(0)\delta(\omega) + \frac{F(j\omega)}{j\omega}$$

例 5-15　已知信号 $f(t)$ 如图 5-20(a) 所示，求 $F(j\omega)$。

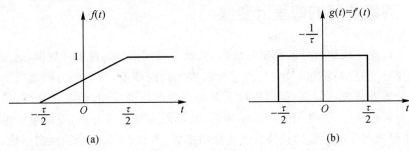

(a)　　　　　　　　　　　　(b)

图 5-20

解　$f(t)$ 的微分如图 5-20(b) 所示，其傅里叶变换为

$$\mathrm{FT}\big[f'(t)\big] = G(j\omega) = S_a\left(\frac{\omega\tau}{2}\right)$$

根据傅里叶变换的积分特性，可得

$$F(\omega) = \pi G(0)\delta(\omega) + \frac{G(j\omega)}{j\omega}$$

由于　　$G(0) = G(j\omega)\Big|_{\omega=0} = \int_{-\infty}^{\infty} g(t)\mathrm{e}^{-j\omega t}\mathrm{d}t\,\Big|_{\omega=0} = \int_{-\infty}^{\infty} g(t)\mathrm{d}t = 1$

（$g(t)$ 所包含的面积为 1）代入上式得

$$F(j\omega) = \pi\delta(\omega) + \frac{1}{j\omega}S_a\left(\frac{\omega\tau}{2}\right)$$

以上讨论了傅里叶变换的性质，为了便于查找，列于表 5-2。

表 5-2　傅里叶变换的性质

性质名称	时域	频域
线性	$\displaystyle\sum_{i=1}^{n} a_i f_i(t)$	$\displaystyle\sum_{i=1}^{n} a_i F_i(j\omega)$
对称性	$F(jt)$	$2\pi f(-\omega)$
尺度变换	$f(at)$	$\dfrac{1}{\lvert a\rvert}F\left[j\left(\dfrac{\omega}{a}\right)\right]$
时移	$f(t \pm t_0)$	$F(j\omega)\mathrm{e}^{\pm j\omega t_0}$
频移	$f(t)\mathrm{e}^{\pm j\omega_0 t}$	$F[j(\omega \mp \omega_0)]$
时域卷积	$f_1(t) * f_2(t)$	$F_1(j\omega) \cdot F_2(j\omega)$
频域卷积	$f_1(t) \cdot f_2(t)$	$\dfrac{1}{2\pi}F_1(j\omega) * F_2(j\omega)$
时域微分	$\dfrac{\mathrm{d}^n f(t)}{\mathrm{d}t^n}$	$(j\omega)^n F_1(j\omega)$
频域微分	$(-jt)^n f(t)$	$\dfrac{\mathrm{d}^n F(j\omega)}{\mathrm{d}\omega^n}$
时域积分	$\displaystyle\int_{-\infty}^{t} f(\tau)\mathrm{d}\tau$	$\dfrac{F(j\omega)}{j\omega} + \pi F(0)\delta(\omega)$

5.5 周期信号的傅里叶变换

以上几节讨论了周期信号的傅里叶级数，以及非周期信号的傅里叶变换。这一节讨论周期信号的傅里叶变换的特点以及它与傅里叶级数之间的联系，目的是力图把周期信号与非周期信号的分析方法统一起来，使傅里叶变换得到更广泛的应用。前面已指出，虽然周期信号不满足绝对可积条件，但在引入奇异函数后，从极限的观点来分析，周期信号也存在傅里叶变换。下面借助傅里叶变换的频移特性先导出指数、余弦、正弦信号的频谱函数，然后讨论一般周期信号的傅里叶变换。

1. 指数函数 $e^{j\omega_c t}$ 的傅里叶变换

若 $\qquad \mathrm{FT}[f(t)] = F(\mathrm{j}\omega)$

由傅里叶变换频移特性(式(5-4-14))知

$$\mathrm{FT}[f(t)e^{j\omega_c t}] = F[\mathrm{j}(\omega - \omega_c)] \tag{5-5-1}$$

在上式中令 $f(t) = 1$，由式(5-3-14)知 $f(t)$ 的傅里叶变换为

$$F(\omega) = \mathrm{FT}[1] = 2\pi\delta(\omega)$$

所以

$$\mathrm{FT}[e^{j\omega_c t}] = 2\pi\delta(\omega - \omega_c) \tag{5-5-2}$$

同理

$$\mathrm{FT}[e^{-j\omega_c t}] = 2\pi\delta(\omega + \omega_c) \tag{5-5-3}$$

2. 余弦、正弦信号的傅里叶变换

由欧拉公式知

$$\cos\omega_c t = \frac{1}{2}(e^{j\omega_c t} + e^{-j\omega_c t})$$

$$\sin\omega_c t = \frac{1}{2j}(e^{j\omega_c t} - e^{-j\omega_c t})$$

由式(5-5-2)和式(5-5-3)，可以得到

$$\left. \begin{aligned} \mathrm{FT}[\cos\omega_c t] &= \pi[\delta(\omega + \omega_c) + \delta(\omega - \omega_c)] \\ \mathrm{FT}[\sin\omega_c t] &= \mathrm{j}\pi[\delta(\omega + \omega_c) - \delta(\omega - \omega_c)] \end{aligned} \right\} \tag{5-5-4}$$

式(5-5-1)、式(5-5-3)和式(5-5-4)表示指数、余弦和正弦信号的傅里叶变换，这类信号的频谱只包含位于 $\pm\omega_c$ 处的冲激函数。正弦信号和余弦信号的频谱如图 5-21 所示。

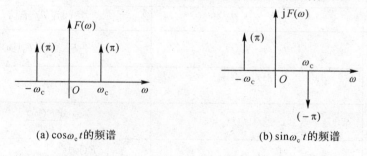

(a) $\cos\omega_c t$ 的频谱   (b) $\sin\omega_c t$ 的频谱

图 5-21　正弦信号和余弦信号的频谱

3. 一般周期信号的傅里叶变换

一个周期为 $T_1 = \dfrac{2\pi}{\omega_0}$ 的信号 $f(t)$ 总可以用傅里叶级数将其展开为基波及各次谐波之和，由式(5-1-10)得

$$f(t) = \sum_{n=-\infty}^{\infty} F_n \mathrm{e}^{\mathrm{j}n\omega_0 t}$$

其中

$$F_n = \frac{1}{T_1} \int_{t_0}^{t_0+T_1} f(t)\mathrm{e}^{-\mathrm{j}n\omega_0 t}\mathrm{d}t, \ \omega_0 = \frac{2\pi}{T_1}$$

显然，此周期信号的傅里叶变换为

$$F(\mathrm{j}\omega) = \mathrm{FT}[f(t)] = \mathrm{FT}\Big[\sum_{n=-\infty}^{\infty} F_n \mathrm{e}^{\mathrm{j}n\omega_0 t}\Big] = \sum_{n=-\infty}^{\infty} F_n \cdot \mathrm{FT}[\mathrm{e}^{\mathrm{j}n\omega_0 t}]$$

根据(5-5-2)式，上式可写成

$$F(\mathrm{j}\omega) = 2\pi \sum_{n=-\infty}^{\infty} F_n \delta(\omega - n\omega_0) \tag{5-5-5}$$

由式(5-5-5)可见，周期信号的频谱函数由无穷多个冲激函数组成，冲激函数位于信号的谐波频率($0, \pm\omega_0, \pm 2\omega_0, \cdots$)处，每个冲激的强度等于 $f(t)$ 的傅里叶级数相应系数 F_n 的 2π 倍。显然，周期信号的频谱是离散的。然而，由于傅里叶变换是反映频谱密度的概念，因此周期信号的傅里叶变换不同于傅里叶级数，不是有限值，而是冲激函数，它表明在无穷小的频带范围内(即谐频点)取得了无限大的频谱值。

例 5-16　求周期单位冲激序列 $\delta_{T_1}(t) = \sum_{n=-\infty}^{\infty} \delta(t - nT_1)$ 的傅里叶变换。

解　$\delta_{T_1}(t)$ 是周期为 T_1 的周期信号，由图 5-22 可见，在间隔 $-\dfrac{T_1}{2} < t < \dfrac{T_1}{2}$ 内，$\delta_{T_1}(t) = \delta(t)$，故

$$F_n = \frac{1}{T_1} \int_{-\frac{T_1}{2}}^{\frac{T_1}{2}} \delta(t)\mathrm{e}^{-\mathrm{j}n\omega_0 t}\mathrm{d}t = \frac{1}{T_1}$$

代入式(5-5-5)可得

$$F(\mathrm{j}\omega) = FT[\delta_{T_1}(t)] = \frac{2\pi}{T_1} \sum_{n=-\infty}^{\infty} \delta(\omega - n\omega_0) = \omega_0 \sum_{n=-\infty}^{\infty} \delta(\omega - n\omega_0)$$

周期单位冲激序列的频谱如图 5-22(b) 所示。由此可见，周期单位冲激序列的傅里叶变换仍是一个包含位于 $\omega = 0, \pm\omega_0, \pm 2\omega_0, \cdots, \pm n\omega_0, \cdots$ 频率处的冲激序列，其冲激强度相等，等于 ω_0。

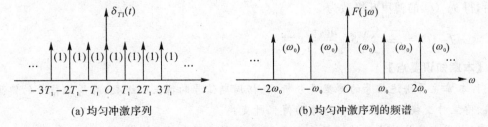

(a) 均匀冲激序列　　　　　　　　　(b) 均匀冲激序列的频谱

图 5-22　均匀冲激序列及其频谱

4. 傅里叶级数系数 F_n 与频谱函数 $F(j\omega)$ 的关系

若 $f(t)$ 是从 $-\dfrac{T_1}{2} \sim \dfrac{T_1}{2}$ 截取 $f_{T_1}(t)$ 一个周期得到的,则

$$F(j\omega) = \int_{-\frac{T_1}{2}}^{\frac{T_1}{2}} f(t) e^{-j\omega t} dt \tag{5-5-6}$$

傅里叶级数的系数计算公式为

$$F_n = \frac{1}{T_1} \int_{-\frac{T_1}{2}}^{\frac{T_1}{2}} f_{T_1}(t) e^{-jn\omega_0 t} dt \tag{5-5-7}$$

比较式(5-5-6)和式(5-5-7)可以得到

$$F_n = \frac{1}{T_1} F(j\omega) \Big|_{\omega = n\omega_0} \tag{5-5-8}$$

式(5-5-8)说明周期信号傅里叶级数的系数 F_n 等于其一个周期的傅里叶变换 $F(j\omega)$ 在 $n\omega_0$ 频率点的值乘以 $\dfrac{1}{T_1}$,我们可以利用这个关系求周期函数的傅里叶级数系数。

例 5-17 求如图 5-23(a) 所示周期矩形脉冲信号 $f_{T_1}(t)$ 的傅里叶级数。

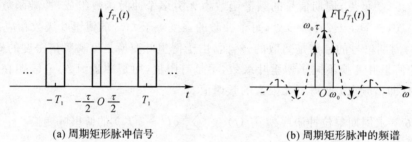

(a) 周期矩形脉冲信号　　　　　　(b) 周期矩形脉冲的频谱

图 5-23　例 5-17 图

解 截取 $f_{T_1}(t)$ 从 $-\dfrac{T_1}{2} \sim \dfrac{T_1}{2}$ 的一段,正是矩形脉冲信号

$$f(t) = \left[u\left(t + \frac{\tau}{2}\right) - u\left(t - \frac{\tau}{2}\right) \right]$$

对应的傅里叶变换为

$$F(j\omega) = \tau S_a\left(\frac{\omega\tau}{2}\right)$$

由式(5-5-8)得

$$F_n = \frac{1}{T_1} F(j\omega) \Big|_{\omega = n\omega_0} = \frac{\tau}{T_1} S_a\left(\frac{n\omega_0\tau}{2}\right)$$

最后,得 $f_{T_1}(t)$ 的傅里叶级数为

$$f_{T_1}(t) = \frac{\tau}{T_1} \sum_{n=-\infty}^{\infty} S_a\left(\frac{n\omega_0\tau}{2}\right) e^{jn\omega_0 t}$$

【本章知识要点】

1. 本章主要讲述信号的傅里叶分析。包括周期信号的傅里叶级数、非周期信号的傅里叶变换、傅里叶变换的性质、周期信号的傅里叶变换。

2. 求周期信号的傅里叶级数的方法有:(1)利用周期信号的傅里叶级数定义;(2)利用单脉冲与周期信号傅里叶级数系数的关系。此外,需要掌握谱线、频谱图、功率谱概念,掌握

帕塞瓦尔方程。

3.求非周期信号的傅里叶变换的方法有:(1)利用傅里叶变换的定义;(2)利用傅里叶变换的性质。灵活运用傅里叶变换的性质求傅里叶变换和傅里叶逆变换。

4.周期信号傅里叶变换的公式为

$$F(j\omega) = 2\pi \sum_{n=-\infty}^{\infty} F_n \delta(\omega - n\omega_0)$$

$$F_n = \frac{1}{T} F(j\omega) \bigg|_{\omega = n\omega_0} \qquad \omega_0 = \frac{2\pi}{T}$$

习　题

5-1　试将题图 5-1 所示周期信号展开成三角型和指数型傅里叶级数。

5-2　周期矩形信号如题 5-2 图所示。若重复频率 $f = 10\text{kHz}$,脉宽 $\tau = 10\mu\text{s}$,幅度 $E = 10\text{V}$,求直流分量大小以及基波、二次和三次谐波的有效值。

5-3　周期信号 $f(t) = 3\cos t + \sin\left(5t - \frac{\pi}{6}\right) - 2\cos\left(8t - \frac{\pi}{3}\right)$,试分别画出此信号的单边、双边幅度频谱和相位频谱图。

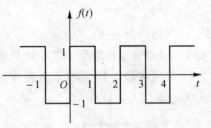

题 5-1 图

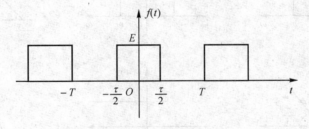

题 5-2 图

5-4　若周期矩形信号 $f_1(t)$ 和 $f_2(t)$ 波形如题 5-2 图所示,$f_1(t)$ 的参数为 $\tau = 0.5\mu\text{s}$,$T = 1\mu\text{s}$,$E = 1\text{V}$;$f_2(t)$ 的参数为 $\tau = 1\mu\text{s}$,$T = 2\mu\text{s}$,$E = 2\text{V}$,分别求:

(1)$f_1(t)$ 的谱线间隔和带宽(第一个零点位置),频率单位以 kHz 表示;

(2)$f_2(t)$ 的谱线间隔和带宽;

(3)$f_1(t)$ 与 $f_2(t)$ 的基波幅度之比;

(4)$f_1(t)$ 基波与 $f_2(t)$ 三次谐波幅度之比。

5-5　某电压波形如题 5-5 图所示,该电压是由等腰三角形所组成。试确定其傅里叶级数复系数,并画出其幅度频谱和相位频谱图。

5-6　周期信号 $f(t)$ 的双边频谱如题 5-6 图所

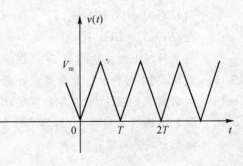

题 5-5 图

示，求 $f(t)$ 的三角函数表示式。

5-7　试求下列函数的傅里叶变换：

(1) $f_1(t) = e^{-5t}u(t)$；

(2) $f_2(t) = S_a(5t)$；

(3) $f_3(t) = e^{-2|t|}$。

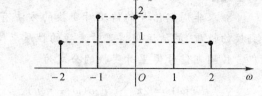

题 5-6 图

5-8　已知 $f(t) \xleftarrow{\text{FT}} F(j\omega)$，试利用傅里叶变换的性质，求下列函数的傅里叶变换：

(1) $f(1 - t)$；

(2) $(t - 6)f(t)$；

(3) $t\dfrac{\mathrm{d}f(t)}{\mathrm{d}t}$；

(4) $\dfrac{\mathrm{d}f(t)}{\mathrm{d}t} \cdot e^{-j\omega_0 t}$

(5) $f(2t + 5)$

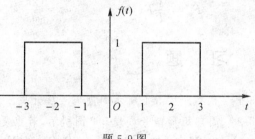

题 5-9 图

5-9　试求题 5-9 图所示信号的频谱函数。

5-10　试求题 5-10 图所示函数的傅里叶逆变换。

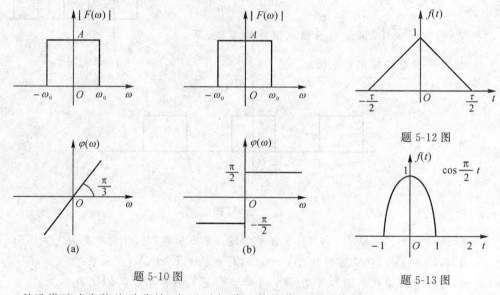

题 5-10 图

题 5-12 图

题 5-13 图

5-11　利用傅里叶变换的对称性，求下列频谱函数的傅里叶逆变换：

(1) $F(j\omega) = \delta(\omega - \omega_0)$；

(2) $F(j\omega) = u(\omega + \omega_0) - u(\omega - \omega_0)$。

5-12　用两种以上的方法求题 5-12 图所示信号的傅里叶变换。

5-13　求题 5-13 图所示信号的傅里叶变换。

5-14　试求题 5-14 图所示信号的傅里叶变换。

5-15　题 5-15 图所示信号 $f(t)$，傅里叶变换 $F(j\omega) = |F(j\omega)|e^{j\varphi(\omega)}$，利用傅里叶变换性质（不做积分运算），求：

(1) $\varphi(\omega)$；(2) $F(0)$；(3) $\displaystyle\int_{-\infty}^{\infty} F(j\omega)\mathrm{d}\omega$；(4) $\mathrm{Re}[F(j\omega)]$ 的逆变换图形。

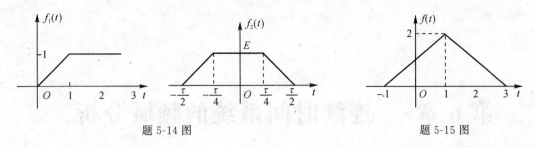

题 5-14 图　　　　　　　　　　　　题 5-15 图

5-16　已知周期信号的 $f(t)$ 的波形分别如题 5-16 图（a）和（b）所示，分别求对应的傅里叶变换 $F(j\omega)$。

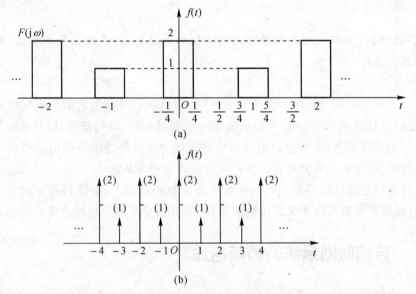

(a)

(b)

题 5-16 图

第6章　连续时间系统的频域分析

【内容提要】　本章主要介绍连续时间系统的频域描述，系统的频域响应，无失真传输条件和理想滤波器。

　　傅里叶变换是频域分析中非常重要的数学工具，在信号和系统的分析中起着非常重要的作用。通过信号的傅里叶变换，可以研究信号的频域特性。我们知道，信号在频域中可以等效为一个频谱密度函数。而线性时不变系统的频域分析就是寻求不同信号激励下响应随频率变化的规律。系统的频域分析方法又称作傅里叶变换分析法。

　　本章将在讨论线性时不变系统的频域系统函数的基础上，讲解利用频域求解零状态响应的方法；理解并掌握系统不失真传输的条件；另外还要掌握分析理想低通滤波器的方法。

6.1　连续时间系统的频域描述

　　对于一个线性时不变的系统，如果激励（输入）为 $f(t)$，响应（输出）为 $y(t)$，可以用一个 n 阶常系数线性微分方程来描述：

$$a_n y^{(n)}(t) + a_{n-1} y^{(n-1)}(t) + \cdots + a_1 y'(t) + a_0 y(t)$$
$$= b_m f^{(m)}(t) + b_{m-1} f^{(m-1)}(t) + \cdots + b_1 f'(t) + b_0 f(t) \tag{6-1-1}$$

取 $y(t)$ 的傅里叶变换为 $Y(j\omega)$，也可写作 $Y(\omega)$；$f(t)$ 的傅里叶变换为 $F(j\omega)$，也可写作 $F(\omega)$。根据傅里叶变换的时域微分性质，对 (6-1-1) 式两边取傅里叶变换，得

$$[a_n(j\omega)^n + a_{n-1}(j\omega)^{n-1} + \cdots + a_1(j\omega) + a_0] Y(j\omega)$$
$$= [b_m(j\omega)^m + b_{m-1}(j\omega)^{m-1} + \cdots + b_1(j\omega) + b_0] F(j\omega)$$

则系统零状态响应（输出）$y_{zs}(t)$ 的傅里叶变换

$$Y_{zs}(j\omega) = \frac{b_m(j\omega)^m + b_{m-1}(j\omega)^{m-1} + \cdots + b_1(j\omega) + b_0}{a_n(j\omega)^n + a_{n-1}(j\omega)^{n-1} + \cdots + a_1(j\omega) + a_0} F(j\omega) = H(j\omega) F(j\omega)$$

其中

$$H(j\omega) = \frac{b_m(j\omega)^m + b_{m-1}(j\omega)^{m-1} + \cdots + b_1(j\omega) + b_0}{a_n(j\omega)^n + a_{n-1}(j\omega)^{n-1} + \cdots + a_1(j\omega) + a_0} = \frac{Y(j\omega)}{F(j\omega)} \tag{6-1-2}$$

　　$H(j\omega)$ 定义为系统零状态下响应的频谱 $Y(j\omega)$ 与激励频谱 $F(j\omega)$ 之比，称为系统的频域形式的系统（传递）函数或系统的频率响应。

　　由 (6-1-2) 式可知，$H(j\omega)$ 由微分方程两端的系数决定，它只与系统本身的特性有关，与

激励无关,它是频域描述系统特性的重要参数。

系统函数 $H(j\omega)$ 通常为 ω 的复函数,可写作

$$H(j\omega) = |H(j\omega)|e^{j\varphi(\omega)}$$

其中,模 $|H(j\omega)|$ 和幅角 $\varphi(\omega)$ 都随 ω 的变化而变化,$|H(j\omega)|$ 是 ω 的偶函数;$\varphi(\omega)$ 是 ω 的奇函数。$|H(j\omega)|$ 随 ω 变化的特性,称为系统的幅频特性;$\varphi(\omega)$ 随 ω 变化的特性,称为系统的相频特性。总称为系统的频率响应特性,简称频响特性。

由系统的时域分析,我们知道系统的零状态响应 $y_{zs}(t) = h(t) * f(t)$,当激励信号 $f(t) = \delta(t)$ 时,零状态响应 $y_{zs}(t) = h(t)$,即为冲激响应。又因为 $F(j\omega) = FT[\delta(t)] = 1$,所以 $H(j\omega) = \dfrac{Y(j\omega)}{F(j\omega)} = Y(j\omega) = FT[h(t)]$。也就是说,系统函数 $H(j\omega)$ 和系统的冲激响应 $h(t)$ 是一对傅里叶变换对,它们分别从时域和频域两个方面表征了同一系统的特性。

由上一章对信号的傅里叶分析可知,激励信号可分解为无穷多个虚指数分量之和,即

$$f(t) = \frac{1}{2\pi}\int_{-\infty}^{+\infty}F(j\omega)e^{j\omega t}d\omega = \int_{-\infty}^{+\infty}\left\{\left[\frac{F(j\omega)d\omega}{2\pi}\right]\cdot e^{j\omega t}\right\}$$

其在频率 $d\omega$ 的范围内的分量为 $\left[\dfrac{F(j\omega)d\omega}{2\pi}\right]\cdot e^{j\omega t}$,对应的响应分量为 $\left[\dfrac{F(j\omega)d\omega}{2\pi}\right]\cdot H(j\omega)\cdot e^{j\omega t}$。把无穷多个响应分量叠加起来就是总响应,即

$$y_{zs}(t) = \int_{-\infty}^{+\infty}\frac{F(j\omega)d\omega}{2\pi}H(j\omega)e^{j\omega t} = \frac{1}{2\pi}\int_{-\infty}^{+\infty}F(j\omega)H(j\omega)e^{j\omega t}d\omega$$

$$= \frac{1}{2\pi}\int_{-\infty}^{+\infty}Y(j\omega)e^{j\omega t}d\omega$$

由此可以看出,系统的频域分析和时域分析,这两种系统分析方法存在很大相似之处。在时域我们将信号分解为无穷多个加权的冲激信号的叠加,系统的响应可以看作是个冲激信号分别作用于系统后产生的响应的叠加;在频域中,我们可以把激励信号看作是无穷多个虚指数信号的叠加,系统的响应可以看作是无穷多个虚指数信号分别激励下,系统响应的叠加。信号时域分析和频域分析都可以看作是信号分解求响应再叠加的过程。

由 $Y_{zs}(j\omega) = H(j\omega)F(j\omega)$ 可知,信号由输入到输出的变化在频域解释为:将激励信号的频谱与系统函数相乘,也就是对激励信号的频谱进行了改变,得到响应的频谱。

系统函数在频域描述系统的特性,是对系统进行频域分析的关键。系统函数的求解主要有以下几种方法:

(1)当已知描述线性时不变系统的微分方程时,对方程两边取其傅里叶变换,按照式 (6-1-2) 直接求取。

(2)如果知道系统的冲激响应,对其取傅里叶变换即可,$H(j\omega) = FT[h(t)]$。

(3)在已知具体电路的情况下,可以利用电路零状态响应的频域等效电路模型直接列代数方程求取。

例 6-1 已知描述 LTI 系统的微分方程为

$$y''(t) + 5y'(t) + 6y(t) = f(t)$$

求系统的系统函数。

解 在零状态下,对微分方程两边取傅里叶变换,得

$$(j\omega)^2Y(j\omega) + 5j\omega Y(j\omega) + 6Y(j\omega) = F(j\omega)$$

即

$$[(j\omega)^2 + 5j\omega + 6]Y(j\omega) = F(j\omega)$$

所以系统的系统函数

$$H(j\omega) = \frac{Y(j\omega)}{F(j\omega)} = \frac{1}{(j\omega)^2 + 5\omega + 6}$$

对于基本电路元件电阻、电容和电感构成的电路系统,必须要研究这三种元件上的电压与电流的频谱关系。

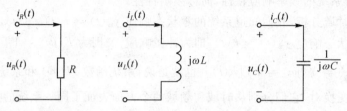

图 6-1　电阻、电感、电容及其传递函数

如图 6-1 所示,对于电阻 R、电感 L、电容 C,有

$$u_R(t) = Ri_R(t)$$

$$u_L(t) = L\frac{di_L(t)}{dt}$$

$$i_C(t) = C\frac{du_C(t)}{dt}$$

对上述三式两边在零状态下取傅里叶变换得

$$U_R(j\omega) = R \cdot I_R(j\omega)$$

$$U_L(j\omega) = j\omega L \cdot I_L(j\omega)$$

$$I_C(j\omega) = j\omega C \cdot U_C(j\omega)$$

以电流为输入,电压为输出,可以得到电阻、电感、电容的传递函数,即它们的复阻抗分别为

电阻:$\dfrac{U_R(j\omega)}{I_R(j\omega)} = R$

电感:$\dfrac{U_L(j\omega)}{I_L(j\omega)} = j\omega L$

电容:$\dfrac{U_C(j\omega)}{I_C(j\omega)} = \dfrac{1}{j\omega C}$

利用 RLC 电路的电压、电流的频谱及其复阻抗的代数运算关系代替其电压、电流本身与其元件值的微分运算关系,即可得出 RLC 电路系统的频域分析,求出其电路系统的系统(传递)函数。

例 6-2　试求图 6-2(a) 所示的 RC 电路系统的系统(传递)函数 $H(j\omega) = \dfrac{U_2(j\omega)}{U_1(j\omega)}$。

解　此系统的频域等效电路如图 6-2(b) 所示,其中 $U_1(j\omega)$ 和 $U_2(j\omega)$ 分别为输入电压和输出电压的频谱,$\dfrac{1}{j\omega C}$ 是电容 C 的复阻抗,则 RC 系统的系统(传递)函数为

$$H(j\omega) = \frac{U_2(j\omega)}{U_1(j\omega)} = \frac{1/j\omega C}{R + 1/j\omega C} = \frac{1}{1 + j\omega RC}$$

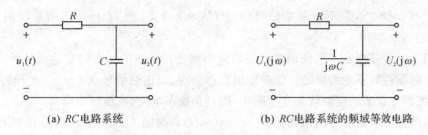

(a) RC电路系统　　　　　　　　　　(b) RC电路系统的频域等效电路

图 6-2　RC 电路系统及其频域等效电路

6.2　系统的频域响应

系统的时域分析是在时间域内进行,可以比较直观地得到系统响应的波形.其求解系统零状态响应的方法是利用卷积分析法,将信号分解为加权的冲激信号的叠加,是直接求响应的时域积分的方法,零状态响应 $y(t) = h(t) * f(t)$.系统的频域分析方法是在频率域内进行,利用了傅里叶变换分析法这一信号分析和处理的有效工具,先求频率域的响应 $Y(j\omega) = H(j\omega)F(j\omega)$,再利用傅里叶反变换求零状态响应的间接方法.这两种分析方法通过傅里叶变换的时域卷积定理联系起来.系统时域分析和频域分析的关系如图 6-3 所示.

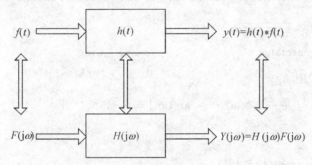

图 6-3　系统频域分析和时域分析的关系

6.2.1　基本信号 $e^{j\omega t}$ 激励下系统的零状态响应

由上节我们知道,任意激励信号 $f(t)$ 都可以分解为无穷多个虚指数信号的叠加 $\left(f(t) = \int_{-\infty}^{+\infty} \left[\dfrac{F(j\omega)d\omega}{2\pi} \right] e^{j\omega t} \right)$.下面我们研究在基本信号 $e^{j\omega t}$ 作用下系统的零状态响应.

假设角频率为 ω_0 的虚指数信号 $e^{j\omega_0 t}$ 作用于冲激响应为 $h(t)$ 的线性时不变系统,其零状态响应

$$
\begin{aligned}
y_{zs}(t) &= e^{j\omega_0 t} * h(t) = \int_{-\infty}^{+\infty} h(\tau) e^{j\omega_0(t-\tau)} d\tau \\
&= e^{j\omega_0 t} \cdot \int_{-\infty}^{+\infty} h(\tau) e^{-j\omega_0 \tau} d\tau = e^{j\omega_0 t} \cdot H(j\omega_0)
\end{aligned} \tag{6-2-1}
$$

其中　　　$H(j\omega_0) = \int_{-\infty}^{+\infty} h(\tau) e^{-j\omega_0 \tau} d\tau = H(j\omega)|_{\omega=\omega_0}$

式(6-2-1)表明,对于一个线性时不变系统,在频率为 ω_0 的基本信号 $e^{j\omega_0 t}$ 激励下的零状态响应是基本信号 $e^{j\omega_0 t}$ 乘以一个与时间 t 无关的常数系数 $H(j\omega_0)$,仍然是同频率的基本信号

$y_{zs}(t) = H(j\omega_0)e^{j\omega_0 t}$，只不过基本信号经过 $H(j\omega_0)$ 修正，而 $H(j\omega_0)$ 可由系统的系统函数 $H(j\omega)$ 得到。

利用基本信号激励下系统的零状态响应仍然是同频率的基本信号这一特性，我们可以方便地求解线性时不变系统的正弦激励的稳态响应。当正弦信号从 $t = -\infty$ 开始作用于系统时，系统的零状态响应也就是完全响应，而且是稳态响应（或强制响应）。

若某线性时不变系统的激励 $f(t) = \cos(\omega_0 t)$，即激励 $f(t) = \mathrm{Re}\{e^{j\omega_0 t}\}$，根据式(6-2-1)，其零状态响应 $y_{zs}(t) = \mathrm{Re}\{H(j\omega_0)e^{j\omega_0 t}\}$，这里 $H(j\omega_0) = |H(j\omega_0)|e^{j\varphi(\omega_0)}$，那么响应 $y_{zs}(t)$ 可写为

$$y_{zs}(t) = \mathrm{Re}\{|H(j\omega_0)|e^{j\varphi(\omega_0)}e^{j\omega_0 t}\}$$
$$= |H(j\omega_0)|\cos[\omega_0 t + \varphi(\omega_0)] \tag{6-2-2}$$

式(6-2-2)表明，在正弦信号激励下，系统的稳态响应（零状态响应）仍然是同频率的正弦信号，不过信号的幅度乘以 $|H(j\omega_0)|$ 进行了修正，信号的相位移动了 $\varphi(\omega_0)$。

例 6-3 已知系统的系统函数

$$H(j\omega) = \frac{1}{j\omega + 1}$$

试分别求在信号 $\sin t, \sin 2t, \sin 3t$ 作用下，系统的稳态响应。

解 根据系统的系统函数可知系统的幅频特性和相频特性分别为

$$|H(j\omega)| = \frac{1}{\sqrt{1 + \omega^2}}$$
$$\varphi(\omega) = -\arctan\omega$$

对于激励信号 $\sin t$，有

$$|H(j\omega)| = \frac{\sqrt{2}}{2}, \quad \varphi(\omega) = -\arctan 1 = -45°$$

则响应

$$y(t) = \frac{\sqrt{2}}{2}\sin(t - 45°)$$

对于激励信号 $\sin 2t$，有

$$|H(j\omega)| = \frac{\sqrt{5}}{5}, \quad \varphi(\omega) = -\arctan 2 = -63.4°$$

则响应为

$$y(t) = \frac{\sqrt{5}}{5}\sin(2t - 63.4°)$$

对于激励信号 $\sin 3t$，有

$$|H(j\omega)| = \frac{\sqrt{10}}{10}, \quad \varphi(\omega) = -\arctan 3 = -71.6°$$

则响应为

$$y(t) = \frac{\sqrt{10}}{10}\sin(3t - 71.6°)$$

6.2.2 一般信号作用下系统的零状态响应及完全响应

在时域中求线性时不变系统的零状态响应可以用激励信号与系统的冲激响应进行卷积

积分 $y_{zs}(t) = h(t) * f(t)$，而在频域求响应则是一个间接的过程，具体步骤如下：

(1) 求输入（激励）信号 $f(t)$ 的频谱（傅里叶变换）$F(j\omega)$；

(2) 求系统的系统函数 $H(j\omega)$；

(3) 系统零状态响应的频谱 $Y_{zs}(j\omega) = F(j\omega)H(j\omega)$；

(4) 求 $Y_{zs}(j\omega)$ 的傅里叶逆变换，即可求得时域的零状态响应

$$y_{zs}(t) = \mathrm{FT}^{-1}[F(j\omega)H(j\omega)]$$

若要求系统的完全响应，还要加上系统的零输入响应（利用时域经典法在激励 $f(t) = 0$ 时，由系统的起始状态确定系统微分方程的齐次解即为零输入响应）。

例 6-4　已知系统函数 $H(j\omega) = \dfrac{-\omega^2 + j4\omega + 5}{-\omega^2 + j3\omega + 2}$，激励 $f(t) = e^{-3t}u(t)$，求零状态响应 $y_{zs}(t)$。

解　激励信号的频谱为

$$F(j\omega) = \mathrm{FT}[f(t)] = \frac{1}{j\omega + 3}$$

系统函数为

$$H(j\omega) = 1 + \frac{j\omega + 3}{-\omega^2 + j3\omega + 2} = 1 + \frac{j\omega + 3}{(j\omega + 1)(j\omega + 2)}$$

零状态响应的频谱为

$$Y_{zs}(j\omega) = F(j\omega) \cdot H(j\omega)$$

$$= \frac{1}{j\omega + 3} + \frac{1}{(j\omega + 1)(j\omega + 2)} = \frac{1}{j\omega + 3} + \frac{1}{j\omega + 1} - \frac{1}{j\omega + 2}$$

则 $Y_{zs}(j\omega)$ 的傅里叶逆变换即为系统的零状态响应：

$$y_{zs}(t) = \mathrm{FT}^{-1}[Y_{zs}(j\omega)] = (e^{-3t} + e^{-t} - e^{-2t})u(t)$$

例 6-5　已知一个因果 LTI 系统的输出 $y(t)$ 和输入 $f(t)$ 可由下面微分方程来描述：

$$\frac{d^2 y(t)}{dt^2} + 5\frac{dy(t)}{dt} + 6y(t) = \frac{df(t)}{dt}$$

(1) 确定系统的冲激响应 $h(t)$；

(2) 如果激励 $f(t) = e^{-t}u(t)$，起始状态为 $y(0_-) = 2$，$y'(0_-) = 1$，求其完全响应 $y(t)$。

解　(1) 微分方程两边在零状态下取傅里叶变换，得

$$(j\omega)^2 Y(j\omega) + j5\omega Y(j\omega) + 6Y(j\omega) = j\omega F(j\omega)$$

则系统函数

$$H(j\omega) = \frac{j\omega}{(j\omega)^2 + j5\omega + 6} = \frac{3}{j\omega + 3} - \frac{2}{j\omega + 2}$$

求 $H(j\omega)$ 的傅里叶反变换，就可以求得系统的冲激响应为

$$h(t) = (3e^{-3t} - 2e^{-2t})u(t)$$

(2) 由于 $f(t) = e^{-t}u(t)$，可得 $F(j\omega) = \dfrac{1}{j\omega + 1}$，由此可得

$$Y_{zs}(j\omega) = H(j\omega) \cdot F(j\omega) = \frac{j\omega}{(j\omega + 2)(j\omega + 3)(j\omega + 1)}$$

利用部分分式展开，可求得 $Y_{zs}(j\omega)$ 的展开式为

$$Y_{zs}(j\omega) = -\frac{1}{2}\frac{1}{j\omega + 1} + \frac{2}{j\omega + 2} - \frac{3}{2}\frac{1}{j\omega + 3}$$

求 $Y_{zs}(j\omega)$ 的傅里叶反变换,得到系统的零状态响应为

$$y_{zs}(t) = \left(-\frac{1}{2}e^{-t} + 2e^{-2t} - \frac{3}{2}e^{-3t}\right)u(t)$$

利用系统的时域分析方法求取该系统的零输入响应。

因为该系统的齐次微分方程为

$$\frac{d^2 y(t)}{dt^2} + 5\frac{dy(t)}{dt} + 6y(t) = 0$$

其特征根为

$$\lambda_1 = -2, \lambda_2 = -3$$

故零输入响应的通解为

$$y_{zi}(t) = C_1 e^{-2t} + C_2 e^{-3t}$$

将 $y(0_-) = 2, y'(0_-) = 1$ 代入,可解得 $C_1 = 7, C_2 = -5$,
则零输入响应为

$$y_{zi}(t) = (7e^{-2t} - 5e^{-3t})u(t)$$

故系统得完全响应为

$$y(t) = y_{zi}(t) + y_{zs}(t) = \left(-\frac{1}{2}e^{-t} + 9e^{-2t} - \frac{13}{2}e^{-3t}\right)u(t)$$

6.3　无失真传输的条件

在设计实际的系统时,常要求系统能够无失真地传输信号,比如通信系统中信号的放大或衰减;高保真(Hi-Fi)音响系统要求无失真地重现人的原音或磁带、光碟里录制的声音等等。但是,通常情况下,信号通过系统后响应的波形会与激励信号的波形有所不同,也就是信号在传输过程中会出现失真。什么是失真呢?如何才能在信号的传输过程中,避免或减少失真呢?这就是我们这一节要探讨的内容。

6.3.1　失真的概念

所谓失真即信号通过系统传输时其输出波形发生畸变,失去了原信号波形的样子;反之,若信号通过系统只引起时间上的延迟以及幅度上的增减,而形状不变,就称作不失真。如图 6-4 所示。

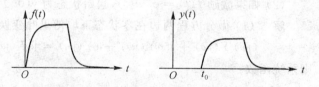

图 6-4　无失真系统的输入和输出信号

通常失真分为两大类:非线性失真和线性失真。

信号通过非线性系统所产生的失真,称非线性失真,非线性失真的特点是响应中会产生激励信号中所没有的频率分量;信号通过线性系统所产生的失真称线性失真,其特点是不会产生激励信号所包含的频率分量以外的频率成分。本节我们只研究线性失真。

线性失真又分为两种,一是系统对信号中各频率分量的幅度产生不同程度的衰减,使响应中各频率分量的相对幅度产生变化,从而引起幅度失真;再就是系统对各频率分量产生的相移不与对应的频率成正比,使响应的各频率分量在时间轴上的相对位置发生变化,从而引

起相位失真。

在实际应用中,有时则需要利用系统的失真产生所需要的波形。如果系统的系统函数 $H(j\omega)$ 刚好是某特定波形的频谱,当激励为冲激信号时,得到的响应就是该特定的波形。但大部分情况下则是希望信号在传输的过程中失真最小或者不失真,也就是我们要研究的系统无失真传输的条件。

6.3.2　无失真传输的条件

所谓无失真传输就是指响应信号与激励信号相比,只是幅度不同及出现的时间不同,而波形的形状是相同的。若设激励信号为 $f(t)$,经过某线性时不变系统后响应信号为 $y(t)$,则系统无失真传输应满足

$$y(t) = Kf(t - t_0) \tag{6-3-1}$$

其中,K 是常数,t_0 为系统延迟时间。

系统满足式(6-3-1)条件时,响应 $y(t)$ 相对激励 $f(t)$ 只是在时间上延迟 t_0、幅度变为原来的 K 倍,但波形的形状不变,即为无失真传输的系统,见图 6-4。

设激励 $f(t)$ 和响应 $y(t)$ 的频谱分别为 $F(j\omega)$ 和 $Y(j\omega)$,根据傅里叶变换的时域平移定理,由式(6-3-1)可知

$$Y(j\omega) = KF(j\omega)e^{-j\omega t_0}$$

又因为

$$Y(j\omega) = F(j\omega)H(j\omega)$$

所以无失真传输系统的系统函数 $H(j\omega)$ 应该满足如下条件:

$$H(j\omega) = Ke^{-j\omega t_0} \tag{6-3-3}$$

这里 $H(j\omega)$ 一般为 ω 的复函数,所以有

$$\begin{cases} |H(j\omega)| = K \\ \varphi(\omega) = -\omega t_0 \end{cases} \tag{6-3-4}$$

式(6-3-4)即为系统实现无失真传输的条件,其表明,为做到无失真传输,系统函数应具备的下面两个条件:

(1)要求系统的幅频特性在整个频率范围 $(-\infty, +\infty)$ 内为常数,即系统应具有无限宽且响应均匀的通频带;

(2)要求系统的相频特性是过原点的一条直线,即 $\varphi(\omega)$ 在整个频率范围内与 ω 成正比。

无失真传输系统的幅频特性和相频特性见图 6-5。

由图 6-5 或式(6-3-4)表述的对无失真传输系统的要求可从物理概念上作直观的解释:幅频特性条件要求 $|H(j\omega)|$ 为常数 K,说明响应中各频率分量产生相同倍数的放大(衰减),才没有幅度失真;相频特性条件是响应中各频率分量与激励信号各对应频率分量滞后同样的时间,从而保证没有相位失真。

设某线性时不变系统的输入信号(激励)为 $f(t) = A_1\sin\omega t + A_2\sin 2\omega t$,它包含基波和二次谐波两个频率分量,若响应

$$y(t) = KA_1\sin(\omega t - \varphi_1) + KA_2\sin(2\omega t - \varphi_2)$$

$$= KA_1\sin\omega\left(t - \frac{\varphi_1}{\omega}\right) + KA_2\sin 2\omega\left(t - \frac{\varphi_2}{2\omega}\right)$$

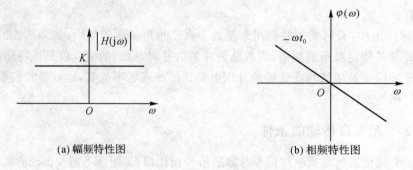

(a) 幅频特性图　　　　　　　　(b) 相频特性图

图 6-5　无失真系统的幅频特性和相频特性

为使基波与二次谐波有相同的延迟时间,以保证不产生相位失真,必须满足

$$\frac{\varphi_1}{\omega} = \frac{\varphi_2}{2\omega} = t_0 = 常数$$

因此,各次谐波的相移之比应满足

$$\frac{\varphi_1}{\varphi_2} = \frac{\omega}{2\omega}$$

也就是说,为使系统传输信号不产生相位失真,信号各次谐波的相移应当与其频率成正比,或者说其相频特性应该是一条经过原点的直线,即 $\varphi(\omega) = -\omega t_0$,这与式(6-3-4)或图 6-5 的要求是一致的。

信号通过系统的延迟时间 t_0 即为相频特性的斜率,即

$$\frac{\mathrm{d}\varphi(\omega)}{\mathrm{d}\omega} = -t_0$$

图 6-6(b) 所示为无失真传输的响应的波形;图 6-6(c) 所示则是产生相位失真的响应的波形。

另外,无失真传输系统要求系统的系统函数满足式(6-3-3),又因为系统的冲激响应与系统函数是一对傅里叶变换对,对式(6-3-3)做傅里叶反变换就可得到无失真传输系统的冲激响应为

$$h(t) = k\delta(t - t_0) \tag{6-3-5}$$

例 6-6　如图 6-7 所示的 RC 网络,u_1 是输入电压,u_2 是输出电压,在 $R_1C_1 = R_2C_2$ 的条件下,求系统的频率响应特性 $H(\mathrm{j}\omega) = \dfrac{U_2(\mathrm{j}\omega)}{U_1(\mathrm{j}\omega)}$,并判断系统是否为无失真传输系统。

解　系统函数

$$H(\mathrm{j}\omega) = \frac{U_2(\mathrm{j}\omega)}{U_1(\mathrm{j}\omega)} = \frac{R_2 /\!/ \dfrac{1}{\mathrm{j}\omega C_2}}{R_1 /\!/ \dfrac{1}{\mathrm{j}\omega C_1} + R_2 /\!/ \dfrac{1}{\mathrm{j}\omega C_2}} = \frac{R_2}{R_1 + R_2}$$

式中:$R_1 /\!/ \dfrac{1}{\mathrm{j}\omega C_1}$ 表示 R_1 和 C_1 的并联阻抗;$R_2 /\!/ \dfrac{1}{\mathrm{j}\omega C_2}$ 表示 R_2 和 C_2 的并联阻抗,即

$$R_1 /\!/ \frac{1}{\mathrm{j}\omega C_1} = \frac{R_1 \cdot \dfrac{1}{\mathrm{j}\omega C_1}}{R_1 + \dfrac{1}{\mathrm{j}\omega C_1}}$$

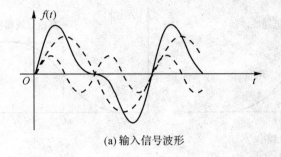

(a) 输入信号波形

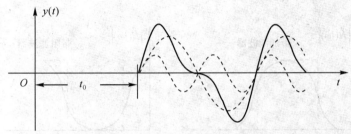

(b) 无失真传输的输出波形

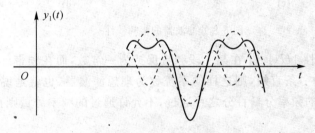

(c) 相位失真的输出波形

图 6-6　相位失真和无失真传输输出波形比较

$$R_2 \,/\!/\, \frac{1}{\mathrm{j}\omega C_2} = \frac{R_2 \cdot \dfrac{1}{\mathrm{j}\omega C_2}}{R_2 + \dfrac{1}{\mathrm{j}\omega C_2}}$$

由于 $H(\mathrm{j}\omega) = \dfrac{R_2}{R_1 + R_2} = $ 常数，$\varphi(\omega) = 0$，满足无失真传输的条件，故该 RC 网络是无失真传输系统。

图 6-7　RC 网络

6.4　理想滤波器

　　根据系统的频域分析方法，我们知道，激励信号经过线性时不变系统到响应信号的波形的变化，可以理解为系统函数对激励信号频谱作用的结果。若系统只能让一部分频率分量的信号通过，而其他频率分量的信号受到抑制，这样的系统就构成了一个滤波器。

　　在实际应用中，按照允许通过的频率分量划分，滤波器可分为低通、高通、带通、带阻等几种，它们的幅频特性分别如图 6-8 所示。其中(a) 低通、(b) 高通、(c) 带通、(d) 带阻，ω_c 为低通、高通滤波器的截止角频率；ω_{c1}，ω_{c2} 为带通和带阻滤波器的截止角频率。

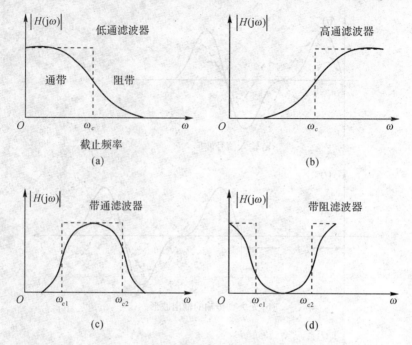

图 6-8　滤波器的幅频特性

　　若系统的幅频特性 $|H(j\omega)|$ 在某一段频带保持为一常数,而在频带外为零;相频特性 $\varphi(\omega)$ 始终为过原点的一条直线,则这样的系统称为理想滤波器。也就是说,对于理想滤波器,可以让允许通过的频率分量百分之百通过,不允许通过的频率分量则百分之百地抑制掉。

6.4.1　理想低通滤波器及其冲激响应

　　对于理想低通滤波器,它将低于某一角频率 ω_c 的信号无失真的传输,而阻止角频率高于 ω_c 的信号通过。其频率响应特性见图 6-9。根据这一特性,我们可以写出理想低通滤波器的频响特性(系统函数)$H(j\omega)$ 为

$$H(j\omega) = |H(j\omega)|e^{j\varphi(\omega)} \tag{6-4-1}$$

其中

$$H(j\omega) = \begin{cases} 1 & -\omega_c < \omega < \omega_c \\ 0 & 其他 \end{cases}$$

$$\varphi(\omega) = -t_0\omega$$

图 6-9　理想低通滤波器频响特性

通过系统函数可以看出,信号的频率在理想低通滤波器通频带范围内的,可以无失真地传输。

对理想低通滤波器的系统函数 $H(\mathrm{j}\omega)$ 进行傅里叶反变换,不难求得理想低通滤波器的冲激响应 $h(t)$。

$$h(t) = \mathrm{FT}^{-1}[H(\mathrm{j}\omega)] = \frac{1}{2\pi}\int_{-\infty}^{+\infty} H(\mathrm{j}\omega)\mathrm{e}^{\mathrm{j}\omega t}\mathrm{d}\omega = \frac{1}{2\pi}\int_{-\omega_c}^{+\omega_c}\mathrm{e}^{-\mathrm{j}\omega t_0}\mathrm{e}^{\mathrm{j}\omega t}\mathrm{d}\omega$$

$$= \frac{1}{2\pi}\frac{\mathrm{e}^{\mathrm{j}\omega(t-t_0)}}{\mathrm{j}(t-t_0)}\bigg|_{-\omega_c}^{+\omega_c} = \frac{\omega_c}{\pi}\frac{\sin[\omega_c(t-t_0)]}{\omega_c(t-t_0)} = \frac{\omega_c}{\pi}S_a[\omega_c(t-t_0)]$$

其波形如图 6-10 所示。

根据图 6-10,比较输入和输出,可以发现系统出现了严重的失真。这是因为激励信号 $\delta(t)$ 的频带无限宽,而理想低通的通频带有限,ω_c 以上的频率成分都衰减为零。当 $\omega_c \to \infty$ 系统就成为全通系统,冲激响应 $h(t) = \delta(t)$,为无失真传输。

理想低通滤波器的冲激响应的峰值比输入 $\delta(t)$ 延迟了 t_0,而且冲激信号 $\delta(t)$ 在 $t = 0$ 时刻加入系统,而其响应在 $t < 0$ 的时刻却已出现,说明响应在激励加入之前已经存在。对实际的物理系统,在未接入激励之前是不可能有响应的。这就是说,理想低通滤波器在实际的电路中是不可能实现的。

对于理想滤波器的研究并不会因其无法实现而失去价值,物理可实现的实

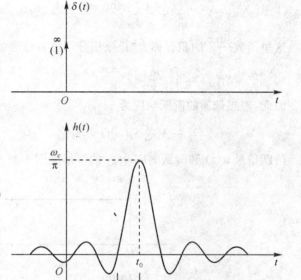

图 6-10　理想低通滤波器的冲激响应

际的滤波器的设计与分析都是以理想滤波器作为理论指导的。

6.4.2　理想低通滤波器的阶跃响应

对于理想低通滤波器,当激励信号为阶跃信号 $u(t)$ 时,激励信号的频谱为

$$F(\mathrm{j}\omega) = \mathrm{FT}[u(t)] = \pi\delta(\omega) + \frac{1}{\mathrm{j}\omega}$$

而理想低通滤波器的系统函数为

$$H(\mathrm{j}\omega) = \begin{cases} \mathrm{e}^{-\mathrm{j}\omega t_0} & -\omega_c < \omega < \omega_c \\ 0 & \text{其他} \end{cases}$$

所以阶跃响应的频谱

$$Y(\mathrm{j}\omega) = H(\mathrm{j}\omega)F(\mathrm{j}\omega) = \left[\pi\delta(\omega) + \frac{1}{\mathrm{j}\omega}\right]\mathrm{e}^{-\mathrm{j}\omega t_0} \qquad -\omega_c < \omega < \omega_c$$

取其傅里叶反变换,就可得到理想低通的阶跃响应为

$$y(t) = \mathrm{FT}^{-1}[Y(\mathrm{j}\omega)]$$

$$= \frac{1}{2\pi} \int_{-\omega_c}^{\omega_c} \left[\pi\delta(\omega) + \frac{1}{j\omega} \right] e^{-j\omega t_0} e^{j\omega t} d\omega$$

$$= \frac{1}{2} + \frac{1}{2\pi} \int_{-\omega_c}^{\omega_c} \frac{e^{j\omega(t-t_0)}}{j\omega} d\omega$$

$$= \frac{1}{2} + \frac{1}{2\pi} \int_{-\omega_c}^{\omega_c} \frac{\cos[\omega(t-t_0)]}{j\omega} d\omega + \frac{1}{2\pi} \int_{-\omega_c}^{\omega_c} \frac{\sin[\omega(t-t_0)]}{\omega} d\omega$$

上式中,被积函数$\frac{\cos[\omega(t-t_0)]}{j\omega}$是$\omega$的奇函数,所以在对称区间内的积分为零;被积函数$\frac{\sin[\omega(t-t_0)]}{\omega}$为$\omega$的偶函数,所以

$$y(t) = \frac{1}{2} + \frac{1}{\pi} \int_0^{\omega_c} \frac{\sin[\omega(t-t_0)]}{\omega} d\omega \xrightarrow{\ \diamondsuit\ x=\omega(t-t_0)\ } \frac{1}{2} + \frac{1}{\pi} \int_0^{\omega_c(t-t_0)} \frac{\sin x}{x} dx$$

这里函数$\frac{\sin x}{x}$的积分称为"正弦积分",已有标准的表格或曲线,以符号$S_i(y)$表示

$$S_i(y) = \int_0^y \frac{\sin x}{x} dx$$

因此,理想低通的阶跃响应为

$$y(t) = \frac{1}{2} + \frac{1}{\pi} S_i[\omega_c(t-t_0)]$$

阶跃信号$u(t)$和阶跃响应$y(t)$的波形见图 6-11 所示。

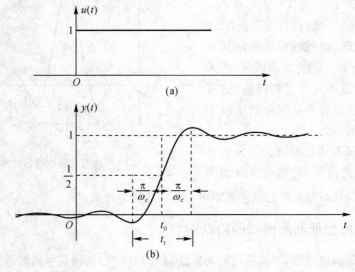

图 6-11　理想低通滤波器的阶跃响应

由图 6-11 可见,理想低通滤波器的阶跃响应的延迟时间为t_0。阶跃响应最小值出现在$t_0 - \frac{\pi}{\omega_c}$时刻;最大值出现在$t_0 + \frac{\pi}{\omega_c}$时刻,阶跃响应从最小值上升到最大值所需时间称为上升时间$t_r = \frac{2\pi}{\omega_c}$。可见理想低通滤波器的截止角频率$\omega_c$越低,系统响应$y(t)$上升越缓慢。令$B = \frac{\omega_c}{2\pi} = \frac{1}{t_r}$,表示将角频率折合为频率的滤波器带宽(截止频率),可以得到一个重要的结论:理想低通的阶跃响应的上升时间与系统的截止频率(带宽)成反比,即$Bt_r = 1$。

这个结论虽然是通过对理想低通滤波器的分析得到的,但对实际的滤波器同样具有指

导意义。比如 RC 积分电路，RLC 串联电路等组成的实际可实现的低通滤波器，其阶跃响应的上升时间与带宽成反比的现象和理想低通滤波器的分析是一致的。

【本章知识要点】

1.线性时不变系统的频响特性（系统函数）的概念和计算方法。

2.线性时不变系统的频域求响应的方法，包括基本激励下的零状态响应和一般激励下的零状态响应，以及正弦激励下的系统的稳态响应。

3.失真的概念；系统无失真传输的频域条件及其冲激响应。

4.理想低通滤波器的频响特性及其冲激响应和阶跃响应。

习　题

6-1　试求题 6-1 图所示电路系统的系统函数 $H(\mathrm{j}\omega) = \dfrac{U_2(\mathrm{j}\omega)}{U_1(\mathrm{j}\omega)}$。

6-2　已知描述线性时不变系统的微分方程为 $y''(t) + 3y'(t) + 2y(t) = f(t)$，激励信号 $f(t) = -2\mathrm{e}^{-3t}u(t)$，试求其系统函数和零状态响应。

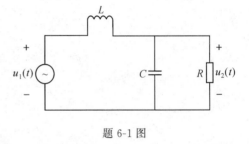

题 6-1 图

6-3　已知系统函数 $H(\mathrm{j}\omega) = \dfrac{1}{\mathrm{j}\omega + 2}$，激励信号 $f(t) = \mathrm{e}^{-3t}u(t)$，试用傅里叶分析法求零状态响应 $y_{zs}(t)$。

6-4　已知描述线性时不变系统的微分方程为 $y''(t) + 6y'(t) + 8y(t) = 2f(t)$，试求：

(1) 此系统的系统函数 $H(\mathrm{j}\omega)$ 和冲激响应 $h(t)$；

(2) 已知激励 $f(t) = \mathrm{e}^{-t}u(t)$，起始状态 $y(0_-) = 2$，$y'(0_-) = 1$，求系统的零状态响应和完全响应。

6-5　若系统函数 $H(\mathrm{j}\omega) = \dfrac{2}{\mathrm{j}\omega + 3}$，激励为周期信号 $f(t) = \sin t + \sin(3t)$，试求响应 $y(t)$，讨论经传输是否引起失真？

6-6　求题 6-6 图所示系统的频率特性 $H(\mathrm{j}\omega)$，其中 $i_1(t)$ 为激励，$u_2(t)$ 为响应；为了使系统能无失真地传输信号，图中的 R_1，R_2 应如何选择？

6-7　某线性时不变系统的频率响应特性 $H(\mathrm{j}\omega) = \begin{cases} 1 & |\omega| < 6 \\ 0 & |\omega| > 6 \end{cases}$，若输入 $f(t) = \dfrac{\sin 2t}{t}\cos 6t$，求该系统的输出 $y(t)$。

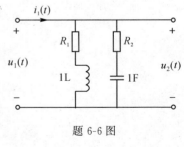

题 6-6 图

6-8　已知如题 6-8 图所示的理想低通滤波器系统，激励信号 $f(t) = \displaystyle\sum_{n=-\infty}^{+\infty} \delta(t - nT)$，其中 $T = 10^{-3}\mathrm{s}$，系统函数为 $H(\mathrm{j}\omega) = 2[u(\omega + \omega_m) - u(\omega - \omega_m)]\mathrm{e}^{-\mathrm{j}\omega t_0}$，$\omega_m = 10^4\mathrm{rad/s}$，求响应 $y(t)$。

6-9　已知连续时间 LTI 系统的冲激响应 $h(t) = S_a(4\pi t)$，求在输入信号为 $f(t) = \sin 6\pi t +$

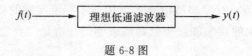

题 6-8 图

cos2πt 作用下,系统的零状态响应 $y_{zs}(t)$。

第 7 章　　连续时间信号的离散化和抽样定理

【内容摘要】本章主要介绍抽样的目的及所遇到的问题；时域抽样和抽样定理以及频域抽样及抽样定理。

前面讨论的连续时间信号也称为模拟信号。模拟信号无论是在信号的传输上，还是在信号的处理上都是采用模拟电子技术的方法和手段来实现的。由于受到诸多因素的限制，一般模拟信号的加工和处理的质量都不高。随着电子计算机技术和数字信号处理技术的迅速发展，数字信号在信号的传输、存储和信号处理方面越来越显示出强大的生命力，在电子技术、通信工程、自动控制以及在机械工程等诸多方面越来越得到广泛的应用。

虽然在实际工作中还有相当多的模拟信号，但对这些模拟信号的测量、运算和保存也多采用数字的方法和手段，通过计算机技术对模拟信号进行分析和处理。这就需要将模拟信号转换成数字信号来实现。

要得到数字信号，首先需要对表示信息的模拟信号进行离散化处理，将模拟信号进行离散化处理的方法就是通过对模拟信号的抽样来得到一系列离散时间的样值信号，然后对此离散时间的样值信号进行量化和编码，就可以得到数字信号。工作原理如图 7-1 所示。

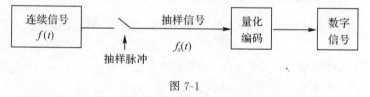

图 7-1

由此可见，上述过程的关键环节就是抽样。现在的问题是，从模拟信号 $f(t)$ 中经抽样得到的离散时间样值信号 $f_s(t)$ 是否包含了 $f(t)$ 的全部信息，即从离散时间的样值信号 $f_s(t)$ 能否恢复原来的模拟信号 $f(t)$。抽样定理正是说明这样一个重要问题的定理。

7.1　时域抽样及抽样定理

信号 $f(t)$ 时域抽样的工作原理可用图 7-2 来表述。信号 $f(t)$ 经抽样器抽样后得到 $f_s(t)$，P_{T_s} 为抽样脉冲。由图 7-2 可见，样值信号 $f_s(t)$ 是一个脉冲序列，其脉冲幅度为此时刻 $f(t)$ 的值，这样每隔 T_s 抽样一次的方式称为均匀抽样，T_s 为抽样周期，$f_s = \dfrac{1}{T_s}$ 称为抽样频率，$\omega_s = 2\pi f_s$ 称为抽样角频率。

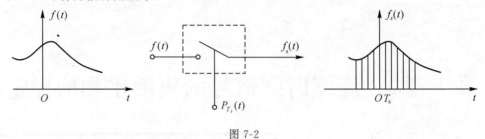

图 7-2

上述抽样过程可以看成由原信号 $f(t)$ 和一个抽样脉冲 $P_{T_s}(t)$ 的乘积来描述，即

$$f_s(t) = f(t) \cdot P_{T_s}(t) \tag{7-1-1}$$

由于样值信号 $f_s(t)$ 在抽样期间脉冲顶部随 $f(t)$ 变化，故这种采样称为"自然抽样"。若抽样间隔是均匀的，则称为时域均匀抽样。

式(7-1-1)中的抽样脉冲序列 $P_{T_s}(t)$ 可以为周期冲激序列，也可以为矩形脉冲序列。下面首先以周期冲激序列抽样为例进行分析，即

$$P_{T_s}(t) = \delta_{T_s}(t) = \sum_{n=-\infty}^{\infty} \delta(t - nT_s) \tag{7-1-2}$$

此时，抽样得到的样值函数也为一冲激序列，其各个冲激序列的冲激幅度为该时刻的 $f(t)$ 的瞬时值，这种抽样称为理想抽样。

下面以理想抽样为例引出抽样定理。

设信号 $f(t)$ 为带限信号，其最高频率分量为 f_m，最高角频率为 $\omega_m = 2\pi f_m$，即当 $|\omega| > \omega_m$ 时，$F(j\omega) = 0$，根据抽样原理，样值信号 $f_s(t)$ 为

$$f_s(t) = f(t) \cdot P_{T_s}(t) = f(t) \cdot \delta_{T_s}(t) = f(t) \cdot \sum_{n=-\infty}^{\infty} \delta(t - nT_s)$$

$$= \sum_{n=-\infty}^{\infty} f(nT_s)\delta(t - nT_s) \tag{7-1-3}$$

由上式可以看出，$f_s(t)$ 是一个冲激脉冲序列，各冲激脉冲的冲激强度为该时刻 $f(t)$ 的值。

现在需要证明，样值信号 $f_s(t)$ 包含了 $f(t)$ 的全部信息。

为了求得 $f_s(t)$ 中所包含的信息，对 $f_s(t)$ 求傅里叶变换。

由例 5-16 的结果已经得到，周期冲激序列 $\delta_{T_s}(t)$ 的频谱函数为

$$\mathrm{FT}[\delta_{T_s}(t)] = \omega_s \sum_{n=-\infty}^{\infty} \delta(\omega - n\omega_s) \tag{7-1-4}$$

由于 $\qquad f_s(t) = f(t) \cdot P_{T_s}(t) = f(t) \cdot \delta_{T_s}(t)$

根据傅里叶变换频域卷积性质，有

$$F_s(j\omega) = \mathrm{FT}[f_s(t)] = \frac{1}{2\pi}\Big[F(j\omega) * \omega_s \sum_{n=-\infty}^{\infty} \delta(\omega - n\omega_s)\Big]$$

$$= \frac{\omega_s}{2\pi} \sum_{n=-\infty}^{\infty} [F(j\omega) * \delta(\omega - n\omega_s)]$$

$$= \frac{\omega_s}{2\pi} \sum_{n=-\infty}^{\infty} F[j(\omega - n\omega_s)]$$

$$= \frac{1}{T_s} \sum_{n=-\infty}^{\infty} F[j(\omega - n\omega_s)] \qquad (7\text{-}1\text{-}5)$$

式中，$\omega_s = \dfrac{2\pi}{T_s}$。

　　由上式可以看出，若对 $f(t)$ 进行抽样，抽样后的样值信号 $f_s(t)$ 的频谱函数 $F_s(j\omega)$ 是 $F(j\omega)$ 以 ω_s 为周期的重复。波形图如图 7-3 所示。

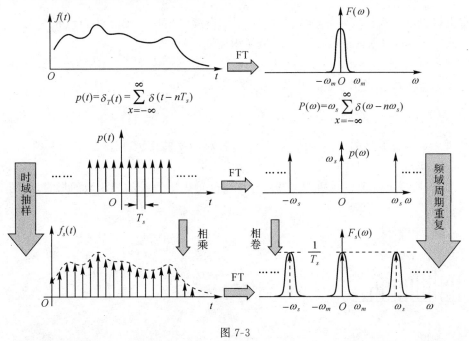

图 7-3

　　由图可见，若对 $f(t)$ 进行抽样，抽样后的样值信号 $f_s(t)$ 的频谱 $F_s(j\omega)$ 包含 $f(t)$ 的全部信息，若需要 $F_s(j\omega)$ 波形不重叠，显然，要求 $\omega_s \geqslant 2\omega_m$。由此，引出信号的时域抽样定理。

　　抽样定理：一个频率受限的信号 $f(t)$，如果频谱只占据 $-\omega_m \sim +\omega_m$ 的范围，则信号 $f(t)$ 可以用等间隔的抽样值惟一地表示。而抽样间隔必须满足 $T_s \leqslant \dfrac{1}{2f_m}$（或 $\omega_s \geqslant 2\omega_m$）。

　　对于抽样定理，可以从物理概念上作如下解释：由于一个频带受限的信号波形绝不可能在很短的时间内产生独立的、实质的变化，它的最高变化速度受最高频率分量 ω_m 的限制。因此，为了保留这一频率分量的全部信息，在一个周期的间隔内至少抽样两次，即必须满足 $\omega_s \geqslant 2\omega_m$ 或 $f_s \geqslant 2f_m$。

　　通常把最低允许的抽样频率 $f_s = 2f_m$ 称为奈奎斯特(Nyquist)频率，把最大允许的抽样间隔 $T_s \leqslant \dfrac{\pi}{\omega_m} = \dfrac{1}{2f_m}$ 称为奈奎斯特间隔。

7.2　$f(t)$ 信号的恢复

　　前面已经讲到，对 $f(t)$ 信号进行均匀抽样，只要满足抽样定理而得到的样值函数 $f_s(t)$ 中就包含了 $f(t)$ 的全部信息，那么就可以从 $f_s(t)$ 中恢复 $f(t)$。下面讨论 $f(t)$ 的恢复。

　　从图 7-3 中所示的样值函数 $f_s(t)$ 及其频谱 $F_s(j\omega)$ 中可知，样值函数 $f_s(t)$ 的频谱 $F_s(j\omega)$

经过一个截止频率为 ω_m 的理想低通滤波器，就可以从 $F_s(j\omega)$ 中取出 $F(j\omega)$，从时域上来说，这就恢复了连续时间信号 $f(t)$，即

$$F(j\omega) = F_s(j\omega) \cdot H(j\omega) \tag{7-2-1}$$

式中：$H(j\omega)$ 为理想低通滤波器的频率特性。$H(j\omega)$ 的频率特性为

$$H(j\omega) = \begin{cases} T & |\omega| \leqslant \omega_m \\ 0 & |\omega| > \omega_m \end{cases} \tag{7-2-2}$$

以上讨论的是用频域的方法恢复 $f(t)$。下面继续讨论在时域内对 $f(t)$ 的恢复。

由式(7-2-1)，根据傅里叶变换的时域卷积性质，得

$$f(t) = f_s(t) * h(t) \tag{7-2-3}$$

式中：$f_s(t)$ 为 $F_s(j\omega)$ 的傅里叶反变换，由式(7-1-3)可得

$$f_s(t) = \sum_{n=-\infty}^{\infty} f(nT_s)\delta(t - nT_s) \tag{7-2-4}$$

$h(t)$ 为理想低通滤波器的单位冲激响应，可由求 $H(j\omega)$ 的傅里叶逆变换得到，即

$$h(t) = \mathrm{FT}^{-1}[H(j\omega)] \tag{7-2-5}$$

由式(7-2-2)所表示的理想低通滤波器的频率特性可表示为 ω 的门函数的形式，如图 7-4 所示，表达式为

$$H(j\omega) = T_s g_{2\omega_m}(\omega) \tag{7-2-6}$$

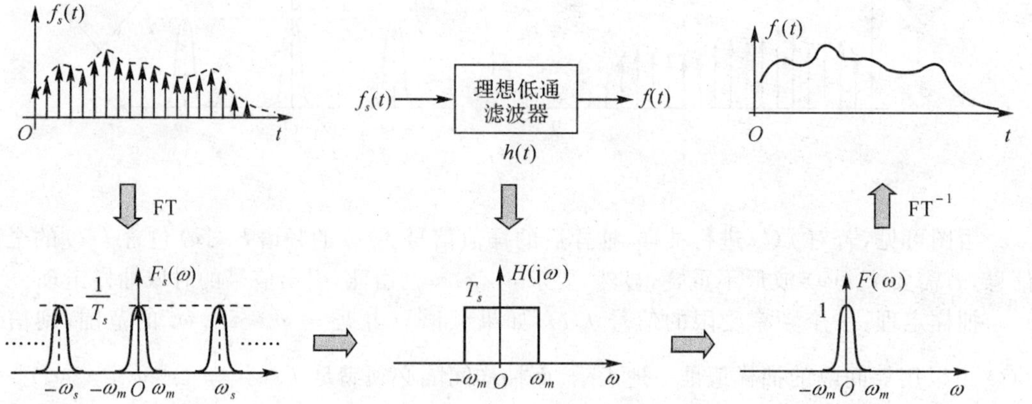

图 7-4

应用傅里叶变换的对称性，不难得到

$$h(t) = \frac{T_s \omega_m}{\pi} S_a(\omega_m t) \tag{7-2-7}$$

将 $f_s(t)$ 和 $h(t)$ 的表示式代入式(7-2-3)，从而得到

$$f(t) = \left[\sum_{n=-\infty}^{\infty} f(nT_s)\delta(t - nT_s) \right] * \frac{T_s \omega_m}{\pi} S_a(\omega_m t)$$

$$= \sum_{n=-\infty}^{\infty} \frac{T_s \omega_m}{\pi} f(nT_s) \cdot [\delta(t - nT_s) * S_a(\omega_m t)]$$

$$= \sum_{n=-\infty}^{\infty} \frac{T_s \omega_m}{\pi} f(nT_s) S_a[\omega_m(t - nT_s)] \tag{7-2-8}$$

当抽样间隔 $T_s = \dfrac{1}{2f_m}$ 时，上式可写为

$$f(t) = \sum_{n=-\infty}^{\infty} f(nT_s) S_a [\omega_m (t - nT_s)] \tag{7-2-9}$$

上式表明,连续时间信号 $f(t)$ 可以由无
数多个位于抽样点的 S_a 函数组成,其各
个 S_a 函数的幅值为该点的抽样值
$f(nT_s)$。因此,只要知道个抽样点的样值
$f(nT_s)$,就可惟一地确定出 $f(t)$。这个过
程示于图 7-5。由此可引出重建定理。

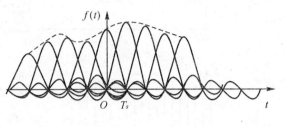

图 7-5

　　重建定理　　设 $f(t)$ 是一带限连续
信号,最高频率为 ω_m,根据定理对 $f(t)$ 进行抽样,得到 $f(nT_s)$,则 $f(nT_s)$ 经过一个截止频率
为 $\omega_s \geqslant 2\omega_m$ 的理想低通滤波器后便得到 $f(t)$。

7.3　周期矩形脉冲抽样

　　前面讨论的周期脉冲抽样是一种理想抽样,在实际中,根本无法得到理想脉冲,通常得
到的都是矩形脉冲。

　　设 $f(t)$ 为模拟带限信号,其最高频率分量为 f_m,即当 $|f| > f_m$ 时,$F(j\omega) = 0$,抽样周期
矩形脉冲序列为 $P_{T_s}(t)$,其傅里叶变换为 $P_{T_s}(\omega)$。设抽样为均匀抽样,周期则 T_s,则抽样频率
为 $\omega_s = 2\pi f_s = \dfrac{2\pi}{T_s}$,而周期矩形脉冲信号 $P_{T_s}(t)$ 的频谱函数为

$$P_{T_s}(t) \xleftrightarrow{\text{FT}} \frac{2\pi E\tau}{T_s} \sum_{n=-\infty}^{\infty} S_a \left(\frac{n\omega_s \tau}{2} \right) \delta(\omega - n\omega_s) \tag{7-3-1}$$

　　由于抽样脉冲的样值信号 $f_s(t) = f(t) \cdot P_{T_s}(t)$,根据频域卷积定理得,时域相乘的傅里
叶变换等于它们的频谱在频域里相卷积。

$$F_s(j\omega) = \frac{1}{2\pi} F(j\omega) * P_{T_s}(j\omega) \tag{7-3-2}$$

把计算出的 $P_{T_s}(j\omega)$ 代入上式,得

$$F_s(j\omega) = \frac{1}{2\pi} \left[F(j\omega) * P_{T_s}(j\omega) \right]$$

$$= \frac{1}{2\pi} \left[F(j\omega) * \sum_{n=-\infty}^{\infty} \frac{2\pi E\tau}{T_s} S_a \left(\frac{n\omega_s \tau}{2} \right) \delta(\omega - n\omega_s) \right]$$

$$= \frac{E\tau}{T_s} \sum_{n=-\infty}^{\infty} S_a \left(\frac{n\omega_s \tau}{2} \right) F[j(\omega - n\omega_s)] \tag{7-3-3}$$

　　周期矩形脉冲序列抽样的样值函数 $f_s(t)$ 及其频谱 $F_s(j\omega)$ 示于图 7-6 中,由图可以得到
如下结论:信号在时域被抽样后,它的频谱 $F_s(j\omega)$ 是连续信号的频谱 $F(j\omega)$ 以抽样频率 ω_s
为间隔周期地重复而得到的。在重复过程中,幅度被抽样脉冲 $P_{T_s}(t)$ 的傅里叶系数所加权,
加权系数取决于抽样脉冲序列的形状。由以上推导可知,当抽样脉冲为矩形抽样脉冲时,幅
度以 S_a 函数的规律变化。从 $F_s(\omega)$ 的频谱图 7-7 可见,抽样后的信号频谱包括有原信号的频
谱以及无限个经过平移的原信号的频谱,平移的频率为抽样频率及其各次谐波频率,且平移
后的频谱幅值随频率而呈 S_a 函数分布。但因矩形脉冲边缘下降很陡,所以其频谱所占的频
带几乎是无限宽的。

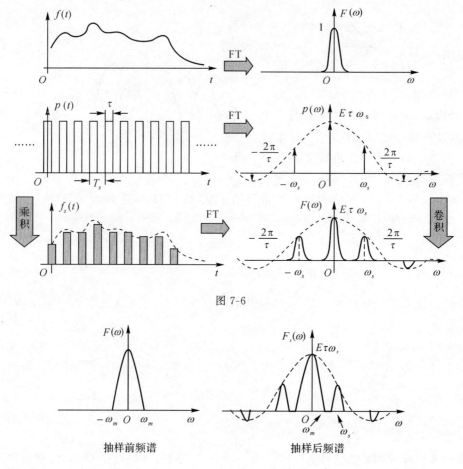

图 7-6

抽样前频谱   抽样后频谱

图 7-7

7.4 频域抽样

7.4.1 频域抽样定理

与时域抽样对应的还有频域抽样。所谓频域抽样是对信号 $f(t)$ 的频谱函数 $F(j\omega)$ 在频率 ω 轴上每隔 ω_s 取得一个样值,从而得到频域样值函数 $F_s(jn\omega_s)$ 的过程。

频域抽样定理   一个时间有限信号 $f(t)$(即 $|t| < t_m$),其频谱函数 $F(j\omega)$ 可以由其在均匀频率间隔 f_s 上的样点值 $F_s(jn\omega_s)$ 惟一确定,只要满足其频率间隔 $f_s \leqslant \dfrac{1}{2t_m}$ 即可。

根据时域和频域的对称性,即可推出频域抽样定理如下:

$$f(t) = \sum_{n=-\infty}^{\infty} \frac{\omega_m}{\pi} f(nT_s) S_a \big[\omega_m(t - nT_s) \big]$$

经变量代换,可得

$$F(j\omega) = \sum_{n=-\infty}^{\infty} F\Big(j\,\frac{n\pi}{t_m} \Big) S_a \Big[t_m\Big(\omega - \frac{n\pi}{t_m} \Big) \Big] \tag{7-4-1}$$

由此可知:频域有限则时域无限,时域有限则频域无限,但反之不一定成立。

7.4.2 时域抽样与频域抽样的对称性

(1) 时域对 $f(t)$ 的抽样等效于频域对 $F(\omega)$ 重复,时域抽样间隔不大于 $\dfrac{1}{2f_m}$。

(2) 频域对 $F(\omega)$ 抽样等效于时域对 $f(t)$ 重复,频域抽样间隔不大于 $\dfrac{1}{2t_m}$。

若 $f(t)$ 被等间隔 T_s 采样,将等效于 $F(\omega)$ 以 $\omega_s = \dfrac{2\pi}{T_s}$ 为周期重复;而 $F(\omega)$ 被等间隔 ω_s 采样,则等效于 $f(t)$ 以 T_s 为周期重复。在时域中进行抽样的过程,必然导致频域中的周期函数;在频域中进行抽样的过程,必然导致时域中的周期函数。因此,根据对称性,可推出与时域抽样定理相关的频域抽样定理:对于当 $|t| > t_m$ 时,$f(t) = 0$ 的时限信号,由相距不大于 $\dfrac{\pi}{t_m}\mathrm{rad/s}$ 的均匀间隔上的频谱采样值惟一地确定,并有如下关系:

$$F(\mathrm{j}\omega) = \sum_{n=-\infty}^{\infty} F(\mathrm{j}n\omega_s) S_a\left[\frac{T_s}{2}(\omega - \omega_s)\right] \tag{7-4-2}$$

式中,ω_s 为满足采样定理的采样间隔。这是时频关系的一条重要性质,即信号的时域与频域呈抽样(离散)与重复(周期)的对偶关系。它们之间的关系如图 7-8 所示。

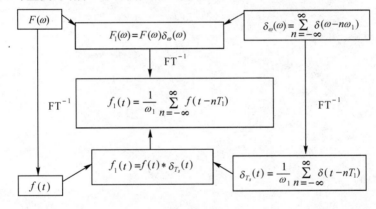

图 7-8

【本章知识要点】

1. 抽样的意义、目的以及在抽样过程中所遇到的问题。

2. 时域抽样的方法以及抽样信号的频谱。

3. 时域抽样定理及信号恢复的内插公式。

4. 频域抽样及抽样定理。

习 题

7-1 对任意信号 $f(t)$,只要其抽样间隔取得足够小,总可以由它在均匀间隔上的抽样值惟一地确定,对 $f(t)$ 无要求。这句话对吗?

A. 不对   B. 对

7-2 已知 $f(t)$ 的频谱函数 $F(j\omega) = \begin{cases} 1 & |\omega| \leqslant 2\text{rad/s} \\ 0 & |\omega| > 2\text{rad/s} \end{cases}$，则对 $f(t)$ 进行均匀抽样的奈奎斯特(Nyquist) 抽样间隔 T_s 为。

A. $\pi/2$ s   B. $\pi/4$ s   C. π s   D. 2π s

7-3 信号 $S_a(100\pi t)$ 的奈奎斯特速率为_____。

A. 1/50 Hz   B. $1/(100\pi)$ Hz   C. 1/100 Hz   D. 1/200 Hz

7-4 确定下列信号的最低抽样频率与奈奎斯特间隔：

(1) $S_a(100t)$；

(2) $S_a^2(100t)$；

(3) $S_a(100t) + S_a(50t)$；

(4) $S_a(100t) + S_a^2(60t)$。

第8章　连续时间信号的拉普拉斯变换

【内容提要】　本章主要介绍双边拉普拉斯变换及收敛域、单边拉普拉斯变换、单边拉普拉斯变换的性质和单边拉普拉斯逆变换。

8.1　双边拉普拉斯变换

从前面的叙述可知,对连续时域信号和线性时不变系统的频域分析是将输入信号分解为基本信号 $e^{j\omega t}$ 的线性组合,从而揭示了信号的频谱特性。但是,频域法也有一定的局限性。例如,由于某些信号 $f(t)$ 并不收敛,因此,它的傅里叶变换也就不存在。正因为如此,本章将引入拉普拉斯变换,把时域信号转换到复频域进行分析。

8.1.1　从傅里叶变换到拉普拉斯变换

信号与系统的频域分析为我们提供了信号与系统内在的频率特性,傅里叶变换的卷积特性又把时域分析的卷积运算转化为频域的乘积运算,从而提供了一种频域分析、设计系统的新途径。但是,并不是所有的信号都能进行傅里叶变换的,一般情况下,只有满足收敛条件的信号 $f(t)$ 才能进行傅里叶变换。阶跃信号、周期信号等都不满足绝对可积的条件,故不能直接求它们的傅里叶变换。为了使更多的信号能进行傅里叶变换,引入一个衰减因子 $e^{-\sigma t}$,将它乘以 $f(t)$,只要 σ 的数值选择得当,就能保证当 t 趋于正负无穷大时,$f(t)e^{-\sigma t}$ 趋于零,并使 $f(t)e^{-\sigma t}$ 的傅里叶变换收敛。当 $f(t)$ 乘以收敛因子 $e^{-\sigma t}$ 后,这个信号的傅里叶变换为

$$\mathrm{FT}\{f(t)e^{-\sigma t}\} = \int_{-\infty}^{\infty} f(t)e^{-\sigma t}e^{-j\omega t}\mathrm{d}t = \int_{-\infty}^{\infty} f(t)e^{-t(\sigma+j\omega)}\mathrm{d}t \tag{8-1-1}$$

它是 $\sigma + j\omega$ 的函数,可以写成

$$F(\sigma + j\omega) = \int_{-\infty}^{\infty} f(t)e^{-(\sigma+j\omega)t}\mathrm{d}t \tag{8-1-2}$$

$F(\sigma + j\omega)$ 的傅里叶反变换为

$$f(t)e^{-\sigma t} = \mathrm{FT}^{-1}[F(\sigma + j\omega)] = \frac{1}{2\pi}\int_{-\infty}^{\infty} F(\sigma + j\omega)e^{j\omega t}\mathrm{d}\omega \tag{8-1-3}$$

将式(8-1-3)两边乘以 $e^{\sigma t}$,可得

$$f(t) = \frac{1}{2\pi}\int_{-\infty}^{\infty} F(\sigma + j\omega)e^{t(\sigma+j\omega)}\mathrm{d}\omega \tag{8-1-4}$$

令 $s = \sigma + j\omega$ 称为复频率,代入式(8-1-2)和式(8-1-4)式可得

$$F(s) = \int_{-\infty}^{\infty} f(t) \mathrm{e}^{-st} \mathrm{d}t \tag{8-1-5}$$

$$f(t) = \frac{1}{2\pi \mathrm{j}} \int_{\sigma-\mathrm{j}\omega}^{\sigma+\mathrm{j}\omega} F(s) \mathrm{e}^{st} \mathrm{d}s \tag{8-1-6}$$

式(8-1-5)称为双边拉普拉斯变换的正变换式,式(8-1-6)是拉普拉斯反变换式。为方便起见,常将拉普拉斯变换表示为 $\mathrm{LT}\{f(t)\}$ 的形式,而把 $f(t)$ 和 $F(s)$ 间的变换关系记为

$$f(t) \xleftarrow{\mathrm{LT}} F(s) \tag{8-1-7}$$

当 $s = \mathrm{j}\omega$ 时,式(8-1-5)式就变成

$$F(\mathrm{j}\omega) = \int_{-\infty}^{\infty} f(t) \mathrm{e}^{-\mathrm{j}\omega t} \mathrm{d}t \tag{8-1-8}$$

这就是 $f(t)$ 的傅里叶变换,即 $F(s)|_{s=\mathrm{j}\omega} = \mathrm{FT}\{f(t)\}$

可以看出当 $s = \mathrm{j}\omega$ 时,此时拉普拉斯变换就是傅里叶变换。$f(t)$ 的拉普拉斯变换可以看成是 $f(t)$ 在乘以一个实指数信号 $\mathrm{e}^{-\sigma t}$ 以后的傅里叶变换。拉普拉斯变换与傅里叶变换的主要区别在于:傅里叶变换建立了时域和频域间的联系,把时域信号 $f(t)$ 变换为频域函数 $F(\mathrm{j}\omega)$,或做相反的变换,这里时域变量 t 和频域变换 ω 都是实数。拉普拉斯变换则是将时域信号 $f(t)$ 变换为复频域函数 $F(s)$,或做相反的变换,这里的时域变量 t 是实数,而复频域变量 s 是复数,从而建立了时域与复频域(s 域)之间的联系。

8.1.2　双边拉普拉斯变换及其收敛域

由于引入了收敛因子 $\mathrm{e}^{-\sigma t}$,许多不满足绝对可积的函数就可以进行拉普拉斯变换,因此拉普拉斯变换扩大了可以进行变换信号的范围。但是正如傅里叶变换不是对所有的信号都收敛一样,拉普拉斯变换也可能对某些 σ 的值收敛,而对另一些 σ 则不收敛。因此,对 σ 的范围必须有一定的选取,不同的选取范围对应着不同的信号。下面举例加以说明。

例 8-1　设信号 $f_1(t) = \mathrm{e}^{-at} u(t)(a > 0)$;$f_2(t) = -\mathrm{e}^{-at} u(-t)(a > 0)$。求 $F_1(s)$,$F_2(s)$ 及它们的收敛范围。

解　由拉普拉斯变换的定义式(8-1-5)式可得

$$F_1(s) = \int_{-\infty}^{\infty} \mathrm{e}^{-at} u(t) \mathrm{e}^{-st} \mathrm{d}t = \int_{0}^{\infty} \mathrm{e}^{-at} \mathrm{e}^{-st} \mathrm{d}t = \int_{0}^{\infty} \mathrm{e}^{-(\sigma+a)t} \mathrm{e}^{-\mathrm{j}\omega t} \mathrm{d}t = \frac{1}{s+a}$$

由绝对可积条件可得 $\sigma + a > 0$,因此

$$\mathrm{e}^{-at} u(t) \Leftrightarrow \frac{1}{s+a} \quad \sigma > -a$$

同理可得

$$F_2(s) = -\int_{-\infty}^{\infty} \mathrm{e}^{-at} u(-t) \mathrm{e}^{-st} \mathrm{d}t = -\int_{-\infty}^{0} \mathrm{e}^{-at} \mathrm{e}^{-st} \mathrm{d}t = \int_{0}^{\infty} \mathrm{e}^{(s+a)t} \mathrm{d}t = \frac{1}{s+a}$$

要使它满足绝对可积条件 $\sigma + a < 0$,即

$$-\mathrm{e}^{-at} u(-t) \Leftrightarrow \frac{1}{s+a} \quad \sigma < -a$$

图 8-1 和图 8-2 中的阴影分别表示了 $F_1(s)$ 和 $F_2(s)$ 的收敛范围。

由例 8-1 可以看出,两个不同的信号 $f_1(t)$ 和 $f_2(t)$ 对应相同的拉普拉斯变换 $F_1(s)$ 和 $F_2(s)$,只是它们收敛的取值范围 σ 不同。换句话说,对于相同的拉普拉斯变换,其收敛范围 σ 的取值不同,对应的表达式 $f(t)$ 也不相同。由此可以得出,双边拉普拉斯变换 $F(s)$ 与 $f(t)$ 并不是一一对应的关系,只有当 s 的实部 σ 的取值范围、$F(s)$ 和 $f(t)$ 三个量或函数中确定两

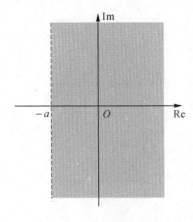

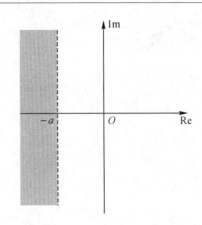

图 8-1　$F_1(s)$ 的收敛域　　　　　　　图 8-2　$F_2(s)$ 的收敛域

个以后，才能惟一的确定第三个量或函数。

若 $f(t)e^{-\sigma t}$ 绝对收敛，即满足下列绝对收敛条件：

$$\int_{-\infty}^{\infty} |f(t)| e^{-\sigma t} dt < \infty$$

则 $f(t)$ 的拉普拉斯变换一定存在。

能使信号 $f(t)$ 的拉普拉斯变换存在的 σ 取值的范围称为信号 $f(t)$ 的拉普拉斯变换的收敛域，简记为 ROC，一般用 s 平面的阴影部分表示。沿水平轴是 $\mathrm{Re}[s]$ 轴，垂直轴是 $\mathrm{Im}[s]$ 轴，水平轴和垂直轴有时分别称为 σ 轴和 $j\omega$ 轴。显然，当收敛域包含 $j\omega$ 轴时，即相当于包含 $s = j\omega$ 这一虚轴，则信号的傅里叶变换一定存在(收敛)。

例 8-2　求信号 $f(t) = e^{-b|t|}$ 的拉普拉斯变换及其收敛域($b > 0$)。

解　由拉普拉斯变换的定义式(8-1-5)式有

$$F(s) = \int_{-\infty}^{\infty} e^{-b|t|} e^{-st} dt = \int_{-\infty}^{0} e^{bt} e^{-st} dt + \int_{0}^{\infty} e^{-bt} e^{-st} dt = -\frac{-2b}{s^2 - b^2}$$

上式中第一项积分的收敛域为 $\mathrm{Re}[s] < b$；第二项积分的收敛域为 $\mathrm{Re}[s] > -b$，整个积分的收敛域应该是第一项积分和第二项积分收敛域的公共区域，如图 8-3 所示。

当 $b < 0$ 时，因为第一项和第二项积分的收敛域无公共部分，$f(t) = e^{-b|t|}$ 的拉氏变换不存在。以上例子充分说明，并非任何信号都存在拉普拉斯变换，拉普拉斯变换存在着收敛域的问题。

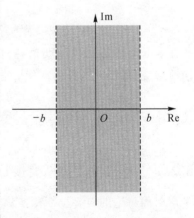

$F(s)$ 的收敛域具有如下性质：

性质 1　连续时间信号 $f(t)$ 的拉普拉斯变换 $F(s)$ 的收敛域在 S 平面上，由平行于 $j\omega$ 轴的带状区域构成。

图 8-3　例 8-2 的收敛域

性质 2　对有理拉普拉斯变换来说，在收敛域内不应包含任何极点。

性质 3　如果 $f(t)$ 是时限的，则它的拉普拉斯变换 $F(s)$ 的收敛域是整个 s 平面。

性质 4　如果 $f(t)$ 是右边信号，且 $F(s)$ 存在，则 $F(s)$ 收敛域在其最右边极点的右边。

如图 8-4 所示。

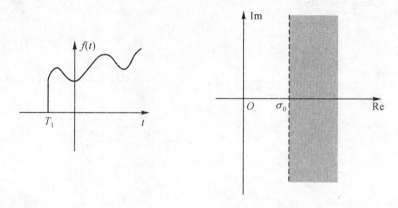

图 8-4 右边信号及其收敛域

性质 5 如果 $f(t)$ 是左边信号,且 $F(s)$ 存在,则 $F(s)$ 的收敛域一定在最左边极点的左边。如图 8-5 所示。

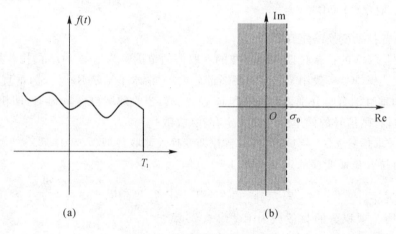

(a) (b)

图 8-5 左边信号及其收敛域

性质 6 如果 $f(t)$ 是双边信号,且 $F(s)$ 存在,则 $F(s)$ 的收敛域一定是由 s 平面的一条带状域所组成。如图 8-6 所示。

8.2 单边拉普拉斯变换

8.2.1 单边拉普拉斯变换及其收敛域

本章前面讨论的拉普拉斯变换称为双边拉普拉斯变换。在实际中经常遇到的信号是因果信号,即当 $t < 0$ 时,$f(t) = 0$。因此有另一种拉普拉斯变换形式称为单边拉普拉斯变换。单边拉普拉斯变换在分析具有非零初始条件的(也即系统最初不是松弛的)、由线性常系数微分方程所描述的系统中起着重要作用。单边拉普拉斯变换的定义为

$$F(s) = \int_0^\infty f(t)\mathrm{e}^{-st}\mathrm{d}t \tag{8-2-9}$$

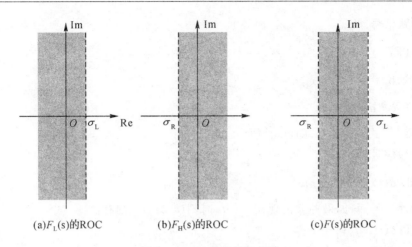

图 8-6　双边信号的收敛域

通常对式(8-2-1)中积分下限的取法有 0_- 和 0_+ 两种,这两种规定分别称为拉氏变换的 0_+ 系统和 0_- 系统。这里积分的下限取为 0_- 是考虑到 $f(t)$ 中可能包含冲激函数及其各阶导数。书写时用 0,其含意即为 0_-。

对于一个信号和它的单边拉氏变换再次采用一个方便的简化符号表示为

$$f(t) \xleftarrow{\text{LT}} F(s) \tag{8-2-2}$$

将式(8-2-1)和式(8-1-5)比较可以发现,单边和双边拉普拉斯变换在定义上的不同在于积分的下限。双边拉普拉斯变换决定于 $t = -\infty$ 到 $t = +\infty$ 的整个信号,而单边拉普拉斯变换仅决定于 $t = 0_-$ 到 ∞ 的信号。因此,因果信号的双边和单边拉普拉斯变换相等。

因为 $f(t)$ 的单边拉普拉斯变换就是将信号 $f(t)$ 在 $t < 0$ 时将它的值置于 0 时所求得的双边拉普拉斯变换,因此有关双边拉普拉斯变换中的很多细节、概念和结果都能直接适用于单边的情况。单边拉普拉斯变换的求取和双边拉普拉斯变换是相同的,只是单边拉普拉斯变换的 ROC 一定总是在右半平面,为此,对单边拉普拉斯变换一般不强调其收敛域。

为了说明单边拉氏变换,考虑下面的例子。

例 8-3　求信号 $f(t) = e^{-a(t+1)}u(t+1)$ 的双边和单边拉普拉斯变换。

解　双边拉普拉斯变换为

$$\text{LT}[e^{-at}u(t)] = \frac{1}{s+a} \quad \text{Re}[s] > -a$$

根据时移性质,其双边拉普拉斯变换为

$$\text{LT}[e^{-a(t+1)}u(t+1)] = \frac{e^s}{s+a} \quad \text{Re}[s] > -a$$

该信号的单边拉普拉斯变换为

$$\text{LT}[f(t)] = \int_0^\infty e^{-a(t+1)}u(t+1)e^{-st}\mathrm{d}t$$

$$= e^{-a}\int_0^\infty e^{-(s+a)t}\mathrm{d}t = \frac{e^{-a}}{s+a} \quad \text{Re}[s] > -a$$

本例表明,当 $t < 0$,信号 $f(t)$ 不全为零时,它的单边和双边拉普拉斯变换是不同的。

8.2.2　常用信号的单边拉普拉斯变换

按照单边拉普拉斯变换的定义(8-2-1)式推导几个常用函数的拉普拉斯变换式。

(1) 阶跃信号 $u(t)$

$$\mathrm{LT}[u(t)] = \int_0^\infty \mathrm{e}^{-st}\mathrm{d}t = -\frac{\mathrm{e}^{-st}}{s}\bigg|_0^\infty = \frac{1}{s} \quad \mathrm{Re}[s] > 0 \tag{8-2-3}$$

(2) 指数信号 $\mathrm{e}^{-at}u(t)$

$$\mathrm{LT}[\mathrm{e}^{-at}u(t)] = \int_0^\infty \mathrm{e}^{-at}\mathrm{e}^{-st}\mathrm{d}t = -\frac{\mathrm{e}^{-(a+s)t}}{s+a}\bigg|_0^\infty = \frac{1}{a+s} \quad \mathrm{Re}[s] > -a \tag{8-2-4}$$

显然，令(8-2-4)式中 $a = 0$，即可得式(8-2-3)。

(3) 冲激信号 $\delta(t)$

$$\mathrm{LT}[\delta(t)] = \int_0^\infty \delta(t)\mathrm{e}^{-st}\mathrm{d}t = 1 \tag{8-2-5}$$

收敛域为整个 s 平面，如果冲激出现在 $t = t_0$ 时刻 $(t_0 > 0)$，则有

$$\mathrm{LT}[\delta(t - t_0)] = \mathrm{e}^{-st_0} \tag{8-2-6}$$

(4) t^n（n 是整数）

$$\mathrm{LT}[t^n u(t)] = \int_0^\infty t^n \mathrm{e}^{-st}\mathrm{d}t$$

用分部积分法，得

$$\int_0^\infty t^n \mathrm{e}^{-st}\mathrm{d}t = -\frac{t^n}{s}\mathrm{e}^{-st} + \frac{n}{s}\int_0^\infty t^{n-1}\mathrm{e}^{-st}\mathrm{d}t = \frac{n}{s}\int_0^\infty t^{n-1}\mathrm{e}^{st}\mathrm{d}t$$

$$\mathrm{LT}[t^n \cdot u(t)] = \frac{n}{s}\mathrm{LT}[t^{n-1} \cdot u(t)] \tag{8-2-7}$$

当 $n = 1$ 时，$\quad \mathrm{LT}[t \cdot u(t)] = \frac{1}{s^2} \quad \mathrm{Re}[s] > 0 \tag{8-2-8}$

当 $n = 2$ 时，$\quad \mathrm{LT}[t^2 \cdot u(t)] = \frac{2}{s^3} \quad \mathrm{Re}[s] > 0 \tag{8-2-9}$

依此类推，可得

$$\mathrm{LT}[t^n \cdot u(t)] = \frac{n!}{s^{n+1}} \quad \mathrm{Re}[s] > 0 \tag{8-2-10}$$

(5) $\mathrm{LT}[\cos\omega_0 t \cdot u(t)] = \dfrac{s}{s^2 + \omega_0^2} \quad \mathrm{Re}[s] > 0 \tag{8-2-11}$

$$\mathrm{LT}[\sin\omega_0 t \cdot u(t)] = \frac{\omega_0}{s^2 + \omega_0^2} \quad \mathrm{Re}[s] > 0 \tag{8-2-12}$$

$$\mathrm{LT}\{[\mathrm{e}^{-at}\cos\omega_0 t]u(t)\} = \frac{s+a}{(s+a)^2 + \omega_0^2} \quad \mathrm{Re}[s] > -a \tag{8-2-13}$$

$$\mathrm{LT}\{[\mathrm{e}^{-at}\sin\omega_0 t]u(t)\} = \frac{\omega_0}{(s+a)^2 + \omega_0^2} \quad \mathrm{Re}[s] > -a \tag{8-2-14}$$

一些常用信号的拉氏变换列于表 8-1，以供查阅。

表 8-1　常用信号的拉普拉斯变换

变换对	信号 $f(t)$	拉普拉斯变换 $\mathrm{LT}[f(t)]$	ROC
1	$\delta(t)$	1	全部 s
2	$u(t)$	$\dfrac{1}{s}$	$\mathrm{Re}[s] > 0$
3	$-u(-t)$	$\dfrac{1}{s}$	$\mathrm{Re}[s] < 0$

变换对	信号 $f(t)$	拉普拉斯变换 $\mathrm{LT}[f(t)]$	ROC
4	$\dfrac{t^{n-1}}{(n-1)!}u(t)$	$\dfrac{1}{s^n}$	$\mathrm{Re}[s]>0$
5	$-\dfrac{t^{n-1}}{(n-1)!}u(-t)$	$\dfrac{1}{s^n}$	$\mathrm{Re}[s]<0$
6	$\mathrm{e}^{-at}u(t)$	$\dfrac{1}{s+a}$	$\mathrm{Re}[s]>-a$
7	$-\mathrm{e}^{-at}u(-t)$	$\dfrac{1}{s+a}$	$\mathrm{Re}[s]<-a$
8	$\dfrac{t^{n-1}}{(n-1)!}\mathrm{e}^{-at}u(t)$	$\dfrac{1}{(s+a)^n}$	$\mathrm{Re}[s]>-a$
9	$\dfrac{t^{n-1}}{(n-1)!}\mathrm{e}^{-at}u(-t)$	$\dfrac{1}{(s+a)^n}$	$\mathrm{Re}[s]<-a$
10	$\delta(t-T)$	e^{-sT}	全部 s
11	$(\cos\omega_0 t)u(t)$	$\dfrac{s}{s^2+\omega_0^2}$	$\mathrm{Re}[s]>0$
12	$(\sin\omega_0 t)u(t)$	$\dfrac{\omega_0}{s^2+\omega_0^2}$	$\mathrm{Re}[s]>0$
13	$(\mathrm{e}^{-at}\cos\omega_0 t)u(t)$	$\dfrac{s+a}{(s+a)^2+\omega_0^2}$	$\mathrm{Re}[s]>-a$
14	$(\mathrm{e}^{-at}\sin\omega_0 t)u(t)$	$\dfrac{\omega_0}{(s+a)^2+\omega_0^2}$	$\mathrm{Re}[s]>-a$

8.3　单边拉普拉斯变换的性质

拉普拉斯变换建立了信号时域描述和复频域描述之间的关系,当信号在一个域发生变化的时候,在另外一个域必然有相应的体现,拉普拉斯变换的性质反映了这些变化的规律。因为拉普拉斯变换是傅里叶变换在复频域的推广,所以两种变换的性质存在许多的相似性。

在拉普拉斯变换的应用中,对因果信号的分析具有非常重要的意义,单边拉普拉斯变换在研究这类问题上显得非常有利。下面我们介绍单边拉普拉斯变换的性质。单边和双边变换虽然存在着重要区别,仍有许多共同的特性。

1. 线性特性

若　$f_1(t) \xleftrightarrow{\ \mathrm{LT}\ } F_1(s)$　$\mathrm{ROC}=\mathbf{R}_1$

　　$f_2(t) \xleftrightarrow{\ \mathrm{LT}\ } F_2(s)$　$\mathrm{ROC}=\mathbf{R}_2$

则　　$af_1(t)+bf_2(t) \xleftrightarrow{\ \mathrm{LT}\ } aF_1(s)+bF_2(s)$　ROC 含 $\mathbf{R}_1 \cap \mathbf{R}_2$　　　　(8-3-1)

式中:a 和 b 为任意常数,收敛域一般是 $F_1(s)$ 和 $F_2(s)$ 的重叠部分。但当 $aF_1(s)+bF_2(s)$ 发生零极点相消的情况时,收敛区间可能扩大。特别是,当两个信号经过线性运算得到一个时限信号的时候,其收敛区间是整个 s 平面。下面举例说明。

例 8-4 已知信号 $f(t) = e^{-3t}u(t)$，$f(t) = e^{2t}u(t)$，求 $f(t) = f_1(t) + f_2(t)$ 的单边拉普拉斯变换。

解 根据题意可知

$$f_1(t) \xleftrightarrow{\text{LT}} F_1(s) = \frac{1}{s+3} \quad \text{Re}[s] > -3$$

$$f_2(t) \xleftrightarrow{\text{LT}} F_2(s) = \frac{1}{s-2} \quad \text{Re}[s] > 2$$

利用单边拉普拉斯变换的线性特性

$$f(t) = f_1(t) + f_2(t) \xleftrightarrow{\text{LT}} F_1(s) + F_2(s) = \frac{2s+1}{(s+3)(s-2)} \quad \text{Re}[s] > 2$$

此例中，收敛区间是参与线性运算的两个信号的 ROC 的公共区域。

例 8-5 已知信号 $f_1(t)$ 的单边拉普拉斯变换为 $F_1(s) = \frac{1}{s+1}$，$\text{Re}[s] > -1$，信号 $f_2(t)$ 的单边拉普拉斯变换为 $F_2(s) = \frac{1}{(s+1)(s+2)}$，$\text{Re}\{s\} > -1$，试求 $f(t) = f_1(t) - f_2(t)$ 的单边拉普拉斯变换。

解 利用单边拉普拉斯变换的线性特性

$$f(t) \xleftrightarrow{\text{LT}} F_1(s) - F_2(s) = \frac{1}{s+1} - \frac{1}{(s+1)(s+2)} = \frac{1}{(s+2)} \quad \text{Re}[s] > -2$$

在这个例子中，由于 $F(s)$ 中零、极点相消，故 ROC 比公共区域扩大。

2. 时域平移特性

若 $f(t) \xleftrightarrow{\text{LT}} F(s) \quad \text{ROC} = \mathbf{R}$

则 $f(t - t_0) \xleftrightarrow{\text{LT}} e^{-st_0}F(s) \quad t_0 \geqslant 0, \text{ROC} = \mathbf{R}$ （8-3-2）

上式说明，信号在时域的平移相当于拉普拉斯变换乘以复指数系数 e^{-st_0}。

证明 由单边拉普拉斯变换的定义，有

$$\text{LT}[f(t-t_0)u(t-t_0)] = \int_0^\infty f(t-t_0)u(t-t_0)e^{-st}dt$$

设上式中 $t_0 \geqslant 0$，可以写成

$$\text{LT}[f(t-t_0)u(t-t_0)] = \int_{t_0}^\infty f(t-t_0)e^{-st}dt$$

令 $t - t_0 = \tau$，则有 $t = \tau + t_0$，$dt = d\tau$，因此

$$\text{LT}[f(t-t_0)u(t-t_0)] = \int_0^\infty f(\tau)e^{-s(\tau+t_0)}d\tau = e^{-st_0}\int_0^\infty f(\tau)e^{-s\tau}d\tau = e^{-st_0}F(s)$$

例 8-6 求 $f(t) = g_\tau\left(t - \frac{\tau}{2}\right) = u(t) - u(t-\tau)$ 的单边拉普拉斯变换。

解 $\text{LT}[f(t)] = \text{LT}[u(t) - u(t-\tau)]$

$$= \frac{1}{s}(1 - e^{-s\tau}) \quad \text{ROC 为整个 } s \text{ 平面}$$

在这个例子中我们可以看到，线性组合后的信号为时限信号，它的 ROC 比原两个信号的公共部分要大。

例 8-7 求 $\sum_{n=0}^\infty \delta(t - nT)$，$T > 0$ 的单边拉普拉斯变换。

解 $\delta(t) \xleftrightarrow{\text{LT}} 1$

$$\delta(t - T) \xleftrightarrow{\text{LT}} \mathrm{e}^{-sT}$$

$$\delta(t - 2T) \xleftrightarrow{\text{LT}} \mathrm{e}^{-2sT}$$

$$\cdots\cdots$$

$$\delta(t - nT) \xleftrightarrow{\text{LT}} \mathrm{e}^{-nsT}$$

所以　　$$\sum_{n=0}^{\infty} \delta(t - nT) \xleftrightarrow{\text{LT}} 1 + \mathrm{e}^{-sT} + \mathrm{e}^{-2sT} + \cdots + \mathrm{e}^{-nsT} + \cdots = \frac{1}{1 - \mathrm{e}^{-sT}}$$

3. s 域平移特性

若　　$$f(t) \xleftrightarrow{\text{LT}} F(s) \quad \text{ROC} = \mathbf{R}$$

则　　$$\mathrm{e}^{s_0 t} f(t) \xleftrightarrow{\text{LT}} F(s - s_0) \quad \text{ROC} = \mathbf{R} + \text{Re}[s_0] \tag{8-3-3}$$

上式说明,信号在复频域的平移相当于时域乘以复指数系数。

例 8-8　求衰减正弦函数 $\mathrm{e}^{-at}\sin(\omega_0 t) u(t)$ 和 $\mathrm{e}^{-at}\cos(\omega_0 t) u(t)$ 的单边拉普拉斯变换。

解

因为　　$$\sin(\omega_0 t) u(t) \xleftrightarrow{\text{LT}} \frac{\omega_0}{s^2 + \omega_0^2} \qquad \text{Re}[s] > 0$$

所以　　$$\mathrm{e}^{-at}\sin(\omega_0 t) u(t) \xleftrightarrow{\text{LT}} \frac{\omega_0}{(s + a)^2 + \omega_0^2} \qquad \text{Re}[s] > 0 + (-a) = -a$$

同理　　$$\mathrm{e}^{-at}\cos(\omega_0 t) u(t) \xleftrightarrow{\text{LT}} \frac{s + a}{(s + a)^2 + \omega_0^2} \qquad \text{Re}[s] > -a$$

4. 尺度变换(时 — 复频压扩)特性

若　　$$f(t) \xleftrightarrow{\text{LT}} F(s) \quad \text{Re}[s] = \mathbf{R}$$

则　　$$f(at) \xleftrightarrow{\text{LT}} \frac{1}{|a|} F\left(\frac{s}{a}\right) \quad a > 0, \text{ROC} = \mathbf{R} \cdot a \tag{8-3-4}$$

证明

$$a > 0 \text{ 时}, \text{LT}[f(at)] = \int_0^{\infty} f(at) \mathrm{e}^{-st} \mathrm{d}t \xrightarrow{\tau = at,\ t = \frac{\tau}{a}} \frac{1}{a} \int_0^{\infty} f(\tau) \mathrm{e}^{-\frac{s}{a}\tau} \mathrm{d}\tau = \frac{1}{a} F\left(\frac{s}{a}\right)$$

$f(at)$ 的收敛区间 ROC 为 $\dfrac{s}{a} \in \mathbf{R}$,即 $s \in \mathbf{R} \cdot a$。

5. 时域微分性质

若　　$$f(t) \xleftrightarrow{\text{LT}} F(s)$$

则　　$$\frac{\mathrm{d}f(t)}{\mathrm{d}t} \xleftrightarrow{\text{LT}} sF(s) - f(0_-) \tag{8-3-5}$$

证明　利用分部积分法,有

$$\int_0^{\infty} \frac{\mathrm{d}f(t)}{\mathrm{d}t} \mathrm{e}^{-st} \mathrm{d}t = f(t)\mathrm{e}^{-st} \Big|_0^{\infty} + s\int_0^{\infty} f(t)\mathrm{e}^{-st} \mathrm{d}t = sF(s) - f(0_-)$$

类似地,可以得到 $\dfrac{\mathrm{d}^2 f(t)}{\mathrm{d}t^2}$ 的单边拉普拉斯变换为

$$\text{LT}\left[\frac{\mathrm{d}^2 f(t)}{\mathrm{d}t^2}\right] = s^2 F(s) - sf(0_-) - f'(0_-)$$

推广到 $f(t)$ 的 n 阶导数的单边拉普拉斯变换,有

$$\text{LT}\left[\frac{\mathrm{d}^n f(t)}{\mathrm{d}t^n}\right] = s^n F(s) - s^{n-1} f(0_-) - s^{n-2} f'(0_-) - \cdots - f^{(n-1)}(0_-)$$

式中 $f^{(n)}(t)$ 表示 $f(t)$ 的 n 阶导数,$f(t),\cdots,f^{(n-1)}(0_-)$ 中均指 (0_-) 时刻。

例 8-9 已知 $\mathrm{LT}[\cos(t)\cdot u(t)]=\dfrac{s}{s^2+1}$,求 $\mathrm{LT}[\sin(t)\cdot u(t)]$。

解 $\dfrac{\mathrm{d}}{\mathrm{d}t}[\cos(t)\cdot u(t)]=\cos(t)\cdot\delta(t)-\sin(t)\cdot u(t)$

$$\sin(t)\cdot u(t)=-\dfrac{\mathrm{d}}{\mathrm{d}t}[\cos(t)\cdot u(t)]+\delta(t)$$

$$\mathrm{LT}[\sin(t)\cdot u(t)]=\mathrm{LT}[\delta(t)]-\mathrm{LT}\left\{\dfrac{\mathrm{d}}{\mathrm{d}t}[\cos(t)\cdot u(t)]\right\}$$

$$=1-s\,\dfrac{s}{s^2+1}-0=\dfrac{1}{s^2+1}$$

6. 时域积分性质

若 $\quad f(t)\stackrel{\mathrm{LT}}{\longleftrightarrow}F(s)$

则 $\quad\displaystyle\int_{0_-}^{t}f(\tau)\mathrm{d}\tau\stackrel{\mathrm{LT}}{\longleftrightarrow}\dfrac{1}{s}F(s)+\dfrac{1}{s}f^{(-1)}(0_-)$ (8-3-6)

证明 略。

式(8-3-5)至式(8-3-6)表明了单边拉普拉斯变换的时域微分和时域积分性质,引入了信号的起始值 $f(0_-),f'(0_-),\cdots$。当采用复频域分析方法对 LTI 系统进行分析时,将会自动记入起始条件,使系统响应的求解得以简化,这是单边拉普拉斯变换分析起始状态不为零系统的最大优点所在,这将在后面进一步说明。

7. 时域卷积特性

单边拉普拉斯变换的时域卷积特性是,如 $f_1(t)$ 和 $f_2(t)$ 都是单边信号,即当 $t<0$ 时,有 $f_1(t)=f_2(t)=0$。单边拉普拉斯变换的卷积特性描述如下:

若 $\quad f_1(t)\stackrel{\mathrm{LT}}{\longleftrightarrow}F_1(s)\quad\mathrm{ROC}=\mathbf{R}_1$

$\quad f_2(t)\stackrel{\mathrm{LT}}{\longleftrightarrow}F_2(s)\quad\mathrm{ROC}=\mathbf{R}_2$

则 $\quad f_1(t)*f_2(t)\stackrel{\mathrm{LT}}{\longleftrightarrow}F_1(s)F_2(s)\quad\mathrm{ROC}\ 含\ \mathbf{R}_1\bigcap\mathbf{R}_2$ (8-3-7)

因此,分析一个输入在 $t<0$ 为零的因果系统时,双边拉普拉斯变换采用的分析方法都适用于单边拉普拉斯变换。但是要注意的是,(8-3-7)式仅在 $f_1(t),f_2(t),t<0$ 都为零时才成立,如果 $f_1(t)$ 或 $f_2(t)$ 中有一个在 $t<0$ 不为零,式(8-3-7)就不一定成立。

值得注意的是,如果零、极点相抵消,则 ROC 可能比交集大。例如:

$$f_1(t)\stackrel{\mathrm{LT}}{\longleftrightarrow}F_1(s)=\dfrac{s}{s+1}\quad\mathrm{Re}[s]>-1$$

$$f_2(t)\stackrel{\mathrm{LT}}{\longleftrightarrow}F_2(s)=\dfrac{1}{s(s+3)}\quad\mathrm{Re}[s]>0$$

$$f_1(t)*f_2(t)\stackrel{\mathrm{LT}}{\longleftrightarrow}F_1(s)F_2(s)=\dfrac{1}{(s+1)(s+3)}\quad\mathrm{Re}[s]>-1$$

例 8-10 求 $t=0$ 接入的周期脉冲序列的单边拉普拉斯变换。

解 因为

$$f(t)=\sum_{n=0}^{\infty}\delta(t-nT)$$

所以 $\quad F(s)=\mathrm{LT}\Big[\sum_{n=0}^{\infty}\delta(t-nT)\Big]=\mathrm{LT}[\delta(t)+\delta(t-T)+\delta(t-2T)+\cdots]$

$$= 1 + e^{-sT} + e^{-s2T} + \cdots = \frac{1}{1 - e^{-sT}}$$

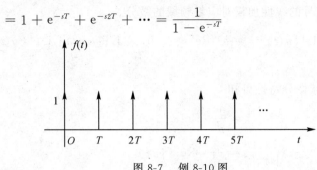

图 8-7　例 8-10 图

由此例可以推广到对一般周期信号进行单边拉普拉斯变换的求解。周期信号的时域表示如图 8-8 所示。周期信号可以看作单周期信号和周期脉冲信号的卷积。借助于单边拉普拉斯变换的卷积特性,不难得到一般周期信号的单边拉普拉斯变换。

因为　　　　$f(t) = f_0(t) * \sum\limits_{n=0}^{\infty} \delta(t - nT)$

所以　　　　$F(s) = F_0(s)G(s) = F_0(s) \cdot \dfrac{1}{1 - e^{-sT}}$

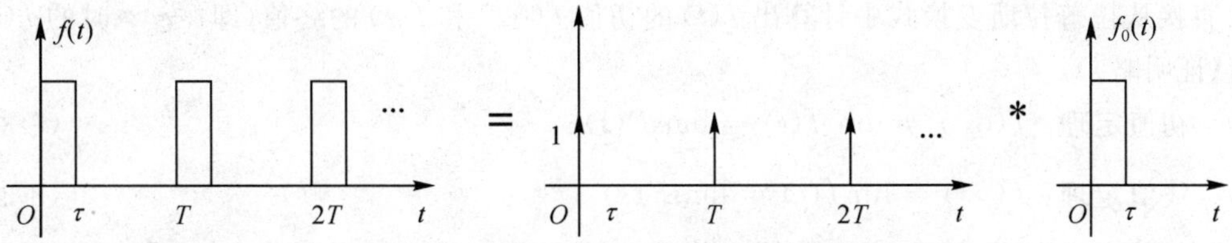

图 8-8　求周期信号的单边拉普拉斯变换

例 8-11　某 LTI 系统的单位冲激响应为 $h(t) = e^{-t}u(t)$,求激励为 $f(t) = u(t)$ 下的零状态响应 $y_{zs}(t)$。

解　$y_{zs}(t) = f(t) * h(t)$

$$Y_{zs}(s) = F(s) \cdot H(s) = \frac{1}{s} \cdot \frac{1}{s+1} = \frac{1}{s} - \frac{1}{s+1}$$

所以　　　　$y_{zs}(t) = u(t) - e^{-t}u(t)$

8. 相乘特性

若　　$f_1(t) \overset{\text{LT}}{\longleftrightarrow} F_1(s)$　　$\text{Re}[s] > \sigma_1$

　　　$f_2(t) \overset{\text{LT}}{\longleftrightarrow} F_2(s)$　　$\text{Re}[s] > \sigma_2$

则　　　　$f_1(t)f_2(t) \overset{\text{LT}}{\longleftrightarrow} \dfrac{1}{2\pi j}F_1(s) * F_2(s)$　　$\text{Re}[s] > \sigma_1 + \sigma_2$　　　　(8-3-8)

这个性质说明两个信号乘积的拉普拉斯变换等于两个信号各自拉普拉斯变换的卷积再乘以 $\dfrac{1}{2\pi j}$。

9. 复频域微分特性

若　　$f(t) \overset{\text{LT}}{\longleftrightarrow} F(s)$　　$\text{ROC} = \mathbf{R}$

则　　　　$-tf(t) \overset{\text{LT}}{\longleftrightarrow} \dfrac{\mathrm{d}F(s)}{\mathrm{d}s}$　　$\text{ROC} = \mathbf{R}$　　　　(8-3-9)

上式说明时域信号的线性加权对应复频域的微分。

例 8-12 已知 $\mathrm{LT}[u(t)] = \dfrac{1}{s}$　$\mathrm{Re}[s] > 0$，求 $\mathrm{LT}[tu(t)]$，$\mathrm{LT}[t^2u(t)]$，$\mathrm{LT}[t^n u(t)]$，$\mathrm{LT}[t^n \mathrm{e}^{-\lambda t}u(t)]$。

解　利用复频域微分特性可知

$$\mathrm{LT}[tu(t)] = -\frac{\mathrm{d}}{\mathrm{d}s}\left(\frac{1}{s}\right) = \frac{1}{s^2} \quad \mathrm{Re}[s] > 0$$

$$\mathrm{LT}[t^2u(t)] = -\frac{\mathrm{d}}{\mathrm{d}s}\left(\frac{1}{s^2}\right) = \frac{2}{s^3} \quad \mathrm{Re}[s] > 0$$

依此类推，可得

$$\mathrm{LT}[t^n u(t)] = \frac{n!}{s^{n+1}} \quad \mathrm{Re}[s] > 0$$

再由 s 域平移（指数加权）性质得

$$\mathrm{LT}[t^n \mathrm{e}^{-\lambda t}u(t)] = \frac{n}{(s+\lambda)^{n+1}} \quad \mathrm{Re}[s] > -\lambda$$

10. 初值定理与终值定理

若 $t < 0$，$f(t) = 0$，且在 $t = 0$ 时，$f(t)$ 不包含冲激或者高阶奇异函数，在这些限制下，可以直接从拉普拉斯变换式中计算出 $f(t)$ 的初值 $f(0_+)$ 和 $f(t)$ 的终值（即 $t \to \infty$ 时的 $f(t)$ 的值（证明略））。

初值定理：$f(0_+) = \lim\limits_{t=0_+} f(t) = \lim\limits_{s\to\infty} sF(s)$　　　　　　　(8-3-10)

终值定理：$f(\infty) = \lim\limits_{t\to\infty} f(t) = \lim\limits_{s\to0} sF(s)$　　　　　　　(8-3-11)

初值定理表明，信号 $f(t)$ 在时域中 $t = 0$ 时的值，可以通过 s 域中 $F(s)$ 乘以 s 后，取 s 域趋于无穷大的极限而得到，不需要求 $F(s)$ 的反变换。注意应用初值定理的条件是 $f(t)$ 在 $t = 0$ 不能包含冲激函数及其导数，这样就能保证 $f(t)$ 在 $t = 0$ 时有确定的初值存在。

终值定理表明，信号 $f(t)$ 在时域中的终值，可以通过 s 域中 $F(s)$ 乘以 s 后，取 s 域趋于零的极限得到。但是在应用这个定理时，要保证 $\lim\limits_{t\to\infty} f(t)$ 存在，即意味着 $F(s)$ 的极点必定是在 s 平面的左半平面。

例 8-13　已知 $F(s) = \dfrac{1}{s(s+2)}$，求 $f(t)$ 的初值 $f(0_+)$ 和终值 $f(\infty)$。

解　由初值定理，有

$$f(0_+) = \lim\limits_{s\to\infty} sF(s) = \lim\limits_{s\to\infty} \frac{1}{s(s+2)} = 0$$

由终值定理，有

$$f(\infty) = \lim\limits_{s\to0} sF(s) = \lim\limits_{s\to0} \frac{1}{s(s+2)} = \frac{1}{2}$$

例 8-14　已知 $F(s) = \dfrac{s}{s+1}$，求 $f(t)$ 的初值 $f(0_+)$。

解　由初值定理，有

$$f(0_+) = \lim\limits_{s\to\infty} sF(s) = \lim\limits_{s\to\infty} \frac{s^2}{s+1} = \infty$$

因为　　$f(t) = \delta(t) - \mathrm{e}^{-t}u(t) \xleftrightarrow{\mathrm{LT}} F(s) = 1 - \dfrac{1}{s+1} = \dfrac{s}{s+1}$

所以　　　$f(0_+) = \lim\limits_{t \to 0_+} [\delta(t) - e^{-t}u(t)] = \delta(0_+) - e^{-t}u(t)|_{t=0_+} = -1$

　　显然，两者不一致，其原因在于信号在零点含有冲激函数。对于这种情况，若需要求 $f(t)$ 的初值，应对初值定理进行修改。若信号 $f(t) = A\delta(t) + f_1(t)$ 包含冲激函数，可以证明：

　　　　　$f(0_+) = \lim\limits_{s \to \infty} s[F(s) - A]$

因为　　　$f(t) \xleftarrow{\text{LT}} F(s) = A + F_1(s)$

所以　　　$f(0_+) = \lim\limits_{s \to \infty} sF_1(s)$

式中，$F_1(s)$ 为真分式。

　　例 8-14 中 $F_1(s)$ 为假分式，可以写成

　　　　　$F(s) = \dfrac{s}{s+1} = 1 - \dfrac{1}{s+1} = A + F_1(s)$

所以　　　$f(0_+) = \lim\limits_{s \to \infty} sF_1(s) = \lim\limits_{s \to \infty} -\dfrac{s}{s+1} = -1$

与直接由时域求得的初值一致。

　　表 8-2 综合了本书所得到的单边拉普拉斯变换的全部性质，这些性质在计算拉普拉斯变换及其反变换中是非常有用的。表中

　　　　　$f^{(-1)}(0_-) = \displaystyle\int_{-\infty}^{0_-} x(\tau)\mathrm{d}\tau$

表 8-2　单边拉普拉斯变换性质

性质名称	时域	复频域（s 域）	收敛域
	$f(t)$	$F(s)$	$\mathbf{R}$
	$f_1(t)$	$F_1(s)$	$R_1 = \mathrm{Re}[s] > \sigma_1$
	$f_2(t)$	$F_2(s)$	$R_2 = \mathrm{Re}[s] > \sigma_2$
线性	$af_1(t) + bf_2(t)$	$aF_1(s) + bF_2(s)$	至少包含 $R_1 \bigcap R_2$
尺寸变换	$f(at), a > 0$	$\dfrac{1}{a}F\left(\dfrac{s}{a}\right)$	$\mathrm{Re}[s] > a \cdot \mathbf{R}$
时移	$f(t-t_0)u(t-t_0), t_0 \geqslant 0$	$e^{-s t_0}F(s)$	$\mathrm{ROC} = \mathbf{R}$
s 域平移	$e^{s_0 t}f(t)$	$F(s - s_0)$	$\mathbf{R} + \mathrm{Re}[s_0]$
卷积	$f_1(t) * f_2(t)$	$F_1(s)F_2(s)$	至少包含 $R_1 \bigcap R_2$
相乘	$f_1(t)f_2(t)$	$\dfrac{1}{2\pi\mathrm{j}}F_1(s) * F_2(s)$	$\mathrm{Re}[s] > \sigma_1 + \sigma_2$
s 域微分	$-tf(t)$	$\dfrac{\mathrm{d}F(s)}{\mathrm{d}s}$	$\mathrm{ROC} = \mathbf{R}$
微分	$\dfrac{\mathrm{d}f(t)}{\mathrm{d}t}$	$sF(s) - f(0_-)$	$\mathrm{ROC} = \mathbf{R}$
	$\dfrac{\mathrm{d}^2 f(t)}{\mathrm{d}t^2}$	$s^2 F(s) - sf(0_-) - f'(0_-)$	$\mathrm{ROC} = \mathbf{R}$
积分	$\displaystyle\int_{0_-}^{t} f(\tau)\mathrm{d}\tau$	$\dfrac{F(s)}{s}$	包含 $R \bigcap \{\mathrm{Re}[s] > , 0\}$
	$\displaystyle\int_{-\infty}^{t} f(\tau)\mathrm{d}\tau$	$\dfrac{F(s)}{s} + \dfrac{f^{(-1)}(0_-)}{s}$	
初值	$x(0_+)$	$\lim\limits_{s \to \infty} sF(s)$	
终值	$x(\infty)$	$\lim\limits_{s \to 0} sF(s)$	

8.4 单边拉普拉斯逆变换

无论是信号分析还是系统分析，经常需要从信号的拉普拉斯变换 $F(s)$ 求解信号的时域表示式 $f(t)$，这就是拉普拉斯逆变换问题。由拉普拉斯变换定义可知，求时域信号可以通过拉普拉斯逆变换定义式 $f(t) = \dfrac{1}{2\pi} \displaystyle\int_{\sigma-j\infty}^{\sigma+j\infty} F(s)\mathrm{e}^{st}\mathrm{d}s$ 进行复变函数积分（用留数定理）求得，这种解法往往比较复杂。实际上，可以借助一些代数运算将 $F(s)$ 分解，分解后的各项 s 函数式的逆变换可以通过查表的方法获得，因为无需进行积分运算，求解过程大大简化。

由于我们分析的系统和信号多是因果的，所以在实际应用中，我们常需考虑单边信号的拉普拉斯逆变换问题，下面对单边拉普拉斯逆变换的求解方法作一介绍。

8.4.1 部分分式展开法

$F(s)$ 一般为 s 的有理式，通常表示为

$$F(s) = \frac{N(s)}{D(s)} = \frac{b_0 + b_1 s + b_2 s^2 + \cdots + b_m s^m}{a_0 + a_1 s + a_2 s^2 + \cdots + a_n s^n} \tag{8-4-1}$$

式中，系数 a_i 和 b_i 都是实数，m 和 n 是正整数。

为便于分解，将 $F(s)$ 的分母多项式 $D(s)$ 和分子 $N(s)$ 分别进行因式分解，表示为

$$F(s) = \frac{N(s)}{D(s)} = \frac{b_m(s - z_1)(s - z_2)\cdots(s - z_m)}{a_n(s - p_1)(s - p_2)\cdots(s - p_n)} \tag{8-4-2}$$

式中 $D(s)$ 称为特征多项式，$p_1, p_2, \cdots, p_n$ 称为 $F(s)$ 的"极点"，它们是特征方程 $D(s) = 0$ 的根，也称为特征根或固有频率。$z_1, z_2, \cdots, z_m$ 称为 $F(s)$ 的"零点"，它们是方程 $N(s) = 0$ 的根。

按照极点的不同特点，有以下几种情况。

1. 极点为实数，无重根

$F(s)$ 为有理真分式（$m < n$），则 $F(s)$ 可以分解为

$$\begin{aligned}
F(s) = \frac{N(s)}{D(s)} &= \frac{N(s)}{a_n(s - p_1)(s - p_2)\cdots(s - p_n)} \\
&= \frac{k_1}{s - p_1} + \frac{k_2}{s - p_2} + \cdots + \frac{k_n}{s - p_n} = \sum_i \frac{k_i}{s - p_i}
\end{aligned} \tag{8-4-3}$$

式中，$k_i(i = 1, 2, \cdots, n)$ 分别为各分式的系数，通过下面的方法计算得到：

$$k_i = F(s)(s - p_i)\big|_{s = p_i} \tag{8-4-4}$$

如果信号为因果信号，其反变换为

$$f(t) = (k_1 \mathrm{e}^{p_1 t} + k_2 \mathrm{e}^{p_2 t} + \cdots + k_n \mathrm{e}^{p_n t})u(t)$$

如果 $F(s)$ 为有理假分式（$m \geqslant n$），此时先将 $F(s)$ 用长除法化为 s 的多项式与有理真分式两部分：

$$F(s) = \frac{N(s)}{D(s)} = B_0 + B_1 s + \cdots + B_{m-n} s^{m-n} + \frac{N_1(s)}{D(s)} \tag{8-4-5}$$

式中，$\dfrac{N_1(s)}{D(s)}$ 为真分式，按照上面的解法展开求解。

多项式部分对应冲激函数及其高阶导数，即

$$B_0 \xleftrightarrow{\text{LT}} B_0 \delta(t)$$

$$B_1 s \xleftarrow{\quad LT \quad} B_1 \delta'(t)$$

……

$$B_{m-n} s^{m-n} \xleftarrow{\quad LT \quad} B_{m-n} \delta^{m-n}(t)$$

下面举例说明。

例 8-15　利用部分分式展开法求下列 $F(s)$ 的单边拉普拉斯逆变换：

$$(1) F(s) = \frac{s+4}{s^3 + 3s^2 + 2s}; \qquad (2) F(s) = \frac{s^3 + 5s^2 + 9s + 7}{(s+1)(s+2)} \text{。}$$

解　(1) $F(s)$ 为真分式，极点为一阶极点，将 $F(s)$ 写成部分分式展开形式：

$$F(s) = \frac{s+4}{s^3 + 3s^2 + 2s} = \frac{s+4}{s(s+1)(s+2)} = \frac{k_1}{s} + \frac{k_2}{s+1} + \frac{k_3}{s+2}$$

分别求出 k_1, k_2, k_3 如下：

$$k_1 = sF(s)|_{s=0} = \frac{4}{1 \times 2} = 2$$

$$k_2 = (s+1)F(s)|_{s=-1} = \frac{3}{(-1) \times 1} = -3$$

$$k_3 = (s+2)F(s)|_{s=-2} = \frac{2}{(-2) \times (-1)} = 1$$

$$F(s) = \frac{2}{s} - \frac{3}{s+1} + \frac{1}{s+2}$$

根据基本信号的变换对，所以逆变换为

$$f(t) = (2 - 3e^{-t} + e^{-2t})u(t)$$

(2) $F(s)$ 为假分式，极点为一阶极点，用分子除以分母（长除法）得到

$$F(s) = \frac{s^3 + 5s^2 + 9s + 7}{(s+1)(s+2)} = s + 2 + \frac{s+3}{(s+1)(s+2)} = s + 2 + \frac{2}{s+1} - \frac{1}{s+2}$$

根据基本信号的变换对，所以逆变换为

$$f(t) = \delta'(t) + 2\delta(t) + (2e^{-t} - e^{-2t}) \cdot u(t)$$

2. 极点为实数，有重根

$$F(s) = \frac{N(s)}{D(s)} = \frac{N(s)}{(s - p_1)^k D_1(s)} \tag{8-4-6}$$

式中，在 $s = p_1$ 处，$F(s)$ 有 k 重根，即 p_1 为 $F(s)$ 的 k 阶极点，将 $F(s)$ 写成展式

$$F(s) = \frac{k_{11}}{(s - p_1)^k} + \frac{k_{12}}{(s - p_1)^{k-1}} + \cdots + \frac{k_{1k}}{(s - p_1)} + \frac{B(s)}{D(s)} \tag{8-4-7}$$

这里 $\dfrac{B(s)}{D(s)}$ 表示展开式中与极点 p_1 无关的其余部分，它的部分分式展开法同前。式中极点对应的系数 k_{11} 可以采用下述方法计算得到：

$$k_{11} = F(s)(s - p_1)^k|_{s=p_1} \tag{8-4-8}$$

为求其他系数 $k_{12}, k_{13}, \cdots, k_{1k}$，可以引入函数

$$F_1(s) = (s - p_1)^k F(s) \tag{8-4-9}$$

于是　$F_1(s) = k_{11} + k_{12}(s - p_1) + \cdots + k_{1k}(s - p_1)^{k-1} + \dfrac{B(s)(s - p_1)^k}{D(s)}$

对其微分后得

$$\frac{dF_1(s)}{d(s)} = k_{12} + 2k_{13}(s - p_1) + \cdots + k_{1k}(k-1)(s - p_1)^{k-2} + \cdots$$

于是可以得出

$$k_{11} = F_1(s)|_{s=p_1}$$

$$k_{12} = \frac{\mathrm{d}F_1(s)}{\mathrm{d}s}\bigg|_{s=p_1}$$

$$k_{13} = \frac{1}{2}\frac{\mathrm{d}^2F_1(s)}{\mathrm{d}s^2}\bigg|_{s=p_1} \tag{8-4-10}$$

......

$$k_{1i} = \frac{1}{(i-1)!}\frac{\mathrm{d}^{(i-1)}F_1(s)}{\mathrm{d}s^{(i-1)}}\bigg|_{s=p_1} \quad (i=1,2,\cdots,k)$$

例 8-16 求下列函数的单边拉普拉斯逆变换：

$$(1)F(s) = \frac{s+3}{(s+1)^3(s+2)}; \qquad (2)F(s) = \frac{s^3}{(s+1)^3}\text{。}$$

解 (1) 将 $F(s)$ 写成展开式

$$F(s) = \frac{s+3}{(s+1)^3(s+2)} = \frac{k_{11}}{(s+1)^3} + \frac{k_{12}}{(s+1)^2} + \frac{k_{13}}{(s+1)} + \frac{k_2}{(s+2)}$$

容易求得 $\quad k_2 = (s+2)F(s)|_{s=-2} = -1$

为求出与重根相关的各系数，令

$$F_1(s) = (s+1)^3 F(s) = \frac{s+3}{s+2}$$

可以得到

$$k_{11} = \frac{s+3}{s+2}\bigg|_{s=-1} = 2$$

$$k_{12} = \left(\frac{s+3}{s+2}\right)'\bigg|_{s=-1} = -1$$

$$k_{13} = \frac{1}{2}\left(\frac{s+3}{s+2}\right)''\bigg|_{s=-1} = 1$$

于是 $\quad F(s) = \frac{2}{(s+1)^3} - \frac{1}{(s+1)^2} + \frac{1}{(s+1)} - \frac{1}{(s+2)}$

$$f(t) = [(t^2 - t + 1)\cdot\mathrm{e}^{-t} - \mathrm{e}^{-2t}]\cdot u(t)$$

(2) $F(s)$ 为假分式，利用长除法展开为

$$F(s) = \frac{s^3}{(s+1)^3} = 1 - \frac{3s^2 + 3s + 1}{(s+1)^3} = 1 - \left[\frac{k_{11}}{(s+1)^3} + \frac{k_{12}}{(s+1)^2} + \frac{k_{13}}{(s+1)}\right]$$

其中

$$k_{11} = 3s^2 + 3s + 1|_{s=-1} = 1$$

$$k_{12} = (3s^2 + 3s + 1)'|_{s=-1} = -3$$

$$k_{13} = \frac{1}{2}(3s^2 + 3s + 1)''|_{s=-1} = 3$$

于是 $\quad F(s) = 1 - \left[\frac{1}{(s+1)^3} - \frac{3}{(s+1)^2} + \frac{3}{(s+1)}\right]$

$$f(t) = \delta(t) - \left(\frac{1}{2}t^2 - 3t + 3\right)\cdot\mathrm{e}^{-t}\cdot u(t)$$

3. 包含共轭复数极点

$$F(s) = \frac{N(s)}{D(s)} = \frac{N(s)}{D_1(s)(s^2 + as + b)} = \frac{N(s)}{D_1(s)(s + \alpha + \mathrm{j}\beta)(s + \alpha - \mathrm{j}\beta)} \tag{8-4-11}$$

式中,共轭极点为 $s + \alpha \pm j\beta$,$D_1(s)$ 表示多项式的其他部分,引入函数 $F_1(s) = \dfrac{N(s)}{D_1(s)}$,将 $F(s)$ 写成展开式

$$F(s) = \frac{F_1(s)}{(s + \alpha + j\beta)(s + \alpha - j\beta)} = \frac{k_1}{s + \alpha + j\beta} + \frac{k_2}{s + \alpha - j\beta} + \cdots$$

k_1,k_2 可以采用计算得到

$$k_1 = (s + \alpha + j\beta)F(s)|_{s = -\alpha - j\beta}$$
$$k_2 = (s + \alpha - j\beta)F(s)|_{s = -\alpha + j\beta}$$

(8-4-12)

不难看出 k_1,k_2 呈共轭关系

$$k_1 = k_2{}^*$$

共轭极点所对应的信号部分为

$$f(t) = e^{-\alpha}(k_1 e^{j\beta t} + k_1{}^* e^{-j\beta t})u(t)$$

(8-4-13)

　　另一种方法可以采用保留 $F(s)$ 分母多项式中的二次项 $(s^2 + as + b)$,利用配方法将它写成正弦或余弦函数的拉普拉斯变换的形式,然后再对 $F(s)$ 诸项进行反变换。以下举例说明。

　　例 8-17　设 $F(s) = \dfrac{s + 2}{(s^2 + 2s + 2)}$,求其单边拉普拉斯逆变换 $f(t)$。

　　解　将 $F(s)$ 展开成部分分式

$$F(s) = \frac{s + 2}{(s^2 + 2s + 2)} = \frac{s + 2}{(s + 1)^2 + 1} = \frac{s + 1}{(s + 1)^2 + 1} + \frac{1}{(s + 1)^2 + 1}$$

于是　　　$f(t) = (\cos t \cdot e^{-t} + \sin \cdot e^{-t}) \cdot u(t) = (\cos t + \sin t) \cdot e^{-t}u(t)$

　　综上所述可知,利用部分分式展开的方法求解 $F(s)$ 为有理式的单边拉普拉斯逆变换较为简便。下面总结利用部分分式法求单边拉普拉斯逆变换的步骤:

　　(1) 利用部分分式展开法将 $F(s)$ 展开为低阶项;

　　(2) 据低阶项和常用典型信号的拉普拉斯变换对,确定因果信号 $f(t)$。

　　例 8-18　已知 $F(s) = \dfrac{3s + 8}{(s^2 + 5s + 6)}(1 - e^{-s})$,$\text{Re}[s] > -2$,求 $f(t)$。

　　解　引入中间函数 $F_1(s) = \dfrac{3s + 8}{(s^2 + 5s + 6)}$,则 $F(s) = F_1(s)(1 - e^{-s})$。

设　　　　$f_1(t) \xleftarrow{\text{LT}} F_1(s)$

　　　　　$f(t) \xleftarrow{\text{LT}} F(s)$

利用拉普拉斯变换的性质,可知

$$f(t) = f_1(t) - f_1(t - 1)$$

利用部分分式展开法,得到 $F_1(s)$ 的反变换 $f_1(t)$

$$F_1(s) = \frac{3s + 8}{(s^2 + 5s + 6)} = \frac{3s + 8}{(s + 2)(s + 3)} = \frac{2}{s + 2} + \frac{1}{s + 3}$$

考虑到收敛区间为　$\text{Re}[s] > -2$

所以　　　$f_1(t) = (2e^{-2t} + e^{-3t})u(t)$

得到　　　$f(t) = (2e^{-2t} + e^{-3t})u(t) - (2e^{-2(t-1)} + e^{-3(t-1)})u(t - 1)$

8.4.2　留数法

　　单边拉普拉斯变换也可以用定义来求解,这种方法称为留数法。

因为拉普拉斯逆变换的定义为

$$f(t) = \frac{1}{2\pi \mathrm{j}} \int_{\sigma-\mathrm{j}\beta}^{\sigma+\mathrm{j}\beta} F(s)\mathrm{e}^{st}\mathrm{d}s$$

为应用留数定理,将拉普拉斯逆变换的积分线补足一条半径为无穷大的圆弧,以构成一条闭合曲线,形成围线积分,所以,上式可写为

$$f(t) = \frac{1}{2\pi \mathrm{j}} \int_{\sigma-\mathrm{j}\beta}^{\sigma+\mathrm{j}\beta} F(s)\mathrm{e}^{st}\mathrm{d}s = \frac{1}{2\pi \mathrm{j}} \oint_L F(s)\mathrm{e}^{st}\mathrm{d}s \tag{8-4-14}$$

根据留数定理,有

$$f(t) = \frac{1}{2\pi \mathrm{j}} \oint_L F(s)\mathrm{e}^{st}\mathrm{d}s = \sum_m \mathrm{Res}[F(s)\mathrm{e}^{st}] \tag{8-4-15}$$

由上式可以看出,拉普拉斯逆变换可以通过求围线中各极点的留数之和来获得。

根据复变函数理论,若 $F(s)$ 为有理真分式,并且 $F(s)\mathrm{e}^{st}$ 的极点 $s = s_i$ 为一阶极点,则该极点的留数为

$$\mathrm{Res}[F(s)\mathrm{e}^{st}] = (s - s_i)F(s)\mathrm{e}^{st}|_{s=s_i} \tag{8-4-16}$$

若 $F(s)\mathrm{e}^{st}$ 的极点 $s = s_i$ 为 r 重极点,则该极点的留数为

$$\mathrm{Res}[F(s)\mathrm{e}^{st}] = \frac{1}{(r-1)!} \frac{\mathrm{d}^{r-1}}{\mathrm{d}s^{r-1}}[(s - s_i)^r F(s)\mathrm{e}^{st}]|_{s=s_i} \tag{8-4-17}$$

例 8-19　已知 $F(s) = \dfrac{1}{(s+3)(s+2)^2}$,$\mathrm{Re}[s] > -2$,求 $f(t)$。

解　由于 $\mathrm{Re}[s] > -2$,则 $F(s)\mathrm{e}^{st}$ 的极点分别为一阶极点 $s_1 = -3$ 和二重极点 $s_2 = -2$,根据式(8-4-16) 和(8-4-17),s_1 和 s_2 点的留数为

$$\mathrm{Res}_{s_1}[F(s)\mathrm{e}^{st}] = (s+3)F(s)\mathrm{e}^{st}|_{s=-3} = \mathrm{e}^{-3t}$$

$$\mathrm{Res}_{s_2}[F(s)\mathrm{e}^{st}] = \frac{\mathrm{d}}{\mathrm{d}s}[(s+2)^2 F(s)\mathrm{e}^{st}|_{s=-2} = t\mathrm{e}^{-2t} - \mathrm{e}^{-2t}$$

于是,$f(t)$ 的表达式为

$$f(t) = [\mathrm{e}^{-3t} + (t-1)\mathrm{e}^{-2t}]u(t)$$

【本章知识要点】

拉普拉斯变换可以看作是傅里叶变换的推广。在连续时间 LTI 系统和信号的分析和研究中,拉普拉斯变换是一种特别有用的分析工具。

本章介绍了双边拉普拉斯变换及其收敛域,同时也介绍了另一种拉普拉斯变换形式,即单边拉普拉斯变换,并在此基础上介绍了其收敛域、常用信号的单边拉普拉斯变换、单边拉普拉斯变换的性质与应用、单边拉普拉斯逆变换等内容。

习　题

8-1　求下列信号的双边拉氏变换,并注明其收敛域:

(1) $f(t) = (1 - \mathrm{e}^{-2t})u(-t)$;　　　(2) $f(t) = \mathrm{e}^{-t}u(t) + \mathrm{e}^{2t}u(-t)$;

(3) $f(t) = u(t+1) - u(t-1)$;　　(4) $f(t) = \mathrm{e}^{-|t|}$

(5) $f(t) = \begin{cases} \sin 2t & t < 0 \\ \mathrm{e}^{-t} & t \geqslant 0 \end{cases}$　　(6) $f(t) = \begin{cases} \mathrm{e}^{2t} & t < 0 \\ \cos 4t & t \geqslant 0 \end{cases}$

8-2　根据定义求下列信号单边拉氏变换:

(1)$f(t) = \sin(\beta t + \theta)$;

(2)$f(t) = (\sin t + 2\cos t)u(t)$;

(3)$f(t) = a^t$。

8-3　求下列信号的单边拉氏变换，并注明收敛域：

(1)$f(t) = (\mathrm{e}^{2t} + \mathrm{e}^{-2t})u(t)$;

(2)$f(t) = (t + 1)u(t)$;

(3)$f(t) = (1 + t\mathrm{e}^{-t})u(t)$。

8-4　求题 8-4 图所示信号的单边拉氏变换。

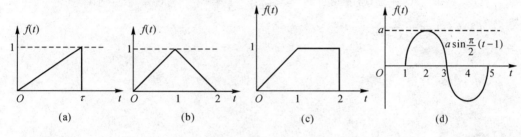

题 8-4 图

8-5　用性质求下列信号的单边拉氏变换：

(1)$\mathrm{e}^{-(t-2)}[u(t) - u(t - 2)]$;　　　(2)$u(2t - 2)$;

(3)$\sin(2t - 1)u(2t - 1)$;　　　(4)$\mathrm{e}^{-t}\cos(t - 2)u(t - 2)$;

(5)$(\sin\pi t + 1)[u(t) - u(t - 2)]$;　　　(6)$(t - 1)\mathrm{e}^{-t}u(t - 1)$;

(7)$\dfrac{\mathrm{d}^2}{\mathrm{d}t^2}[\mathrm{e}^{-t}\sin t\, u(t)]$。

8-6　题 8-6 图所示为从 $t = 0$ 起始的周期信号，求 $f(t)$ 单边拉氏变换。

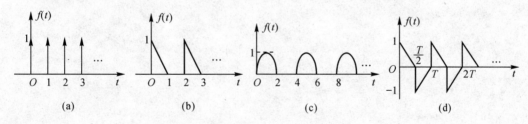

题 8-6 图

8-7　已知 $f(t)$ 为因果信号，$f(t) \Leftrightarrow F(s)$，求下列信号的象函数：

(1)$\mathrm{e}^{-3t}f(3t)$;　　　(2)$(t - 2)^2 f\left(\dfrac{1}{2}t - 1\right)$;

(3)$t\mathrm{e}^{-t}f(2t)$;　　　(4)$f(mt - n), m > 0, n > 0$。

8-8　求下列象函数的原函数：

(1) $F(s) = \dfrac{s + 2}{(s + 1)(s + 3)}$　$-3 < \mathrm{Re}[s] < -1$;

(2) $F(s) = \dfrac{-2}{s^2 - 12s + 35}$　$5 < \mathrm{Re}[s] < 7$;

(3) $F(s) = \dfrac{2s - 8}{s^2 - 8s + 15}$　　$3 < \mathrm{Re}[s] < 5$;

(4) $F(s) = \dfrac{-2}{(s+2)(s+3)(s+4)}$ $-3 < \mathrm{Re}[s] < -2$。

8-9　求下列信号的单边拉氏变换的逆变换：

(1) $\dfrac{s^2 + 1}{s^2 + 5s + 6}$；   (2) $\dfrac{2}{s(s^2 + 4)}$；   (3) $\dfrac{s+5}{s(s^2 + 2s + 5)}$；

(4) $\dfrac{1}{(s^2 + 1)^2}$；   (5) $\dfrac{\pi(1 + \mathrm{e}^{-s})}{(s^2 + \pi^2)(1 - \mathrm{e}^{-2s})}$。

8-10　已知 $F(s)$，求原函数 $f(t)$ 的初值 $f(0)$ 和终值 $f(\infty)$：

(1) $F(s) = \dfrac{s+1}{(s+2)(s+3)}$；   (2) $F(s) = \dfrac{s+3}{s^2 + 6s + 10}$；

(3) $F(s) = \dfrac{2}{s(s+2)^2}$。

第9章　连续时间系统的复频域分析

【内容提要】　本章主要介绍系统函数的概念,系统的微分方程复频域解,RLC 系统的复频域模型及分析方法,连续时间系统的信号流图表示和系统的稳定性。

拉普拉斯变换法是连续时间系统分析的又一个重要工具,与傅氏分析法相比较,可涉及的信号和系统更广泛,尤其在分析非零起始状态的系统时,可自动计入非零起始状态,从而一次可解得零输入响应、零状态响应和全响应。由于拉氏变换建立了时间变量 $f(t)$ 与复频域(s 域)变量 s 之间的对应关系,故把用拉普拉斯变换法对系统的分析也称为系统的复频域(s 域)分析。

9.1　连续时间系统的零状态响应

9.1.1　连续时间信号的复频域分解

根据单边拉普拉斯逆变换的定义,若信号 $f(t)$ 的单边拉普拉斯变换为 $F(s)$,则信号 $f(t)$ 可以表示为

$$f(t) = \frac{1}{2\pi \mathrm{j}} \int_{\sigma - \mathrm{j}\infty}^{\sigma + \mathrm{j}\infty} F(s) \mathrm{e}^{st} \mathrm{d}s \qquad t > 0 \tag{9-1-1}$$

式(9-1-1)的物理意义就是 $f(t)$ 分解为 $\sigma - \mathrm{j}\infty$ 到 $\sigma + \mathrm{j}\infty$ 区间上不同 s 的基本信号 e^{st} 之和(积分)。对于上述区间上任一 s, $\frac{1}{2\pi \mathrm{j}} F(s) \mathrm{d}s$ 是一个复数,是信号 e^{st} 的复幅度。求和(积分)的路径是 $F(s)$ 收敛域中平行于 $\mathrm{j}\omega$ 轴的一条直线。就系统分析而言,信号分解为基本信号 e^{st} 之和主要基于两个原因:一是基本信号 e^{st} 的形式简单,其响应的求解比较简单;二是系统是线性的,因而可以应用系统的可加性,即由基本信号响应之和求系统的响应。

9.1.2　基本信号 e^{st} 激励下的零状态响应

若线性时不变系统的输入为 $f(t)$,零状态响应 $y_{zs}(t)$,冲激响应为 $h(t)$,由连续时间系统的时域分析可知

$$y_{zs}(t) = f(t) * h(t)$$

若系统的输入为基本信号 $f(t) = \mathrm{e}^{st}$,则有

$$y_{zs}(t) = \mathrm{e}^{st} * h(t) = \int_{-\infty}^{\infty} h(\tau)\mathrm{e}^{s(t-\tau)}\mathrm{d}\tau = \mathrm{e}^{st}\int_{-\infty}^{\infty} h(\tau)\mathrm{e}^{-st}\mathrm{d}\tau$$

若 $h(t)$ 为因果信号，则有

$$y_{zs}(t) = \mathrm{e}^{st}\int_{-\infty}^{\infty} h(\tau)\mathrm{e}^{-st}\mathrm{d}\tau = \mathrm{e}^{st}H(s) \tag{9-1-2}$$

式(9-1-2)中

$$H(s) = \int_{0}^{\infty} h(\tau)\mathrm{e}^{-st}\mathrm{d}\tau = \int_{0}^{\infty} h(t)\mathrm{e}^{-st}\mathrm{d}t = \mathrm{LT}[h(t)] \tag{9-1-3}$$

即 $H(s)$ 是冲激响应 $h(t)$ 的单边拉普拉斯变换，称为线性连续时间系统的系统函数，e^{st} 称为系统的特征函数。式(9-1-2)表明，线性连续时间系统对基本信号 e^{st} 的零状态响应等于 e^{st} 与系统函数 $H(s)$ 的乘积。

9.1.3　一般信号 $f(t)$ 激励下的零状态响应

若线性连续时间系统的输入信号 $f(t)$ 是因果信号，并且 $f(t)$ 的单边拉普拉斯变换存在，则 $f(t)$ 可分解为复指数信号 e^{st} 之和，如式(9-1-1)所示。

根据式(9-1-2)，对于 $\sigma - \mathrm{j}\infty$ 到 $\sigma + \mathrm{j}\infty$ 区间上的任一 s，信号 e^{st} 产生的零状态响应等于 $H(s)\mathrm{e}^{st}$，e^{st} 与其响应的对应关系可表示为

$$\mathrm{e}^{st} \rightarrow H(s)\mathrm{e}^{st}$$

根据线性系统的齐次性，对于 $\sigma - \mathrm{j}\infty$ 到 $\sigma + \mathrm{j}\infty$ 区间上的任一 s，$\dfrac{1}{2\pi\mathrm{j}}F(s)\mathrm{d}s$ 为一复数，因此，信号 $\left[\dfrac{1}{2\pi\mathrm{j}}F(s)\mathrm{d}s\right]\mathrm{e}^{st}$ 产生的零状态响应可表示为

$$\left[\frac{1}{2\pi\mathrm{j}}F(s)\mathrm{d}s\right]\mathrm{e}^{st} \rightarrow \frac{1}{2\pi\mathrm{j}}F(s)\mathrm{d}s H(s)\mathrm{e}^{st}$$

根据线性系统的可加性，由于系统的输入信号 $f(t)$ 可分解为 $\sigma - \mathrm{j}\infty$ 到 $\sigma + \mathrm{j}\infty$ 区间上不同 s 的指数信号 $\left[\dfrac{1}{2\pi\mathrm{j}}F(s)\mathrm{d}s\right]\mathrm{e}^{st}$ 的和(积分)，因此，系统对 $f(t)$ 的零状态响应等于这些指数信号产生的零状态响应之和，可表示为

$$f(t) = \frac{1}{2\pi\mathrm{j}}\int_{\sigma-\mathrm{j}\infty}^{\sigma+\mathrm{j}\infty} F(s)\mathrm{e}^{st}\mathrm{d}s \rightarrow \frac{1}{2\pi\mathrm{j}}\int_{\sigma-\mathrm{j}\infty}^{\sigma+\mathrm{j}\infty} F(s)H(s)\mathrm{e}^{st}\mathrm{d}s$$

即 $f(t)$ 产生的零状态响应 $y_{zs}(t)$ 为

$$y_{zs}(t) = \frac{1}{2\pi\mathrm{j}}\int_{\sigma-\mathrm{j}\infty}^{\sigma+\mathrm{j}\infty} F(s)H(s)\mathrm{e}^{st}\mathrm{d}s \tag{9-1-4}$$

因为 $f(t)$，$h(t)$ 都是因果信号，所以，$y_{zs}(t)$ 也是因果信号。

另一方面，由于 $y_{zs}(t) = f(t) * h(t)$，根据时域卷积性质，则 $y_{zs}(t)$ 的单边拉普拉斯变换为

$$Y_{zs}(s) = \mathrm{LT}[y_{zs}(t)] = H(s)F(s) \tag{9-1-5}$$

由式(9-1-5)可得，系统函数可以表示为

$$H(s) = \frac{Y_{zs}(s)}{F(s)}$$

由此可见，系统的零状态响应可按以下步骤求解：

(1) 求系统输入信号 $f(t)$ 的单边拉普拉斯变换 $F(s)$；

(2) 求系统函数 $H(s)$；

（3）求零状态响应的单边拉普拉斯变换 $Y_{zs}(s)$，

$$Y_{zs}(s) = F(s) \cdot H(s)$$

（4）求 $Y_{zs}(s)$ 的单边拉普拉斯逆变换 $y_{zs}(t)$。

例 9-1　已知系统的传递函数为 $H(s) = \dfrac{1}{s+2}$，若系统的输入信号 $f(t) = tu(t)$，求系统的零状态响应 $y_{zs}(t)$。

解　（1）求 $f(t)$ 的单边拉普拉斯变换

$$F(s) = \mathrm{LT}[f(t)] = \mathrm{LT}[tu(t)] = \frac{1}{s^2}$$

（2）求 $Y_{zs}(s)$

$$Y_{zs}(s) = H(s)F(s) = \frac{1}{s^2(s+2)} = \frac{1}{4}\left(\frac{2}{s^2} + \frac{1}{s+2} - \frac{1}{s}\right)$$

（3）求 $Y_{zs}(s)$ 的单边拉普拉斯逆变换 $y_{zs}(t)$

$$y_{zs}(t) = \mathrm{LT}^{-1}[Y_{zs}(s)] = \frac{1}{4}(2t + \mathrm{e}^{-2t} - 1)u(t)$$

9.2　系统微分方程的复频域解

线性时不变连续时间系统的输入输出关系通常是用线性常系数微分方程来描述的。根据单边拉普拉斯变换的时域微分性质，系统的微分方程可以变为复频域的代数方程，这就使得 求解微分方程变得更加容易。下面以二阶微分方程为例，讨论系统微分方程的零输入响应、零状态响应和全响应。

设连续时间系统的二阶微分方程为

$$y''(t) + a_1 y'(t) + a_0 y(t) = b_2 f''(t) + b_1 f'(t) + b_0 f(t) \tag{9-2-1}$$

式中：a_1, a_0 和 b_2, b_1, b_0 为实常数。由于 $f(t)$ 为因果信号，因此，$f(0_-)$，$f'(0_-)$ 均为零。

设初始时刻 $t_0 = 0$，$y(t)$ 的单边拉普拉斯变换为 $Y(s)$，对式（9-2-1）两边取单边拉普拉斯变换，根据时域微分性质，可得

$$[s^2 Y(s) - sy(0_-) - y'(0_-)] + a_1[sY(s) - y(0_-)] + a_0 Y(s)$$
$$= b_2 s^2 F(s) + b_1 s F(s) + b_0 F(s) \tag{9-2-2}$$

经整理后可得

$$(s^2 + a_1 s + a_0)Y(s) = [(s + a_1)y(0_-) + y'(0_-)] + (b_2 s^2 + b_1 s + b_0)F(s)$$
$$\tag{9-2-3}$$

对式（9-2-3），分别令

$$A(s) = s^2 + a_1 s + a_0 \tag{9-2-4}$$

$$B(s) = b_2 s^2 + b_1 s + b_0 \tag{9-2-5}$$

$$M(s) = (s + a_1)y(0_-) + y'(0_-) \tag{9-2-6}$$

则由式（9-2-3）可得

$$Y(s) = \frac{M(s)}{A(s)} + \frac{B(s)}{A(s)}F(s) \tag{9-2-7}$$

式（9-2-2）中，$y(0_-)$ 和 $y'(0_-)$ 分别是 $y(t)$ 和 $y'(t)$ 在 $t = 0_-$ 时刻的起始值。$A(s)$ 称为特征

多项式，$A(s) = 0$ 称为系统的特征方程，$A(s) = 0$ 的根称为特征根。$Y(s)$ 的第一项 $\dfrac{M(s)}{A(s)}$ 只与起始值 $y(0_-)$ 和 $y'(0_-)$ 有关，与系统的输入无关，因此，它是系统零输入响应 $y_{zi}(t)$ 的单边拉普拉斯变换 $Y_{zi}(s)$；$Y(s)$ 的第二项 $\dfrac{B(s)}{A(s)}F(s)$ 只与输入有关，而与起始值 $y(0_-)$ 和 $y'(0_-)$ 无关，因此，它是系统的零状态响应 $y_{zs}(t)$ 的单边拉普拉斯变换 $Y_{zs}(s)$。

对式(9-2-7)取单边拉普拉斯逆变换，就可以得到系统的零输入响应 $y_{zi}(t)$、零状态响应 $y_{zs}(t)$ 和全响应 $y(t)$，即

$$y(t) = \mathrm{LT}^{-1}\left[\frac{M(s)}{A(s)} + \frac{B(s)}{A(s)}F(s)\right] \tag{9-2-8}$$

$$y_{zi}(t) = \mathrm{LT}^{-1}\left[\frac{M(s)}{A(s)}\right] \tag{9-2-9}$$

$$y_{zs}(t) = \mathrm{LT}^{-1}\left[\frac{B(s)}{A(s)}F(s)\right] \tag{9-2-10}$$

由于 $Y_{zs}(s) = H(s)F(s)$，根据式(9-2-10)，则二阶系统的系统函数为

$$H(s) = \frac{B(s)}{A(s)} = \frac{b_2 s^2 + b_1 s + b_0}{s^2 + a_1 s + a_0} \tag{9-2-11}$$

设 n 阶连续时间系统的微分方程为

$$\sum_{i=0}^{n} a_i y^{(i)}(t) = \sum_{j=0}^{m} b_j f^{(j)}(t) \tag{9-2-12}$$

式中：$n \geq m$，$a_i(i = 0,1,2,\cdots,n)$，$b_j(j = 0,1,2,\cdots,m)$ 为实常数，$a_n = 1$，$y^{(i)}(t)$ 为 $y(t)$ 的 i 次导数，$f^{(j)}(t)$ 为 $f(t)$ 的 j 次导数，则 n 阶连续时间系统的系统函数为

$$H(s) = \frac{B(s)}{A(s)} = \frac{b_m s^m + b_{m-1} s^{m-1} + \cdots + b_1 s + b_0}{s^n + a_{n-1} s^{n-1} + \cdots + a_1 s + a_0} \tag{9-2-13}$$

式(9-2-13)给出了系统微分方程和系统函数之间的对应关系。根据这个关系，可由系统的微分方程得到系统函数，也可由系统函数得到系统的微分方程。

例 9-2 设某因果 LTI 系统的微分方程如下：

$$y''(t) + 3y'(t) + 2y(t) = \mathrm{e}^{-t}u(t)$$

$$y(0_-) = y'(0_-) = 0$$

求全响应 $y(t)$。

解 由给定的微分方程和起始状态可知系统是零状态的。对以上方程取拉氏变换，得

$$s^2 Y(s) + 3sY(s) + 2Y(s) = \frac{1}{s+1} \quad \mathrm{Re}[s] > -1$$

由上式解得

$$Y(s) = \frac{1}{(s+1)^2(s+2)} = \frac{1}{s+2} - \frac{1}{s+1} + \frac{1}{(s+1)^2} \quad \mathrm{Re}[s] > -1$$

考虑到输入的拉氏变换式的收敛域及系统的因果性，可知 $Y(s)$ 的收敛域为 $\mathrm{Re}[s] > -1$，取 $Y(s)$ 的拉氏反变换，得

$$y(t) = (-\mathrm{e}^{-t} + \mathrm{e}^{-2t} + t\mathrm{e}^{-t})u(t)$$

对于非零起始状态的系统则采用单边拉氏变换分析法，它的优点是在变换过程中会自动计入非零的起始状态，一次计算出系统的全响应，并可从中区别出零状态响应和零输入响应。

例 9-3　设某因果 LTI 系统的微分方程如下：

$$y''(t) + \frac{3}{2}y'(t) + \frac{1}{2}y(t) = 5e^{-3t}u(t)$$

$y(0_-) = 1, y'(0_-) = 0$，求全响应 $y(t), y_{zi}(t), y_{zs}(t)$。

解　取微分方程两边的单边拉氏变换，得

$$[s^2Y(s) - sy(0_-) - y'(0_-)] + \frac{3}{2}[sY(s) - y(0_-)] + \frac{1}{2}Y(s) = \frac{5}{s+3}$$

所以

$$Y(s) = \frac{\dfrac{5}{s+3} + sy(0_-) + y'(0_-) + \dfrac{3}{2}y(0_-)}{s^2 + \dfrac{3}{2}s + \dfrac{1}{2}}$$

将初始条件 $y(0_-) = 1$，$y'(0_-) = 0$ 代入上式，经整理得

$$Y(s) = \frac{\dfrac{5}{s+3}}{s^2 + \dfrac{3}{2}s + \dfrac{1}{2}} + \frac{s + \dfrac{3}{2}}{s^2 + \dfrac{3}{2}s + \dfrac{1}{2}}$$

显然，上式右端第一项是零状态响应的拉氏变换，因为它仅与激励有关，第二项是零输入响应的拉氏变换，将这两项分别记为 $Y_{zs}(s)$ 和 $Y_{zi}(s)$，有

$$Y_{zs}(s) = \frac{\dfrac{5}{s+3}}{s^2 + \dfrac{3}{2}s + \dfrac{1}{2}}, \quad Y_{zi}(s) = \frac{s + \dfrac{3}{2}}{s^2 + \dfrac{3}{2}s + \dfrac{1}{2}}$$

将以上两式展开成部分分式，取反变换，可得 $y_{zs}(t)$ 和 $y_{zi}(t)$。

$$Y_{zs}(s) = \frac{-5}{s+1} + \frac{4}{s + \dfrac{1}{2}} + \frac{1}{s+3} \quad \text{Re}\{s\} > -\frac{1}{2}$$

$$Y_{zi}(s) = \frac{-1}{s+1} + \frac{2}{s + \dfrac{1}{2}} \quad \text{Re}\{s\} > -\frac{1}{2}$$

$$y_{zs}(t) = \text{LT}^{-1}[y_{zs}(s)] = (-5e^{-t} + 4e^{-\frac{1}{2}t} + e^{-3t})u(t)$$

$$y_{zi}(t) = \text{LT}^{-1}[y_{zi}(s)] = (-e^{-t} + 2e^{-\frac{1}{2}t})u(t)$$

系统的全响应为

$$y(t) = y_{zs}(t) + y_{zi}(t) = \left[6(-e^{-t} + e^{-\frac{1}{2}t}) + e^{-3t}\right]u(t)$$

*9.3　*RLC* 系统的复频域模型及分析方法

用列写微分方程取拉氏变换的方法分析电路虽然具有许多优点，但对于较复杂的网络，可模仿正弦稳态分析中的相量法，将电路中的时域元件模型转换为 s 域模型，再用欧姆定理，基尔霍夫第一、第二定律导出网络的 s 域模型，经过简单的代数运算，便可得到输出拉氏变换。下面先介绍电路元件的复频域（s 域）模型。

电阻元件的电压与电流的时域关系为

$$V_R(t) = Ri_R(t) \tag{9-3-1}$$

将式(9-3-1)式两边取拉式变换,得

$$V_R(s) = RI_R(s) \tag{9-3-2}$$

由式(9-3-2)可得到电阻元件的复频域模型如图 9-1 所示。显然,电阻元件的复频域模型与时域模型具有相同的形式。

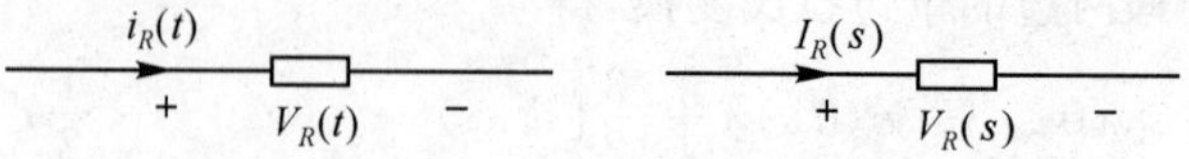

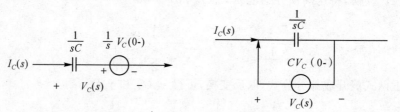

图 9-1　　电阻元件的复频域模型

电容元件的电压与电流的时域关系为

$$v_C(t) = \frac{1}{C}\int_{0_-}^{t} i_C(\tau)\mathrm{d}\tau + v_C(0_-) \tag{9-3-3}$$

将上式两边取拉氏变换,得

$$V_C(s) = \frac{1}{sC}I_C(s) + \frac{1}{s}v_C(0_-) \tag{9-3-4}$$

或　　　　　$$I_C(s) = sCV_C(s) - Cv_C(0_-) \tag{9-3-5}$$

上式表明,一个具有初始电压的电容元件,其复频域模型为一个复频容抗与电压源相串联,或者是与电流源并联,如图 9-2 所示。

图 9-2　　电容元件复频域模型

电感元件的电压与电流的时域关系为

$$v_L(t) = L\frac{\mathrm{d}i_L(t)}{\mathrm{d}t} \tag{9-3-6}$$

将上式两边取拉氏变换,得

$$V_L(s) = sLi_L(s) - Li_L(0_-) \tag{9-3-7}$$

或　　　　　$$I_L(s) = \frac{1}{sL}V_L(s) + \frac{i_L(0_-)}{s}$$

上式表明,一个具有初始电流的电感元件,其复频域模型为一个复频感抗与电压源相串联,或者是与电流源相并联,如图 9-3 所示。

图 9-3　　电感元件复频域模型

把电路中每个元件都用它的复频域模型来代替,将信号源及各分析变量用其拉氏变换式代替,就可由时域电路模型得到复频域电路模型。在复频域电路中,电压 $V(s)$ 与电流 $I(s)$

的关系是代数关系,可以应用与电阻电路一样的分析方法与定理列写并求解相应的方程式。

例 9-4　RLC 串联电路如图 9-4 所示。已知 $R = 2\Omega, L = 1\text{H}, C = 0.2\text{F}, i(0_-) = 1\text{A}$, $v_C(0_-) = 1\text{V}$,输入 $v_S = tu(t)$,求零状态响应 $i_{zs}(t)$,零输入响应 $i_{zi}(t)$ 以及全响应 $i(t)$ 和 $H(s)$。

解　先将图 9-4(a) 转换成 s 域模型电路,见图 9-4(b),应用基尔霍夫定律可得

$$I_L(s) = \frac{v(s) + Li(0_-) - \dfrac{v_C(0_-)}{s}}{R + sL + \dfrac{1}{sC}} = \frac{v(s)}{R + sL + \dfrac{1}{sC}} + \frac{Li(0_-) - \dfrac{v_C(0_-)}{s}}{R + sL + \dfrac{1}{sC}}$$

$$= I_{zs}(s) + I_{zi}(s)$$

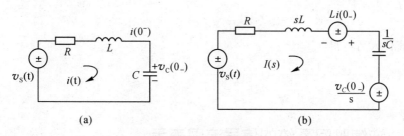

图 9-4　RLC 电路 s 域模型

上式第一项仅取决于输入,与非零起始状态无关,它是零状态响应 $i_{zs}(t)$ 的拉氏变换记作 $I_{zs}(s)$,第二项仅取决于非零起始状态与输入无关,它是零输入响应 $i_{zi}(t)$ 的拉氏变换,记作 $I_{zi}(s)$。

因为　　$V(s) = L[tu(t)] = \dfrac{1}{s^2}$

所以　　$I_{zs}(s) = \dfrac{\dfrac{1}{s^2}}{R + sL + \dfrac{1}{sC}}$

将给定的 R, L, C 元件值代入,并展成部分分式得

$$I_{zs} = \frac{1}{s(s^2 + 2s + 5)} = \frac{c_1}{s} + \frac{c_2 s + c_3}{(s+1)^2 + 4}$$

$$c_1 = sI_{zs}(s)|_{s=0} = \frac{1}{5}$$

将 $c_1 = 1/5$ 代入原式,用系数比较法,整理可得

$$\frac{1}{5}(s^2 + 2s + 5) + c_2 s^2 + c_3 s = 1$$

得

$$\frac{1}{5} + c_2 = 0, \quad \frac{2}{5} + c_3 = 0$$

于是　　$c_2 = -\dfrac{1}{5}, \quad c_3 = -\dfrac{2}{5}$

有　　$I_{zs}(s) = \dfrac{1}{5s} + \dfrac{-\dfrac{1}{5}s - \dfrac{2}{5}}{(s+1)^2 + 4} = \dfrac{1}{5} \times \dfrac{1}{s} - \dfrac{1}{5}\dfrac{(s+1)}{(s+1)^2 + 4} - \dfrac{1}{10} \times \dfrac{2}{(s+1)^2 + 4}$

对上式取反变换,得

$$i_{zs}(t) = \left(\frac{1}{5} - \frac{1}{5}e^{-t}\cos 2t - \frac{1}{10}e^{-t}\sin 2t \right) u(t)$$

同样可得到零输入响应的拉氏变换式:

$$I_{zi}(s) = \frac{Li(0_-) - \dfrac{v_C(0_-)}{s}}{R + sL + \dfrac{1}{sC}} = \frac{s-1}{(s+1)^2 + 4} = \frac{s+1}{(s+1)^2 + 4} - \frac{2}{(s+1)^2 + 4}$$

$$i_{zi}(t) = (e^{-t}\cos 2t - e^{-t}\sin 2t)u(t)$$

$$i(t) = i_{zs}(t) + i_{zi}(t) = \left(\frac{1}{5} + \frac{4}{5}e^{-t}\cos 2t - \frac{11}{10}e^{-t}\sin 2t \right) u(t)$$

$$H(s) = \frac{I_{ZS}(s)}{V(s)} = \frac{1}{R + sL + \dfrac{1}{sC}}$$

将电路数值代入后可得

$$H(s) = \frac{1}{2 + s + \dfrac{1}{0.2s}} = \frac{s}{s^2 + 2s + 5}$$

9.4 连续时间系统的信号流图表示

输入输出关系法描述线性时不变系统可以通过微分方程、单位冲激响应、系统函数等方法来实现,有了这些描述系统的方法,在理论上就可以对系统进行数学分析。然而在实际工作中所研究的系统往往比较复杂,尤其是一些运行成本比较高,有一定危险性的系统,还要通过计算机模拟,也称计算机仿真,对系统的特性进行观察,以直观了解各种激励对响应的影响以及参数变化对系统的影响。

9.4.1 连续系统的框图表示

在定义系统时曾介绍过线性时不变系统可以用一个矩形方框图来简单表示,如图 9-5 所示。其含义是系统能对信号实现变换 T[ ],将输入信号 $f(t)$ 转换为输出信号 $y(t)$,即 $y(t) = T[f(t)]$。方框类似于一个"黑盒子",其内部的具体结构、参数如何并不是主要关心的对象。

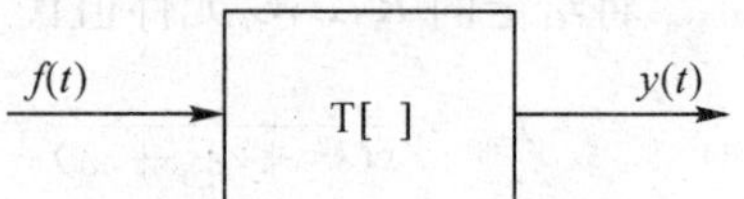

图 9-5 系统的输入、输出表示

系统的内部结构可以很复杂,也可以很简单。最简单的系统如放大器、延迟器等,电路系统则是由若干电路元件电阻、电感和电容等,通过串、并联方式构成。在进行系统仿真时使用三种基本运算:相加、数乘和积分,它们对应着三种基本模拟运算器件:加法器、数乘器和积分器。复杂系统往往是由几个相对简单的系统组合而成,系统的组合方式有级联、并联、混联以及反馈等,这样的复杂系统又称复合系统,组成复合系统的每一个系统也称子系统。这种关系用方框图来表示很简单,容易理解。

1. 级联形式

设复合系统的系统函数 $H(s)$ 能够分解成两个函数 $H_1(s)$ 和 $H_2(s)$ 的乘积

$$H(s) = H_1(s)H_2(s) \tag{9-4-1}$$

在复频域中,复合系统的响应可以从下式得到:

$$Y(s) = F(s)H(s) = [F(s)H_1(s)]H_2(s) \tag{9-4-2}$$

令 $Y_1(s) = F(s)H_1(s) = F_2(s)$，则 $Y(s) = F_2(s)H_2(s)$。

这说明信号 $Y_1(s)$ 为子系统 $H_1(s)$ 的输出，并将它作用到子系统 $H_2(s)$，系统 $H_2(s)$ 的输出也就是整个系统的输出。这一系统可用图 9-6 所示的级联形式表示，表明两个级联的系统的系统

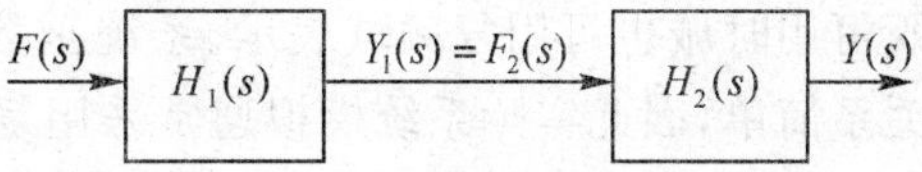

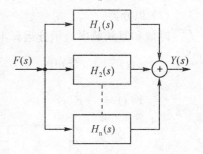

图 9-6　系统的级联方框图

函数等于两个子系统函数的乘积。很容易推广到 n 个级联系统的系统函数等于各个子系统函数的乘积：

$$H(s) = H_1(s)H_2(s)\cdots H_n(s) \tag{9-4-3}$$

2. 并联形式

一般情况下，复合系统的系统函数 $H(s)$ 可以分解为几个简单的系统函数 $H_1(s)$，$H_2(s)$，…，之和。例如部分分式展开法就是将有理分式形式的系统函数 $H(s)$ 展开成部分分式，每一个部分分式都对应一个低阶子系统：

$$H(s) = H_1(s) + H_2(s) + \cdots + H_n(s)$$

$$= \frac{k_1}{s + p_1} + \frac{k_2}{s + p_2} + \cdots + \frac{k_n}{s + p_n} \tag{9-4-5}$$

整个系统可以看成是 n 个子系统的叠加（并联），系统的输出

$$Y(s) = F(s)H(s) = F(s)H_1(s) + F(s)H_2(s) + \cdots + F(s)H_n(s) \tag{9-4-6}$$

这种关系可以用图 9-7 所示的并联结构表示。

3. 反馈系统

反馈系统应用广泛，自动控制系统的基本结构就是反馈系统。最基本的反馈系统方框图如图 9-8 所示。由此图可见，信号的流通构成闭合回路，即反馈系统的输出信号又被引入到输入端，这种与输入相减的反馈称为负反馈，若是与输入相加的反馈则称为正反馈。通常为保证系统稳定，采用的都是负反馈，但正反馈在振荡电路中也有实际应用，根据实际需要可采用不同的反馈。由图 9-8 可见，除了输入外，输出也形成了对系统的控制。这种输出信号对控制作用有直接影响的反馈系统，也称为闭环系统，闭环系统的传递函数也称为闭环增益。相应地，输出信号对控制作用没有影响的系统称为开环系统，开环部分的传递函数亦称为开环增益。反馈（闭环）系统一般可由开环系统与反馈两部分组成。图

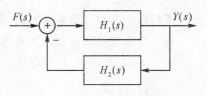

图 9-7　系统的并联方框图

图 9-8　反馈系统方框图

9-8 中，除去反馈部分剩下的是开环系统，开环部分的传递函数为 $H_1(s)$。整个反馈系统的传递函数（闭环增益）为

$$H(s) = \frac{H_1(s)}{1 + H_1(s)H_2(s)} \tag{9-4-7}$$

4. 基本运算单元

系统模拟主要用到三种基本模拟运算器件：加法器、数乘器和积分器，它们是最简单的系统。描述系统的输入、输出关系既可采用数学方程，亦可由基本运算器组成的模拟图描述。

下面介绍三种基本运算的模拟。

基本运算模拟的加法器、数乘器、积分器有时域、复频域两种表示方法,所以一般模拟图既可用时域也可用复频域表示。系统函数表征了系统的输入输出关系,并且是有理式,运算关系简单,因此实际系统模拟通常采用复频域表示。

(1) 加法器

加法器如图 9-9 所示。

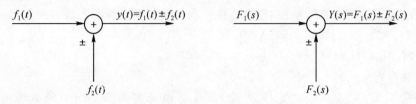

图 9-9　加法器

(2) 数乘器

数乘器又称标量乘法器,如图 9-10 所示。

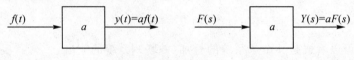

图 9-10　数乘器

(3) 积分器

时域和复频域中的积分运算不同,运算关系见式(9-4-8),积分器如图 9-11 所示。

$$\left. \begin{aligned} y(t) &= \int_0^t f(\tau)\mathrm{d}\tau \\ Y(s) &= \frac{1}{s}F(s) \end{aligned} \right\} \tag{9-4-8}$$

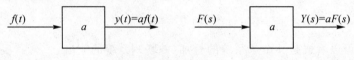

图 9-11　积分器

下面以一阶和二阶系统为例,分析如何利用上面三种基本运算器实现系统的模拟。

设一阶系统的微分方程和系统函数为

$$\left. \begin{aligned} y'(t) + a_0 y(t) &= f(t) \\ H(s) &= \frac{1}{s + a_0} \end{aligned} \right\} \tag{9-4-9}$$

将一阶系统的微分方程改写为

$$y'(t) = f(t) - a_0 y(t) \tag{9-4-10}$$

将 $y'(t)$ 作为积分器的输入,得到用基本运算器组成的时域和复频域模拟图,如图 9-12 所示。

一阶系统模拟的方法可推广至全极点的二阶系统模拟,其微分方程和系统函数为

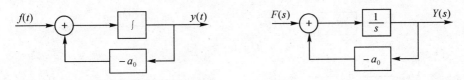

图 9-12　一阶系统模拟

$$y''(t) + a_1 y'(t) + a_0 y(t) = f(t)$$
$$H(s) = \frac{1}{s^2 + a_1 s + a_0}$$

（9-4-11）

改写微分方程得

$$y''(t) = f(t) - a_1 y'(t) - a_0 y(t)$$

（9-4-12）

积分器的输入为 $y''(t)$，经两次积分得到 $y(t)$，其模拟如图 9-13 所示。

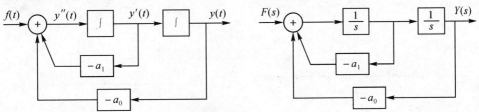

图 9-13　二阶系统模拟

9.4.2　连续系统的信号流图表示、梅森公式

信号流图是用节点和有向支路等简单方法来描述系统，是系统方框图的一种简化形式。

用流图表示系统的具体处理方法是：用带箭头的有向线段代替模拟图中的方框；线段的两个端点为节点，表示原方框的输入与输出；线段箭头的方向是信号传输的方向，原方框的传递系数（支路增益）直接标在箭头旁；有两个以上有向线段指向一个节点的，表示相加或相减（传递系数有负号）。

为了便于理解，将基本运算单元的方框图表示和信号流图表示的对应关系并行列出，如图 9-14 所示。

前面所介绍的级联、并联、反馈系统，以及一阶二阶系统的方框图都可以用信号流图的形式表示。如图 9-15、图 9-16 和图 9-17 所示。

用信号流图不仅可以简明直观地表示系统的输入输出关系，而且可以用梅森公式由信号流图方便地求出系统传输函数 $H(s)$。先介绍几个与此有关的术语。

（1）通路与通路增益

一条或几条连续的支路构成通路，通路中各支路增益的乘积为通路增益。特别是连接输入与输出的通路称为前向通路。例如图 9-17 的前向通路增益为 $H_1(s)$。

（2）回路与回路增益

回路是从一个节点开始沿某一通道，不经重复能回到同一节点的闭合通路；闭合通路中各支路增益的乘积为回路增益。例如图 9-17 的回路增益为 $-H_1(s)H_2(s)$。

（3）接触

有公共节点的通（回）路为接触通（回）路，反之，没有公共节点的通（回）路为不接触通

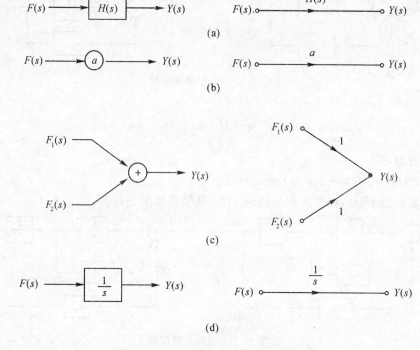

图 9-14   信号流图与方框图的对应关系

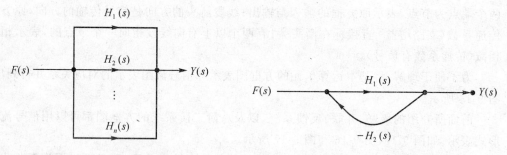

图 9-15   级联系统的信号流图

图 9-16   并联系统的信号流图　　　　　图 9-17   反馈系统的信号流图

（回）路。

下面不加证明给出梅森公式，由此可得到单输入单输出系统的传递函数

$$H(s) = \frac{\sum_{k} T_k(s)\Delta_k(s)}{\Delta(s)} \tag{9-4-13}$$

式中　　$\Delta(s) = 1 - \sum_{a} L_a(s) + \sum_{b,c} L_b(s)L_c(s) - \sum_{d,e,f} L_d(s)L_e(s)L_f(s) + \cdots$

也称为特征行列式，其中：$\sum_{a} L_a(s)$ 是所有回路增益之和；$\sum_{b,c} L_b(s)L_c(s)$ 是所有两两互不接

触回路增益的乘积之和；$\sum\limits_{d,e,f} L_d(s)L_e(s)L_f(s)$ 是所有三个互不接触回路增益的乘积之和……，$T_k(s)$ 是输入到输出的第 k 条通路的前向通路增益(不含反馈回路)；$\Delta_k(s)$ 是在 $\Delta(s)$ 中删去与第 k 条通路接触的回路后的剩余项。

特别地，如果连接输入输出的前向通路与所有回路都有接触且各回路都有接触，则 $\Delta_k(s) = 1$，式(9-4-13)简化为

$$H(s) = \frac{前向通路增益之和}{1 - 所有回路增益之和} \tag{9-4-14}$$

例 9-5　用梅森公式求出如图 9-18 所示系统的传递函数。

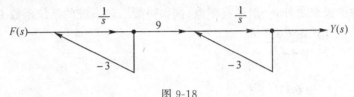

图 9-18

解　图中前向通路有一条，两两互不接触回路有两条，且连接输入输出的通路(前向通路)与所有回路都有接触 $\Delta_k(s) = 1$，各增益分别为：前向通路增益为 $T = \dfrac{9}{s^2}$；回路 1 增益为 $L_1 = -\dfrac{3}{s}$；回路 2 增益为 $L_2 = \dfrac{3}{s}$；系统函数为

$$H(s) = \frac{\dfrac{9}{s^2}}{1 - \left(-\dfrac{3}{s} - \dfrac{3}{s} \right) + \dfrac{3}{s} \cdot \dfrac{3}{s}} = \frac{9}{s^2 + 6s + 9}$$

例 9-6　用梅森公式求出如图 9-19 所示系统的传递函数。

解　图中前向通路有三条，回路有两条，且连接输入输出的前向通路与所有回路都有接触 $\Delta_k(s) = 1$，而各增益分别为：前向通路 1 增益为 $T_1 = \dfrac{1}{s} \cdot \dfrac{1}{s} \cdot b_0 = \dfrac{b_0}{s^2}$；前向通路 2 增益为 $T_2 = \dfrac{1}{s} \cdot b_1 = \dfrac{b_1}{s}$；

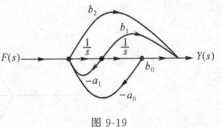

图 9-19

前向通路 3 增益为 $T_3 = b_2$；回路 1 增益为 $L_1 = -\dfrac{a_1}{s}$；回路 2 增益为 $L_2 = \dfrac{1}{s} \cdot \dfrac{1}{s} \cdot (-a_0) = -\dfrac{a_0}{s^2}$；系统函数为

$$H(s) = \frac{\dfrac{b_0}{s^2} + \dfrac{b_1}{s} + b_2}{1 - \left(-\dfrac{a_1}{s} - \dfrac{a_0}{s^2} \right)} = \frac{b_2 s^2 + b_1 s + b_0}{s^2 + a_1 s + a_0}$$

9.4.3　系统的模拟

在已知系统数学模型的情况下，除了在理论上对系统进行数学分析外，往往还需要进行计算机模拟。首先利用一些基本运算单元构成一个与原系统具有相同数学模型的模拟系统，然后对该模拟系统进行理论分析和计算，并将理论分析和计算结果作为指导设计组成实际

系统的理论基础。

　　线性系统的数学模型通常是微分方程,而微分方程和系统函数之间有确定的对应关系,因此以下主要讨论以系统函数 $H(s)$ 为数学模型的系统模拟方法。由于具有相同输入输出关系的系统,系统实现的结构、参数不是惟一的,因此系统模拟的实现也有不同的方法。模拟系统可以用框图表示,也可以用信号流图表示,后者比较简单。由系统函数 $H(s)$ 得到系统的信号流图通常有直接形式、级联形式和并联形式等,下面分别进行讨论。

1. 直接形式

　　对于全极点系统模拟的直接形式,在前面已经讨论并给出了一阶、二阶系统的模拟框图。实际系统除了极点之外,一般还有零点。例如一般二阶系统的系统函数为

$$H(s) = \frac{b_2 s^2 + b_1 s + b_0}{s^2 + a_1 s + a_0} \tag{9-4-15}$$

将上式改写为

$$H(s) = \frac{b_2 + b_1 s^{-1} + b_0 s^{-2}}{1 + a_1 s^{-1} + a_0 s^{-2}} \tag{9-4-16}$$

式(9-4-16)的模拟框图和信号流图如图 9-20 所示。

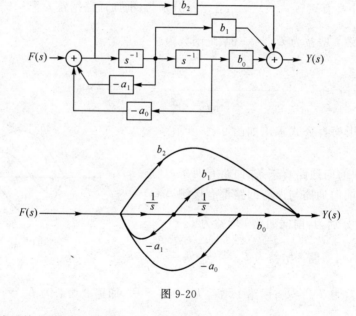

图 9-20

　　由一般二阶系统的模拟不难推广到 n 阶系统($m \leqslant n$):

$$H(s) = \frac{b_m s^m + b_{m-1} s^{m-1} + \cdots + b_1 s + b_0}{s^n + a_{n-1} s^{n-1} + \cdots + a_1 s + a_0} \tag{9-4-17}$$

　　一般 n 阶系统的模拟如图 9-21 和图 9-22 所示。由图可见,一般 n 阶系统模拟有 n 个积分器。在系统模拟图中,系数 $a_i = b_j = 0$ 时为开路;$a_i = b_j = 1$ 时为短路。

2. 系统的级联形式和并联形式

　　系统的级联形式和并联形式在前面已有介绍,这里不再详述。

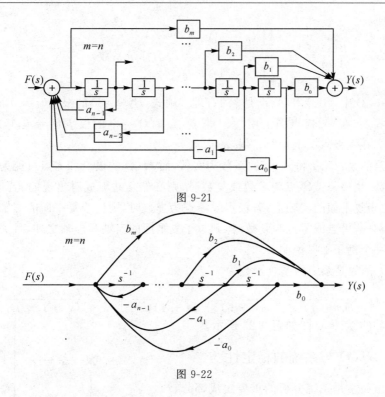

图 9-21

图 9-22

9.5 系统函数与系统的稳定性

9.5.1 系统函数与系统的零极点

$H(s)$ 表示了系统的复频域(s 域)特性,LTI 系统的许多性质诸如因果性、稳定性,系统的频率响应等都与 $H(s)$ 零极点在 s 平面上的位置分布有关。接下来,我们介绍一下系统的零极点。

由 9.2 节可知,n 阶连续时间系统的微分方程为

$$\sum_{i=0}^{n} a_i y^{(i)}(t) = \sum_{j=0}^{m} b_j f^{(j)}(t) \tag{9-5-1}$$

因此,其系统函数可以写成

$$H(s) = \frac{B(s)}{A(s)} = \frac{\displaystyle\sum_{j=0}^{m} b_j s^j}{\displaystyle\sum_{i=0}^{n} a_i s^i} \tag{9-5-2}$$

式中,$n \geqslant m$,$a_i(i = 0, 1, 2, \cdots, n)$,$b_j(j = 0, 1, 2, \cdots, m)$ 为实常数。由此可见,线性系统的系统函数是以多项式之比的形式出现的。将上式给出的系统函数的分子、分母进行因式分解,进一步可得

$$H(s) = \frac{B(s)}{A(s)} = H_0 \frac{\prod\limits_{j=1}^{m}(s - z_j)}{\prod\limits_{i=1}^{n}(s - p_i)} \quad (H_0 \text{ 为标量系数}) \tag{9-5-3}$$

在式(9-5-3)中，$B(s)$ 和 $A(s)$ 是 s 的有理多项式，$B(s) = 0$ 的根 $z_j(j = 0,1,2,\cdots,m)$ 称为 $H(s)$ 的零点；在零、极点图上用"○"来表示。$A(s) = 0$ 的根 $p_i(i = 0,1,2,\cdots,n)$ 称为 $H(s)$ 的极点，在零极点图上用"×"来表示。

值得注意的是：$B(s)$ 和 $A(s)$ 的系数为实数，而 $H(s)$ 的极点和零点可能为实数，也可能为虚数或复数，当极点或零点为虚数或复数时，则必然是共轭成对出现的。若极点或零点为实数时，则位于复平面的实轴上；若极点或零点为虚数时，则位于复平面的虚轴上，并且关于坐标原点对称；若极点或零点为复数时，则位于复平面的实轴和虚轴之外，且关于实轴对称。

下面用一个例子加以说明。

例 9-7　例如某系统的系统函数为

$$H(s) = \frac{s^2(s + 3)}{(s + 1)(s^2 + 4s + 5)} = \frac{s^2(s + 3)}{(s + 1)(s + 2 + j)(s + 2 - j)}$$

则该系统函数的零、极点图如图 9-23 所示。

9.5.2 $H(s)$ 与系统的稳定性

输入输出关系是系统分析的重要组成部分，系统函数体现的正是这种关系。在复频域分析中，系统函数 $H(s)$ 的作用举足轻重，由它确定的零、极点，集中地反映了系统的时域与频域特性，同时还可以用于分析系统的频率响应特性，系统的稳定性等。

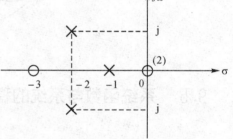

图 9-23　零、极点图

稳定性是系统本身的性质之一，与激励信号无关，实际系统一般都工作在稳定的状态。稳定系统的普遍定义是：若系统对任意的有界输入其零状态响应也是有界的，则称此系统为稳定系统。也可称为有界输入有界输出(BIBO)稳定系统。上述定义可由以下数学关系说明，即对于有限正实数 M_f 和 M_y，若 $|f(t)| \leqslant M_f$，就有 $|y(t)| \leqslant M_y$，则系统是稳定的。

关于系统稳定性的判别有几种方法，下面分别介绍。

(1) 系统稳定的充分必要条件

$$\int_{-\infty}^{\infty} |h(t)| \mathrm{d}t < \infty \tag{9-5-4}$$

上式也称为系统冲激响应 $h(t)$ 绝对可积条件。

(2) 简单系统稳定性判断

研究 $H(s)$ 在 s 平面中极点分布的位置，也可以很方便地给出有关系统稳定性的结论。对于低阶系统，系统函数 $H(s)$ 的极点容易求出，因此可根据极点在复平面上的位置判断系统是否稳定。

如果系统函数 $H(s)$ 的全部极点都在 s 左半平面，则可以满足 $\lim\limits_{t\to\infty}[h(t)] = 0$，系统是稳定的；如果 $H(s)$ 的极点落在 s 右半平面，或在虚轴上具有二阶以上的极点，则系统是不稳定的。如果 $H(s)$ 的极点落在 s 平面虚轴上，且只有一阶，则在足够长时间以后，$h(t)$ 趋于一个非零的数值或形成一个等幅振荡,这种情况称为临界稳定。

（3）罗斯·霍尔维兹准则（R-H 准则）

对 低阶系统,极点容易求出,因此可根据极点在 s 平面的分布位置来判断系稳定性。但是,对于高阶系统,极点求出十分困难,因此无法由极点位置来判断系统是否稳定。罗斯·霍尔维兹准则正是为解决高阶系统稳定性而提出的,具体方法如下:

设 n 阶线性连续系统的系统函数为

$$H(s) = \frac{B(s)}{A(s)} = \frac{\sum\limits_{i=0}^{m} b_i s^i}{\sum\limits_{j=0}^{n} a_j s^j} \tag{9-5-5}$$

式中,$m \leqslant n, a_i, b_j$ 都是实常数。$H(s)$ 的分母多项式为

$$A(s) = a_n s^n + a_{n-1} s^{n-1} + \cdots + a_1 s + a_0 \tag{9-5-6}$$

$H(s)$ 的极点就是的 $A(s) = 0$ 根。若 $A(s) = 0$ 的根全部落在 s 左半平面,则称为霍尔维兹多项式。

$A(s)$ 为霍尔维兹多项式的必要条件是:$A(s)$ 的各项系数 a_i 都不等于 0,且 a_i 全部为正实数或全部为负实数,即所有 a_i 必须同符号且缺一不可。

显然,若 $A(s)$ 为霍尔维兹多项式,则系统是稳定的。

罗斯·霍尔维兹提出了判断多项式 $A(s)$ 为霍尔维兹多项式的准则,简称为 $R\text{-}H$ 准则,它由两部分组成:其一是罗斯阵列;其二是罗斯判据。

罗斯阵列是由 $A(s)$ 的系数 a_i 构成的表,具体组成如下:

第一行 s^n	a_n	a_{n-2}	a_{n-4}	$\cdots$
第二行 s^{n-1}	a_{n-1}	a_{n-3}	a_{n-5}	$\cdots$
第三行 s^{n-2}	b_{n-1}	b_{n-3}	b_{n-5}	$\cdots$
第四行 s^{n-3}	c_{n-1}	c_{n-3}	c_{n-5}	$\cdots$
第五行 s^{n-4}	d_{n-1}	d_{n-3}	d_{n-5}	$\cdots$
$\vdots$	$\vdots$	$\vdots$	$\vdots$	
第 $n+1$ 行 s^0	$\cdots$	$\cdots$	$\cdots$	

其中,罗斯矩阵前两行由 $A(s)$ 多项式的系数构成。第一行由最高次项系数 a_n 及逐次递减二阶的系数得到,其余排在第二行,第三行以后的系数按以下规律计算:

$$b_{n-1} = -\frac{1}{a_{n-1}} \begin{vmatrix} a_n & a_{n-2} \\ a_{n-1} & a_{n-3} \end{vmatrix}; \qquad b_{n-3} = -\frac{1}{a_{n-1}} \begin{vmatrix} a_n & a_{n-4} \\ a_{n-1} & a_{n-5} \end{vmatrix}; \cdots$$

$$c_{n-1} = -\frac{1}{b_{n-1}} \begin{vmatrix} a_{n-1} & a_{n-3} \\ b_{n-1} & b_{n-3} \end{vmatrix}; \qquad c_{n-3} = -\frac{1}{b_{n-1}} \begin{vmatrix} a_{n-1} & a_{n-5} \\ b_{n-1} & b_{n-5} \end{vmatrix}; \cdots$$

$$d_{n-1} = -\frac{1}{c_{n-1}} \begin{vmatrix} b_{n-1} & b_{n-3} \\ c_{n-1} & c_{n-3} \end{vmatrix}; \qquad d_{n-3} = -\frac{1}{c_{n-1}} \begin{vmatrix} b_{n-1} & b_{n-5} \\ c_{n-1} & c_{n-5} \end{vmatrix}; \cdots$$

$$e_{n-1} = -\frac{1}{d_{n-1}} \begin{vmatrix} c_{n-1} & c_{n-3} \\ d_{n-1} & d_{n-3} \end{vmatrix}; \qquad e_{n-3} = -\frac{1}{d_{n-1}} \begin{vmatrix} c_{n-1} & c_{n-5} \\ d_{n-1} & d_{n-5} \end{vmatrix}; \cdots$$

$$\cdots\cdots$$

依此类推,直至最后一行只剩下一项不为零,共得 $n+1$ 行。

罗斯判据(罗斯准则)指出:多项式 $A(s)$ 为霍尔维兹多项式的充分必要条件是罗斯阵列中第一列元素全为正值。

如果第一列 $a_n, a_{n-1}, b_{n-1}, c_{n-1}, d_{n-1}, e_{n-1}, \cdots$ 各元素数字有符号不相同,则符号改变的次数就是方程具有正实部根的数目。

例 9-8 已知系统的系统函数 $H(s)$ 如下,试判断是否为稳定系统:

(1) $H_1(s) = \dfrac{s^2 + 2s + 1}{s^3 + 4s^2 - 3s + 2}$;

(2) $H_2(s) = \dfrac{s^3 + s^2 + s + 2}{2s^3 + 7s + 9}$;

(3) $H_1(s) = \dfrac{s^2 + 4s + 2}{3s^3 + s^2 + 2s + 8}$。

解 (1) 分母有负系数,所以为非稳定系统;

(2) 分母多项式 $D(s)$ 中有缺项,所以不是稳定系统;

(3) 分母多项式 $D(s)$ 满足稳定系统的必要条件,是否稳定还需进一步分解检验:

$$D(s) = 3s^3 + s^2 + 2s + 8 = (s^2 - s + 2)(3s + 4)$$

可见 $D(s)$ 有一对正实部的共轭复根,所以系统(3)为非稳定系统。

【本章知识要点】

1. 系统函数的定义

掌握线性时不变系统的各种表示方法以及它们之间的转换关系。

2. 微分方程的复频域求解方法

3. RLC 系统的复频域模型及分析方法

4. 连续时间系统的信号流图表示

系统的框图表示和流图表示;

系统的基本连接方式:级联、并联、反馈;

系统的基本运算单元:加法器、数乘器、积分器;

梅森公式。

5. 系统的稳定性

系统稳定性的定义及充分必要条件;

罗斯·霍尔维兹准则(R-H 准则)。

习 题

9-1 用拉氏变换分析法求解下列微分方程:

(1) $y''(t) + 3y'(t) + 2y(t) = f'(t)$

$y(0_-) = y'(0_-) = 0 \quad f(t) = u(t)$;

(2) $y''(t) + 4y'(t) + 4y(t) = f'(t) + f(t)$

$y(0_-) = 2, y'(0_-) = 1 \quad f(t) = e^{-t}u(t)$;

(3) $y''(t) + 5y'(t) + 6y(t) = 2f'(t) + 8f(t)$

$y(0_-) = 3, y'(0_-) = 2 \quad f(t) = e^{-t}u(t)$。

9-2 题 9-2 图所示电路中,$L = 2H, C = 0.1F, R = 10\Omega$。

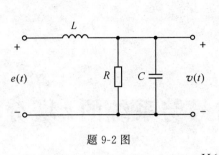

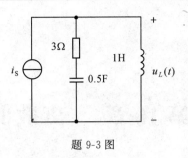

题 9-2 图　　　　　　　　　题 9-3 图

(1) 写出电压转移函数 $H(s) = \dfrac{V(s)}{E(s)}$；

(2) 画出 s 平面零、极点分布；(3) 求单位冲激响应。

9-3　题 9-3 图所示电路，若以电压 $u_L(t)$ 作为输出，试求其系统函数和冲激响应。

9-4　求题 9-4 图所示系统的系统函数。

9-5　题 9-5 图所示系统由三个子系统组成，各子系统的冲激响应或系统函数分别为 $h_1(t) = u(t)$，$H_2(s) = \dfrac{1}{s+1}$，$H_3(s)$ $= \dfrac{1}{s+2}$，求总系统的冲激响应。

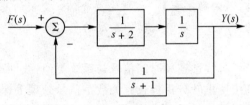

题 9-4 图

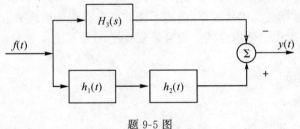

题 9-5 图

9-6　用梅森公式求题 9-6 图所示系统的系统函数。

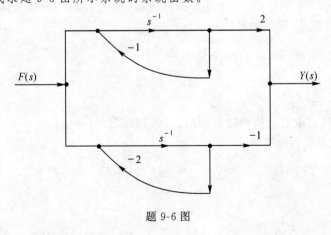

题 9-6 图

9-7　用罗斯准则判断下列方程是否具有在实部的根：

$$D(s) = 2s^4 + s^3 + 12s^2 + 8s + 2$$

第10章 离散时间信号与系统的z域分析

【内容提要】 本章主要介绍 z 变换的基本概念，z 变换的性质，z 逆变换，离散时间系统的 z 域分析和离散时间系统的稳定性。

与线性连续时间信号与系统类似，线性离散时间信号与系统也可以用变换法进行分析，其中傅里叶分析将在有关数字信号处理等课程中讨论，本书只介绍 z 变换分析法。如果把离散时间信号看成连续时间信号的抽样值序列，则 z 变换可由拉普拉斯变换引入。因此离散信号与系统的 z 域分析和连续时间信号与系统的复频域分析有许多相似之处。通过 z 变换，离散时间信号的卷积运算变成代数运算，描述系统的差分方程变成代数方程，可以比较方便地分析系统的响应。这里用于分析的独立变量是复变量 z，故称为 z 域分析。

10.1 z变换

10.1.1 从拉普拉斯变换到 z 变换

设有连续时间信号 $f(t)$，每隔时间 T 抽样一次，相当于 $f(t)$ 乘以冲激序列 $\delta_T(t)$。考虑到冲激函数的抽样性质，得到抽样信号 $f_s(t)$ 为

$$f_s(t) = f(t)\delta_T(t) = f(t)\sum_{n=-\infty}^{\infty}\delta(t-nT)$$

$$= \sum_{n=-\infty}^{\infty}f(nT)\delta(t-nT) \tag{10-1-1}$$

对上式两边同时取双边拉普拉斯变换，考虑到 $\mathrm{LT}[\delta(t-nT)] = \mathrm{e}^{-nTs}$，容易得到抽样信号 $f_s(t)$ 的双边拉普拉斯变换为

$$F_s(s) = \mathrm{LT}[f_s(t)] = \sum_{n=-\infty}^{\infty}f(nT)\mathrm{e}^{-nTs} \tag{10-1-2}$$

令 $z = \mathrm{e}^{sT}$，$F_s(s) = F(z)$，得

$$F(z) = \sum_{n=-\infty}^{\infty}f(nT)z^{-n} \tag{10-1-3}$$

因为 T 为抽样间隔，是常数，所以通常用 $f(n)$ 表示 $f(nT)$。于是，式(10-1-3) 可写为

$$F(z) = \sum_{n=-\infty}^{\infty}f(n)z^{-n} \tag{10-1-4}$$

上式称为序列 $f(n)$ 的双边 z 变换。

比较式(10-1-2)和式(10-1-4)可知,当令 $z = \mathrm{e}^{sT}$ 时,序列 $f(n)$ 的 z 变换就等于抽样信号 $f_s(t)$ 的拉普拉斯变换,即

$$F(z)\big|_{z=\mathrm{e}^{sT}} = F_s(s) \tag{10-1-5}$$

复变量 z 与 s 的关系为

$$\left.\begin{array}{l} z = \mathrm{e}^{sT} \\[2mm] s = \dfrac{1}{T}\ln z \end{array}\right\} \tag{10-1-6}$$

10.1.2　双边 z 变换及收敛域

1. 双边 z 变换的定义

对于离散序列 $f(n)(n = 0, \pm 1, \pm 2, \cdots)$,$z$ 为复变量,则函数

$$F(z) = \sum_{n=-\infty}^{\infty} f(n) z^{-n} \tag{10-1-7}$$

称为序列 $f(n)$ 的双边 z 变换,记为 $F(z) = \mathrm{ZT}[f(n)]$。$F(z)$ 又称为 $f(n)$ 的象函数,$f(n)$ 称为 $F(z)$ 的原函数。为了表示方便,我们将 $f(n)$ 与 $F(z)$ 之间的关系简记为

$$f(n) \xleftarrow{\ \mathrm{ZT}\ } F(z)$$

2. 双边 z 变换的收敛域

由定义式(10-1-7)容易得知,序列 $f(n)$ 的双边 z 变换为一关于 z 的无穷级数,因此存在级数是否收敛的问题。只有当式(10-1-7)的级数收敛,$F(z)$ 才存在。z 为复变量。显然 $F(z)$ 存在或级数收敛的充分条件是

$$\sum_{n=-\infty}^{\infty} |f(n) z^{-n}| = M < \infty \tag{10-1-8}$$

对于给定的 $f(n)$,式(10-1-8)是否成立取决于 z 的取值。在 z 平面上,使式(10-1-8)成立的取值区域称为 $F(z)$ 的收敛域。$F(z)$ 的收敛域一般用环状域表示,即

$$R_- < |z| < R_+$$

令 $z = r\mathrm{e}^{\mathrm{j}\omega}$,得 $R_- < r < R_+$,收敛域是分别以 R_- 和 R_+ 为半径的圆形成的环状域。R_- 和 R_+ 称为收敛半径,当然,R_- 可以小到零,R_+ 可以大到无穷大。下面,我们通过举例讨论双边 z 变换的收敛域问题。

例 10-1　已知有限长序列 $f(n) = R_4(n)$,求 $f(n)$ 的双边 z 变换及其收敛域。

解　由式(10-1-7),$f(n)$ 的双边 z 变换为

$$F(z) = \sum_{n=-\infty}^{\infty} f(n) z^{-n} = \sum_{n=-\infty}^{\infty} R_4(n) z^{-n} = \sum_{n=0}^{3} z^{-n}$$

$$= 1 + z^{-1} + z^{-2} + z^{-3} = \frac{1 - z^{-4}}{1 - z^{-1}}$$

由式(10-1-8),得

$$\sum_{n=-\infty}^{\infty} |f(n) z^{-n}| = \sum_{n=0}^{3} |z^{-n}| = 1 + |z^{-1}| + |z^{-2}| + |z^{-3}|$$

上式为有限项级数求和,只要每一项都不为无穷大,则级数收敛。显然,收敛域为 $0 < |z| \leqslant \infty$。所以

$$F(z) = 1 + z^{-1} + z^{-2} + z^{-3} = \frac{1 - z^{-4}}{1 - z^{-1}} \qquad 0 < |z| \leqslant \infty$$

例 10-2　已知有限长序列 $f(n) = u(n+2) - u(n-2)$，求 $f(n)$ 的双边 z 变换及其收敛域。

解　由式(10-1-7)，$f(n)$ 的双边 z 变换为

$$F(z) = \sum_{n=-\infty}^{\infty} f(n)z^{-n} = \sum_{n=-\infty}^{\infty} \left[u(n+2) - u(n-2) \right] z^{-n}$$

$$= \sum_{n=-2}^{1} z^{-n} = z^2 + z + 1 + z^{-1}$$

由式(10-1-8)，得

$$\sum_{n=-\infty}^{\infty} |f(n)z^{-n}| = \sum_{n=-2}^{1} |z^{-n}| = |z^2| + |z| + 1 + |z^{-1}|$$

与前例类似，容易得到收敛域为 $0 < |z| < \infty$。所以

$$F(z) = z^2 + z + 1 + z^{-1} \qquad 0 < |z| < \infty$$

例 10-3　已知无限长因果序列 $f(n) = a^n u(n)$，求 $f(n)$ 的双边 z 变换及其收敛域。

解　由式(10-1-7)，$f(n)$ 的双边 z 变换为

$$F(z) = \sum_{n=-\infty}^{\infty} f(n)z^{-n} = \sum_{n=-\infty}^{\infty} a^n u(n)z^{-n} = \sum_{n=0}^{\infty} \left(\frac{a}{z} \right)^n$$

由式(10-1-8)，得

$$\sum_{n=-\infty}^{\infty} |f(n)z^{-n}| = \sum_{n=0}^{\infty} \left| \frac{a}{z} \right|^n$$

上式为等比级数求和，显然收敛域为 $\left| \dfrac{a}{z} \right| < 1$，即 $|z| > |a|$。所以

$$F(z) = \sum_{n=0}^{\infty} \left(\frac{a}{z} \right)^n = \frac{1}{1 - \dfrac{a}{z}} = \frac{z}{z - a} \qquad |z| > |a|$$

$F(z)$ 的收敛域为复平面上半径为 $|a|$ 的圆外区域，如图 10-1(a) 所示。

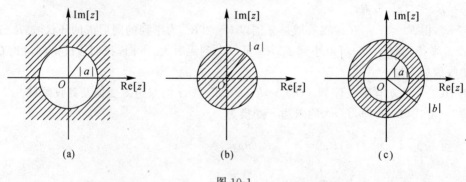

图 10-1

例 10-4　已知无限长反因果 $f(n) = -a^n u(-n-1)$ 序列，求 $f(n)$ 的双边 z 变换及其收敛域。

解　由式(10-1-7)，$f(n)$ 的双边 z 变换为

$$F(z) = \sum_{n=-\infty}^{\infty} f(n)z^{-n} = \sum_{n=-\infty}^{\infty} \left[- a^n u(-n-1) \right] z^{-n}$$

$$= \sum_{n=-\infty}^{-1} (-a^n)z^{-n} = \sum_{n=-\infty}^{-1} - \left(\frac{a}{z} \right)^n$$

由式(10-1-8),得

$$\sum_{n=-\infty}^{\infty} |f(n)z^{-n}| = \sum_{n=-\infty}^{\infty} |-a^n u(-n-1)z^{-n}| = \sum_{n=-\infty}^{-1} \left| \frac{a}{z} \right|^n = \sum_{n=1}^{\infty} \left| \frac{a}{z} \right|^{-n}$$

上式为等比级数求和,显然收敛域为 $\left| \dfrac{a}{z} \right|^{-1} < 1$,即 $|z| < |a|$。所以

$$F(z) = \sum_{n=-\infty}^{-1} - \left(\frac{a}{z} \right)^n \xrightarrow{(\text{令} n=-k)} \sum_{k=\infty}^{1} - \left(\frac{a}{z} \right)^{-k}$$

$$= - \sum_{n=1}^{\infty} \left(\frac{a}{z} \right)^{-k} = - \frac{\left(\dfrac{a}{z} \right)^{-1}}{1 - \left(\dfrac{a}{z} \right)^{-1}} = - \frac{\dfrac{z}{a}}{1 - \dfrac{z}{a}}$$

$$= - \frac{z}{a - z} = \frac{z}{z - a} \qquad |z| < |a|$$

$F(z)$ 的收敛域为复平面上半径为 $|a|$ 的圆内区域,如图 10-1(b) 所示。

应该注意的是,例 10-3 和例 10-4 中,两种序列的双边 z 变换的结果是一致的,但它们的收敛域完全不同。这表明,根据象函数 $F(z)$ 并不能惟一确定原函数 $f(n)$;只有知道象函数 $F(z)$ 及收敛域,才能惟一地确定原函数 $f(n)$。

例 10-5　已知无限长双边序列 $f(n) = a^n u(n) + b^n u(-n-1)$,式中 $|a| < |b|$,求 $f(n)$ 的双边 z 变换及其收敛域。

解　根据例 10-3 和例 10-4 的结果可知

$$F(z) = \sum_{n=0}^{\infty} \left(\frac{a}{z} \right)^n + \sum_{n=-\infty}^{-1} \left(\frac{b}{z} \right)^n = \frac{z}{z-a} - \frac{z}{z-b}$$

$$= \frac{(a-b)z}{(z-a)(z-b)} \qquad |a| < |z| < |b|$$

$F(z)$ 的收敛域为一环状区域,该环状区域位于半径为 $|a|$ 和半径为 $|b|$ 的两个圆之间,如图 10-1(c) 所示。显然,若上例中 $|a| \geqslant |b|$,则序列不存在 z 变换。

由以上讨论可知,双边 z 变换的收敛域有以下特点:

(1) 有限长双边序列的双边 z 变换的收敛域为 $0 < |z| < \infty$;有限长因果序列双边 z 变换的收敛域为 $|z| > 0$;有限长反因果序列双边 z 变换的收敛域为 $|z| < \infty$;单位冲激序列 $\delta(n)$ 的双边 z 变换的收敛域为整个 z 复平面。

(2) 无限长因果序列双边 z 变换的收敛域为 $|z| > |z_0|$,z_0 为复数、虚数或实数,即收敛域为半径为 $|z_0|$ 的圆外区域。

(3) 无限长反因果序列双边 z 变换的收敛域为 $|z| < |z_0|$,即收敛域为半径为 $|z_0|$ 的圆内区域。

(4) 无限长双边序列的双边 z 变换的收敛域为 $|z_1| < |z| < |z_2|$,即收敛域为位于以 $|z_1|$ 为半径和以 $|z_2|$ 为半径的两个圆之间的环状区域。

(5) 不同序列的双边 z 变换可能相同,即序列与其双边 z 变换不是一一对应的。序列的双边 z 变换连同收敛域一起与序列才是一一对应的。

3. 常用序列的双边 z 变换

(1) $f(n) = \delta(n)$

$$F(z) = \sum_{n=-\infty}^{\infty} \delta(n)z^{-n} = 1 \qquad 0 \leqslant |z| \leqslant \infty \tag{10-1-9}$$

(2) $f(n) = \delta(n-m)$，m 为正整数。

$$F(z) = \sum_{n=-\infty}^{\infty} \delta(n-m)z^{-n} = z^{-m} \qquad |z| > 0 \tag{10-1-10}$$

(3) $f(n) = \delta(n+m)$，m 为正整数。

$$F(z) = \sum_{n=-\infty}^{\infty} \delta(n+m)z^{-n} = z^{m} \qquad |z| < \infty \tag{10-1-11}$$

(4) $f(n) = u(n)$

$$F(z) = \sum_{n=-\infty}^{\infty} u(n)z^{-n} = \frac{z}{z-1} \qquad |z| > 1 \tag{10-1-12}$$

(5) $f(n) = -u(-n-1)$

$$F(z) = \sum_{n=-\infty}^{\infty} [-u(-n-1)]z^{-n} = \frac{z}{z-1} \qquad |z| < 1 \tag{10-1-13}$$

(6) $f(n) = a^n u(n)$

$$F(z) = \sum_{n=-\infty}^{\infty} a^n u(n)z^{-n} = \frac{z}{z-a} \qquad |z| > |a| \tag{10-1-14}$$

(7) $f(n) = -a^n u(-n-1)$

$$F(z) = \sum_{n=-\infty}^{\infty} [-a^n u(-n-1)]z^{-n} = \frac{z}{z-a} \qquad |z| < |a| \tag{10-1-15}$$

10.1.3　单边 z 变换及收敛域

实际上我们处理的离散序列 $f(n)$ 都是有起始时刻的，假设在 $n < 0$ 时，$f(n)$ 的值为零，即 $f(n) = f(n)u(n)$，则称 $f(n)$ 为因果序列。因果序列的双边 z 变换等于单边 z 变换。下面我们来讨论单边 z 变换及其收敛域。

1. 单边 z 变换的定义

对于离散序列 $f(n)(n = 0, \pm 1, \pm 2, \cdots)$，函数

$$F(z) = \sum_{n=0}^{\infty} f(n)z^{-n} \tag{10-1-16}$$

称为序列 $f(n)$ 的单边 z 变换，记为 $F(z) = \mathrm{ZT}[f(n)]$。为了表示方便，我们将 $f(n)$ 与 $F(z)$ 之间的关系简记为

$$f(n) \xleftrightarrow{\ \mathrm{ZT}\ } F(z)$$

由式(10-1-16)可以看出，单边 z 变换的求和下限为 $n = 0$。所以，任一序列（因果或非因果）的单边 z 变换等于序列 $f(n)u(n)$（因果）的单边 z 变换。同样地，因果序列的单边 z 变换等于双边 z 变换。所以，任一序列的单边 z 变换也等于序列 $f(n)u(n)$ 的双边 z 变换。

2. 单边 z 变换的收敛域

类似于序列的双边 z 变换，序列的单边 z 变换也有收敛域问题。序列 $f(n)$ 的单边 z 变换存在，或使式(10-1-16)的幂级数收敛的充分条件是

$$\sum_{n=0}^{\infty} |f(n)z^{-n}| < \infty \tag{10-1-17}$$

对于给定的 $f(n)$，式(10-1-17)是否成立取决于 z 的取值。在 z 平面上，使式(10-1-17)成立的 z 的取值区域称为 $F(z)$ 的收敛域。在讨论双边 z 变换的收敛域问题时，我们已经得出结论，因果序列双边 z 变换的收敛域为 $|z| > |z_0|$，即半径为 $|z_0|$ 的圆外区域。而任一序列的单边 z 变换等于序列 $f(n)u(n)$（因果）的双边 z 变换。所以单边 z 变换的收敛域与因果信号双边 z 变换的收敛域相同，都是 $|z| > |z_0|$，即半径为 $|z_0|$ 的圆外区域。总结如下：

(1) 单边 z 变换的收敛域为 $|z| > |z_0|$，收敛域为半径为 $|z_0|$ 的圆外区域。有限长因果序列单边 z 变换的收敛域为 $|z| > 0$。单位冲激序列 $\delta(n)$ 的单边 z 变换的收敛域为整个 z 复平面。

(2) 对单边 z 变换而言，其序列与变换式一一对应，同时也有惟一的收敛域。因此，因果信号 $f(n)$ 与其单边 z 变换 $F(z)$ 一一对应。因为这一特点，我们今后不再强调单边 z 变换的收敛域。

序列单边 z 变换的收敛域的确定方法与双边 z 变换收敛域的确定方法一致，限于篇幅，这里不再一一举例说明。

3. 常用序列的单边 z 变换

(1) $f(n) = \delta(n)$

$$F(z) = \sum_{n=0}^{\infty} \delta(n)z^{-n} = 1 \qquad |z| \geqslant 0 \tag{10-1-18}$$

(2) $f(n) = \delta(n-m)$，m 为正整数。

$$F(z) = \sum_{n=0}^{\infty} \delta(n-m)z^{-n} = z^{-m} \qquad |z| > 0 \tag{10-1-19}$$

(3) $f(n) = u(n)$

$$F(z) = \sum_{n=0}^{\infty} u(n)z^{-n} = \frac{z}{z-1} \qquad |z| > 1 \tag{10-1-20}$$

(4) $f(n) = a^n u(n)$

$$F(z) = \sum_{n=0}^{\infty} a^n u(n)z^{-n} = \frac{z}{z-a} \qquad |z| > |a| \tag{10-1-21}$$

(5) $f(n) = e^{\pm j\beta n} u(n)$

$$F(z) = \sum_{n=0}^{\infty} e^{\pm j\beta n} u(n)z^{-n} = \frac{z}{z-e^{\pm j\beta n}} \qquad |z| > 1 \tag{10-1-22}$$

为了便于查找，将常用 z 变换列于表 10-1。

表 10-1　常用 z 变换

序号	$f(n)$	$F(z)$	收敛域
1	$\delta(n)$	1	全 z 平面
2	$\delta(n-m), m>0$	z^{-m}	$|z| > 0$
3	$\delta(n+m), m>0$	z^{m}	$|z| < \infty$
4	$u(n)$	$\dfrac{z}{z-1}$	$|z| > 1$

续表

序号	$f(n)$	$F(z)$	收敛域
5	$-u(-n-1)$	$\dfrac{z}{z-1}$	$|z|<1$
6	$a^n u(n)$	$\dfrac{z}{z-a}$	$|z|>|a|$
7	$-a^n u(-n-1)$	$\dfrac{z}{z-a}$	$|z|<|a|$
8	$na^{n-1} u(n)$	$\dfrac{z}{(z-a)^2}$	$|z|>|a|$
9	$-na^{n-1} u(-n-1)$	$\dfrac{z}{(z-a)^2}$	$|z|<|a|$
10	$\dfrac{n(n-1)\cdots(n-m+1)}{m!}a^{n-m}u(n)$	$\dfrac{z}{(z-a)^{m+1}}$	$|z|>|a|$
11	$\dfrac{-n(n-1)\cdots(n-m+1)}{m!}a^{n-m}u(-n-1)$	$\dfrac{z}{(z-a)^{m+1}}$	$|z|<|a|$
12	$\sin(\beta n)u(n)$	$\dfrac{z\sin\beta}{z^2-2z\cos\beta+1}$	$|z|>1$
13	$\cos(\beta n)u(n)$	$\dfrac{z^2-z\cos\beta}{z^2-2z\cos\beta+1}$	$|z|>1$

10.2　z 变换的性质

和已经讨论过的其他变换一样，z 变换也有许多重要的性质。这些性质是离散系统 z 域分析的基础，熟悉和掌握这些性质，对于我们研究离散时间信号与系统是非常必要的。本节将分别对双边 z 变换和单边 z 变换的一些重要性质作以阐述。

10.2.1　双边 z 变换的性质

1. 线性

若

$$f_1(n) \xleftarrow{\text{ZT}} F_1(z) \qquad R_{1-}<|z|<R_{1+}$$

$$f_2(n) \xleftarrow{\text{ZT}} F_2(z) \qquad R_{2-}<|z|<R_{2+}$$

则

$$a_1 f_1(n) + a_2 f_2(n) \xleftarrow{\text{ZT}} a_1 F_1(z) + a_2 F_2(z) \qquad (10\text{-}2\text{-}1)$$

式中，a_1, a_2 为任意常数。$a_1 F_1(z) + a_2 F_2(z)$ 的收敛域一般是 $F_1(z)$ 与 $F_2(z)$ 收敛域的公共部分，若线性组合 $a_1 F_1(z) + a_2 F_2(z)$ 使 $F_1(z)$ 与 $F_2(z)$ 的某些零点抵消，则收敛域可以增大。该性质可根据双边 z 变换的定义式(10-1-7)直接证明，这里从略。

　　例 10-6　已知 $f(n) = u(n) - 2^n u(-n-1)$，求 $f(n)$ 的双边 z 变换 $F(z)$ 及其收敛域。

　　解　根据常用序列的双边 z 变换式(10-1-12)和式(10-1-15)得

$$u(n) \xleftarrow{\text{ZT}} \frac{z}{z-1} \qquad |z|>1$$

$$-2^n u(-n-1) \xleftrightarrow{\text{ZT}} \frac{z}{z-2} \qquad |z| < 2$$

由线性性质得

$$F(z) = \frac{z}{z-1} + \frac{z}{z-2} = \frac{2z^2 - 3z}{(z-1)(z-2)} \qquad 1 < |z| < 2$$

例 10-7　求单边余弦序列 $f(n) = \cos(\beta n) \cdot u(n)$ 的双边 z 变换 $F(z)$ 及其收敛域。

解　由于

$$f(n) = \cos(\beta n) \cdot u(n) = \frac{1}{2}(e^{j\beta n} + e^{-j\beta n})u(n) = \frac{1}{2}e^{j\beta n}u(n) + \frac{1}{2}e^{-j\beta n}u(n)$$

显然，$f(n)$ 为因果序列，其双边 z 变换与单边 z 变换一致，根据常用序列的单边 z 变换式 (10-1-22) 得

$$\frac{1}{2}e^{j\beta n}u(n) \xleftrightarrow{\text{ZT}} \frac{1}{2}\frac{z}{z - e^{j\beta}} \qquad |z| > 1$$

由线性性质得

$$F(z) = \frac{1}{2}\frac{z}{z - e^{j\beta}} + \frac{1}{2}\frac{z}{z - e^{-j\beta}} = \frac{z^2 - z\cos\beta}{z^2 - 2z\cos\beta + 1} \qquad |z| > 1$$

同理可得单边正弦序列 $f(n) = \sin(\beta n) \cdot u(n)$ 的双边 z 变换

$$\sin(\beta n) \cdot u(n) \xleftrightarrow{\text{ZT}} \frac{z\sin\beta}{z^2 - 2z\cos\beta + 1} \qquad |z| > 1$$

2. 时移（位移）性

若

$$f(n) \xleftrightarrow{\text{ZT}} F(z) \qquad R_- < |z| < R_+$$

则

$$f(n \pm m) \xleftrightarrow{\text{ZT}} z^{\pm m}F(z) \qquad R_- < |z| < R_+ \tag{10-2-2}$$

式中，m 为正整数。

证明　根据双边 z 变换的定义式 (10-1-7)，有

$$\text{ZT}[f(n+m)] = \sum_{n=-\infty}^{\infty} f(n+m)z^{-n}$$

令 $k = n + m$，则

$$\text{ZT}[f(n+m)] = \sum_{k=-\infty}^{\infty} f(k)z^{-(k-m)} = z^m \sum_{k=-\infty}^{\infty} f(k)z^{-k} = z^m F(z)$$

同理可证

$$f(n-m) \xleftrightarrow{\text{ZT}} z^{-m}F(z)$$

例 10-8　已知 $f(n) = 3^n[u(n+1) - u(n-2)]$，求 $f(n)$ 的双边 z 变换 $F(z)$ 及其收敛域。

解　由题意

$$f(n) = 3^n u(n+1) - 3^n u(n-2)$$
$$= 3^{-1} \cdot 3^{n+1}u(n+1) - 3^2 \cdot 3^{n-2}u(n-2)$$

由常用序列的双边 z 变换式 (10-1-14) 得

$$3^n u(n) \xleftrightarrow{\text{ZT}} \frac{z}{z-3} \qquad |z| > 3$$

根据时移性质,得

$$3^{n+1}u(n+1) \xleftrightarrow{\text{ZT}} z\frac{z}{z-3} = \frac{z^2}{z-3} \qquad 3 < |z| < \infty$$

$$3^{n-2}u(n-2) \xleftrightarrow{\text{ZT}} z^{-2}\frac{z}{z-3} = \frac{1}{z(z-3)} \qquad |z| > 3$$

根据线性性质,得

$$F(z) = \frac{z^2}{3(z-3)} - \frac{9}{z(z-3)} = \frac{z^3-27}{3z(z-3)} \qquad 3 < |z| < \infty$$

3. z 域尺度变换

若

$$f(n) \xleftrightarrow{\text{ZT}} F(z) \qquad \mathbf{R}_- < |z| < \mathbf{R}_+$$

则

$$a^n f(n) \xleftrightarrow{\text{ZT}} F\left(\frac{z}{a}\right) \qquad |a|R_- < |z| < |a|R_+ \tag{10-2-3}$$

式中,a 为常数,且 $a \neq 0$。式(10-2-3)表明,序列 $f(n)$ 乘以指数序列 a^n 相应于在 z 域的展缩。

证明　根据双边 z 变换的定义式(10-1-7),有

$$\text{ZT}[a^n f(n)] = \sum_{n=-\infty}^{\infty} a^n f(n) z^{-n}$$

$$= \sum_{n=-\infty}^{\infty} f(n)\left(\frac{z}{a}\right)^{-n} = F\left(\frac{z}{a}\right) \qquad |a|R_- < |z| < |a|R_+$$

因为 $F(z)$ 的收敛域为 $R_- < |z| < R_+$,所以 $F\left(\dfrac{z}{a}\right)$ 的收敛域为 $R_- < \left|\dfrac{z}{a}\right| < R_+$,即 $|a|R_- < |z| < |a|R_+$。

式(10-2-3)中将 a 换为 a^{-1},则得

$$a^{-n}f(n) \xleftrightarrow{\text{ZT}} F(az) \qquad \frac{\mathbf{R}_-}{|a|} < |z| < \frac{\mathbf{R}_+}{|a|} \tag{10-2-4}$$

式(10-2-3)中若 $a = -1$,则得

$$(-1)^n f(n) \xleftrightarrow{\text{ZT}} F(-z) \qquad \mathbf{R}_- < |z| < \mathbf{R}_+ \tag{10-2-5}$$

例 10-9　已知指数衰减正弦序列 $f(n) = a^n\sin(\beta n) \cdot u(n), 0 < a < 1$,求 $f(n)$ 的双边 z 变换及其收敛域。

解　由例 10-7 知

$$\sin(\beta n) \cdot u(n) \xleftrightarrow{\text{ZT}} \frac{z\sin\beta}{z^2 - 2z\cos\beta + 1} \qquad |z| > 1$$

根据 z 域尺度变换性质,得

$$a^n\sin(\beta n) \cdot u(n) \xleftrightarrow{\text{ZT}} \frac{\dfrac{z}{a}\sin\beta}{\left(\dfrac{z}{a}\right)^2 - 2\dfrac{z}{a}\cos\beta + 1}$$

$$= \frac{az\sin\beta}{z^2 - 2az\cos\beta + a^2} \qquad |z| > a$$

例 10-10　已知 $f(n) = \left(\dfrac{1}{2}\right)^n 3^{n+1}u(n+1)$,求 $f(n)$ 的双边 z 变换 $F(z)$ 及其收敛域。

解　由例 10-8 知

$$3^{n+1}u(n+1) \xleftrightarrow{\text{ZT}} z\,\frac{z}{z-3} = \frac{z^2}{z-3} \qquad 3 < |z| < \infty$$

根据 z 域尺度变换性质，得

$$F(z) = \text{ZT}\left[\left(\frac{1}{2}\right)^n 3^{n+1}u(n+1)\right]$$

$$= \frac{(2z)^2}{2z-3} = \frac{4z^2}{2z-3} \qquad \frac{3}{2} < |z| < \infty$$

4. 时域卷积

若

$$f_1(n) \xleftrightarrow{\text{ZT}} F_1(z) \qquad\qquad \mathbf{R}_{1-} < |z| < \mathbf{R}_{1+}$$

$$f_2(n) \xleftrightarrow{\text{ZT}} F_2(z) \qquad\qquad \mathbf{R}_{2-} < |z| < \mathbf{R}_{2+}$$

则

$$f_1(n) * f_2(n) \xleftrightarrow{\text{ZT}} F_1(z)F_2(z) \tag{10-2-6}$$

式中，$F_1(z)F_2(z)$ 的收敛域一般是 $F_1(z)$ 与 $F_2(z)$ 收敛域的公共部分，若 $F_1(z)$ 与 $F_2(z)$ 相乘使某些零极点相互抵消，则收敛域可以增大。上式表明，序列时域的卷积对应于 z 域的乘积，此性质在离散时间系统响应的分析中起到重要作用。

证明　根据双边变换的定义式(10-1-7)，有

$$\text{ZT}[f_1(n) * f_2(n)] = \sum_{n=-\infty}^{\infty} [f_1(n) * f_2(n)]z^{-n}$$

$$= \sum_{n=-\infty}^{\infty} \left[\sum_{m=-\infty}^{\infty} f_1(m)f_2(n-m)\right]z^{-n}$$

交换上式的求和次序，得

$$\text{ZT}[f_1(n) * f_2(n)] = \sum_{m=-\infty}^{\infty} f_1(m)\left[\sum_{n=-\infty}^{\infty} f_2(n-m)z^{-n}\right] \tag{10-2-7}$$

式中，方括号中的求和项是 $f_2(n-m)$ 的双边 z 变换。根据时移性质，有

$$\sum_{n=-\infty}^{\infty} f_2(n-m)z^{-n} = z^{-m}F_2(z) \tag{10-2-8}$$

将式(10-2-8)代入式(10-2-7)得

$$\text{ZT}[f_1(n) * f_2(n)] = \sum_{m=-\infty}^{\infty} f_1(m)z^{-m}F_2(z)$$

$$= \left[\sum_{m=-\infty}^{\infty} f_1(m)z^{-m}\right]F_2(z) = F_1(z)F_2(z)$$

例 10-11　已知 $f_1(n) = u(n+1)$，$f_2(n) = (-1)^n u(n-2)$，$f(n) = f_1(n) * f_2(n)$。求 $f(n)$ 的双边 z 变换和 $f(n)$。

解　由时移性质得

$$F_1(z) = \text{ZT}[f_1(n)] = z \times \frac{z}{z-1} = \frac{z^2}{z-1} \qquad 1 < |z| < \infty$$

$$u(n-2) \xleftrightarrow{\text{ZT}} z^{-2} \times \frac{z}{z-1} = \frac{1}{z(z-1)} \qquad |z| > 1$$

根据 z 域尺度变换性质，得

$$F_2(z) = \text{ZT}[(-1)^n u(n-2)] = \frac{1}{-z(-z-1)}$$

$$= \frac{1}{z(z+1)} \qquad |z| > 1$$

根据时域卷积性质，得

$$F(z) = \mathrm{ZT}[f_1(n) * f_2(n)] = F_1(z)F_2(z)$$

$$= \frac{z}{(z-1)(z+1)} = \frac{1}{2}\left(\frac{z}{(z-1)} - \frac{z}{(z+1)}\right) \qquad |z| > 1$$

根据线性性质和常用序列双边 z 变换式(10-1-12)、式(10-1-14)，容易得到 $F(z)$ 的原函数 $f(n)$ 为

$$f(n) = \frac{1}{2}u(n) - \frac{1}{2}(-1)^n u(n)$$

5. z 域微分

若

$$f(n) \overset{\mathrm{ZT}}{\longleftrightarrow} F(z) \qquad\qquad \mathbf{R}_- < |z| < \mathbf{R}_+$$

则

$$nf(n) \overset{\mathrm{ZT}}{\longleftrightarrow} -z\frac{\mathrm{d}F(z)}{\mathrm{d}z} \qquad\qquad R_- < |z| < R_+ \qquad (10\text{-}2\text{-}9)$$

$$n^2 f(n) \overset{\mathrm{ZT}}{\longleftrightarrow} -z\frac{\mathrm{d}}{\mathrm{d}z}\left[-z\frac{\mathrm{d}F(z)}{\mathrm{d}z}\right] \qquad \mathbf{R}_- < |z| < \mathbf{R}_+ \qquad (10\text{-}2\text{-}10)$$

$$n^m f(n) \overset{\mathrm{ZT}}{\longleftrightarrow} \left[-z\frac{\mathrm{d}}{\mathrm{d}z}\right]^m F(z) \qquad\qquad \mathbf{R}_- < |z| < \mathbf{R}_+ \qquad (10\text{-}2\text{-}11)$$

式中：m 为正整数，$\left[-z\dfrac{\mathrm{d}}{\mathrm{d}z}\right]^m F(z)$ 表示的运算为

$$\left[-z\frac{\mathrm{d}}{\mathrm{d}z}\right]^m F(z) = -z\frac{\mathrm{d}}{\mathrm{d}z}\left(\cdots\left(-z\frac{\mathrm{d}}{\mathrm{d}z}\left(-z\frac{\mathrm{d}}{\mathrm{d}z}F(z)\right)\right)\cdots\right)$$

共进行 m 次求导和乘以 $(-z)$ 的运算。

例 10-12　求序列 $n^2 u(n)$，$\dfrac{n(n+1)}{2}u(n)$ 和 $\dfrac{n(n-1)}{2}u(n)$ 的双边 z 变换。

解　(1) 由于

$$u(n) \overset{\mathrm{ZT}}{\longleftrightarrow} \frac{z}{z-1} \qquad |z| > 1$$

根据 z 域微分性质，得

$$nu(n) \overset{\mathrm{ZT}}{\longleftrightarrow} -z\frac{\mathrm{d}}{\mathrm{d}z}\left(\frac{z}{z-1}\right) = \frac{z}{(z-1)^2} \qquad |z| > 1 \qquad (10\text{-}2\text{-}12)$$

同理

$$n^2 u(n) \overset{\mathrm{ZT}}{\longleftrightarrow} -z\frac{\mathrm{d}}{\mathrm{d}z}\left[\frac{z}{(z-1)^2}\right] = \frac{z(z+1)}{(z-1)^3} \qquad |z| > 1 \qquad (10\text{-}2\text{-}13)$$

(2) 对式(10-2-13)应用时移性质，得

$$(n+1)u(n+1) \overset{\mathrm{ZT}}{\longleftrightarrow} \frac{z^2}{(z-1)^2}$$

根据 z 域微分性质，得

$$n(n+1)u(n+1) \overset{\mathrm{ZT}}{\longleftrightarrow} -z\frac{\mathrm{d}}{\mathrm{d}z}\left[\frac{z^2}{(z-1)^2}\right] = \frac{2z^2}{(z-1)^3}$$

所以

$$\frac{n(n+1)}{2}u(n+1) \overset{\mathrm{ZT}}{\longleftrightarrow} \frac{z^2}{(z-1)^3} \qquad |z| > 1$$

(3) 由于 $\dfrac{n(n-1)}{2}u(n)=\dfrac{1}{2}n^2u(n)-\dfrac{1}{2}nu(n)$，根据式(10-2-12)和式(10-2-13)的结果及线性性质，得

$$\frac{n(n-1)}{2}u(n)\xleftrightarrow{\text{ZT}}\frac{1}{2}\left[\frac{z(z+1)}{(z-1)^3}-\frac{z}{(z-1)^2}\right]=\frac{z}{(z-1)^3}\qquad|z|>1$$

例 10-13　已知 $f(n)=n(n-1)a^{n-2}u(n)$，求 $f(n)$ 的双边 z 变换 $F(z)$。

解　由常用序列的双边 z 变换式(10-1-14)及时移性质，得

$$a^{n-1}u(n-1)\xleftrightarrow{\text{ZT}}z^{-1}\frac{z}{z-a}=\frac{1}{z-a}$$

根据 z 域微分性质，得

$$na^{n-1}u(n-1)\xleftrightarrow{\text{ZT}}-z\frac{\mathrm{d}}{\mathrm{d}z}\left(\frac{1}{z-a}\right)=\frac{z}{(z-a)^2}$$

再利用时移性质，得

$$(n-1)a^{n-2}u(n-2)\xleftrightarrow{\text{ZT}}z^{-1}\frac{z}{(z-a)^2}=\frac{1}{(z-a)^2}$$

再根据 z 域微分性质，得

$$n(n-1)a^{n-2}u(n-2)\xleftrightarrow{\text{ZT}}-z\frac{\mathrm{d}}{\mathrm{d}z}\left[\frac{1}{(z-a)^2}\right]=\frac{2z}{(z-a)^3}$$

由于 $n=0,n=1$ 时 $n(n-1)a^{n-2}=0$，故

$$n(n-1)a^{n-2}u(n-2)=n(n-1)a^{n-2}u(n)\qquad\qquad(10\text{-}2\text{-}14)$$

所以，式(10-2-14)可以表示为

$$n(n-1)a^{n-2}u(n)\xleftrightarrow{\text{ZT}}\frac{2z}{(z-a)^3}\qquad\qquad|z|>a\qquad\qquad(10\text{-}2\text{-}15)$$

即

$$F(z)=\text{ZT}[f(n)]=\frac{2z}{(z-a)^3}\qquad\qquad|z|>a$$

以此类推，对式(10-2-15)重复应用时移性质和 z 域微分性质，可得如下重要变换对：

$$\frac{1}{m!}n(n-1)\cdots(n-m+1)a^{n-m}u(n)\xleftrightarrow{\text{ZT}}\frac{z}{(z-a)^{m+1}}\qquad\qquad|z|>a$$

用类似方法，可得另一个重要变换对：

$$-\frac{1}{m!}n(n-1)\cdots(n-m+1)a^{n-m}u(-n-1)\xleftrightarrow{\text{ZT}}\frac{z}{(z-a)^{m+1}}\qquad\qquad|z|<a$$

6. z 域积分

若

$$f(n)\xleftrightarrow{\text{ZT}}F(z)\qquad\qquad R_-<|z|<R_+$$

则

$$\frac{f(n)}{n+m}\xleftrightarrow{\text{ZT}}z^m\int_z^\infty\frac{F(\lambda)}{\lambda^{m+1}}\mathrm{d}\lambda\qquad\qquad R_-<|z|<R_+\qquad(10\text{-}2\text{-}16)$$

式中，m 为整数，$m+n>0$。若 $m=0,n>0$，则

$$\frac{f(n)}{n}\xleftrightarrow{\text{ZT}}\int_z^\infty\frac{F(\lambda)}{\lambda}\mathrm{d}\lambda\qquad\qquad R_-<|z|<R_+\qquad(10\text{-}2\text{-}17)$$

证明　略。

例 10-14　已知 $f(n)=\dfrac{2^n}{n+1}u(n)$，求 $f(n)$ 的双边 z 变换 $F(z)$。

解　由于

$$2^n u(n) \overset{\text{ZT}}{\longleftrightarrow} \frac{z}{z-2} \qquad |z| > 2$$

根据 z 域积分性质式(10-2-16)，有

$$F(z) = \text{ZT}\left[\frac{2^n u(n)}{n+1}\right] = z\int_z^\infty \frac{1}{\lambda(\lambda-2)}\mathrm{d}\lambda$$

$$= \frac{z}{2}\ln\frac{\lambda-2}{\lambda}\Big|_z^\infty = \frac{z}{2}\ln\frac{z}{z-2} \qquad |z| > 2$$

7. 时域反转

若

$$f(n) \overset{\text{ZT}}{\longleftrightarrow} F(z) \qquad R_- < |z| < R_+$$

则

$$f(-n) \overset{\text{ZT}}{\longleftrightarrow} F(z^{-1}) \qquad \frac{1}{R_+} < |z| \frac{1}{R_-} \tag{10-2-18}$$

证明　根据双边变换的定义，有

$$\text{ZT}[f(-n)] = \sum_{n=-\infty}^{\infty} f(-n)z^{-n}$$

令 $m = -n$，则上式为

$$\text{ZT}[f(-n)] = \sum_{m=-\infty}^{\infty} f(m)z^m = \sum_{m=-\infty}^{\infty} f(m)(z^{-1})^{-m}$$

令 $z_1 = z^{-1}$，则

$$\text{ZT}[f(-n)] = \sum_{m=-\infty}^{\infty} f(m)z_1^{-m} = F(z)|_{z=z_1} = F(z^{-1})$$

其收敛域为 $R_- < |z^{-1}| < R_+$，即 $\dfrac{1}{R_+} < |z| < \dfrac{1}{R_-}$

例 10-15　已知 $f(n) = a^{-n}u(-n-1)$，$a > 0$，求 $f(n)$ 的双边 z 变换 $F(z)$。

解　由于

$$a^n u(n) \overset{\text{ZT}}{\longleftrightarrow} \frac{z}{z-a} \qquad |z| > a$$

根据时域反转性质，得

$$a^{-n}u(-n) \overset{\text{ZT}}{\longleftrightarrow} \frac{\dfrac{1}{z}}{\dfrac{1}{z}-a} = \frac{1}{1-az} \qquad |z| < \frac{1}{a}$$

根据时移性质，得

$$a^{-n-1}u(-n-1) \overset{\text{ZT}}{\longleftrightarrow} \frac{z}{1-az} = \frac{-\dfrac{1}{a}z}{z-\dfrac{1}{a}} \qquad |z| < \frac{1}{a}$$

上式两边同时乘以 a，得

$$a^{-n}u(-n-1) \overset{\text{ZT}}{\longleftrightarrow} \frac{-z}{z-\dfrac{1}{a}} \qquad |z| < \frac{1}{a}$$

即

$$F(z) = \frac{-z}{z - \dfrac{1}{a}} \qquad\qquad |z| < \frac{1}{a}$$

上式中，若令 $b = \dfrac{1}{a}$，我们可以得出另一个重要结论

$$b^n u(-n-1) \xleftrightarrow{\text{ZT}} \frac{-z}{z-b} \qquad\qquad |z| < b$$

8. 部分和

若

$$f(n) \xleftrightarrow{\text{ZT}} F(z) \qquad\qquad R_- < |z| < R_+$$

则

$$\sum_{m=-\infty}^{k} f(m) \xleftrightarrow{\text{ZT}} \frac{z}{z-1} F(z) \qquad\qquad \max(R_-,1) < |z| < R_+ \qquad (10\text{-}2\text{-}19)$$

证明　根据序列卷积定义

$$f(n) * u(n) = \sum_{m=-\infty}^{\infty} f(m)u(n-m) = \sum_{m=-\infty}^{n} f(m)$$

上式两边同时取双边 z 变换，应用时域卷积性质

$$\sum_{m=-\infty}^{n} f(m) \xleftrightarrow{\text{ZT}} \text{ZT}[f(n)*u(n)] = F(z) \cdot \text{ZT}[u(n)] = \frac{z}{z-1} F(z)$$

显然，$\dfrac{z}{z-1} F(z)$ 的收敛域应为 $F(z)$ 和 $\text{ZT}[u(n)]$ 收敛域的公共部分，即 $R_- < |z| < R_+$ 和 $|z| > 1$ 的公共部分，为 $\max(R_-,1) < |z| < R_+$。

例 10-16　已知序列 $f_1(n) = \displaystyle\sum_{m=0}^{n} a^m$，$a$ 为实数，$f_2(n) = a^n \displaystyle\sum_{m=1}^{n} u(m-1)$，分别求其双边 z 变换。

解　（1）由于

$$f_1(n) = \sum_{m=0}^{n} a^m = \sum_{m=-\infty}^{n} a^m u(m)$$

而 $\qquad a^n u(n) \xleftrightarrow{\text{ZT}} \dfrac{z}{z-a} \qquad\qquad |z| > |a|$

根据部分和性质，得

$$\sum_{m=0}^{n} a^m \xleftrightarrow{\text{ZT}} \frac{z}{z-1} \cdot \frac{z}{z-a} = \frac{z^2}{(z-1)(z-a)} \qquad\qquad |z| > \max(|a|,1)$$

（2）由于

$$\sum_{m=1}^{n} u(m-1) = \sum_{m=-\infty}^{n} u(m-1)$$

$$u(n-1) \xleftrightarrow{\text{ZT}} z^{-1} \frac{z}{z-1} = \frac{1}{z-1} \qquad\qquad |z| > 1$$

根据部分和性质，得

$$\sum_{m=1}^{n} u(m-1) = \sum_{m=-\infty}^{n} u(m-1) \xleftrightarrow{\text{ZT}} \frac{z}{z-1} \frac{1}{z-1} = \frac{z}{(z-1)^2} \qquad\qquad |z| > 1$$

根据 z 域尺度变换性质，得

$$a^n \sum_{m=1}^{n} u(m-1) \xleftrightarrow{\text{ZT}} \frac{\dfrac{z}{a}}{\left(\dfrac{z}{a} - 1\right)^2} = \frac{az}{(z-a)^2} \qquad |z| > |a|$$

9. 共轭

若

$$f(n) \xleftrightarrow{\text{ZT}} F(z) \qquad\qquad R_- < |z| < R_+$$

则

$$f^*(n) \xleftrightarrow{\text{ZT}} F^*(z^*) \qquad R_- < |z| < R_+ \tag{10-2-20}$$

证明 根据双边 z 变换的定义

$$\text{ZT}[f^*(n)] = \sum_{n=-\infty}^{\infty} f^*(n) z^{-n} = \sum_{n=-\infty}^{\infty} [f(n)(z^*)^{-n}]^*$$

$$= \left[\sum_{n=-\infty}^{\infty} f(n)(z^*)^{-n} \right]^* = F^*(z^*) \qquad R_- < |z| < R_+$$

显然，若 $f(n)$ 是实序列，则

$$F(z) = F^*(z^*)$$

10. 初值定理

若 $n < N$（N 为整数）时，$f(n) = 0$，且

$$f(n) \xleftrightarrow{\text{ZT}} F(z) \qquad\qquad \mathbf{R}_- < |z| < \infty$$

则 $f(n)$ 的初值 $f(N)$ 为

$$f(N) = \lim_{z \to \infty} z^N F(z) \tag{10-2-21}$$

11. 终值定理

若 $f(n)$ 为因果序列，且

$$f(n) \xleftrightarrow{\text{ZT}} F(z) \qquad\qquad \mathbf{R}_- < |z| < \infty$$

则序列的终值为

$$f(\infty) = \lim_{z \to 1} \frac{z-1}{z} F(z) \tag{10-2-22a}$$

或者

$$f(\infty) = \lim_{z \to 1} (z-1) F(z) \tag{10-2-22b}$$

终值定理要求 $F(z)$ 除允许在 $z=1$ 有一阶极点外，其余极点全部在单位圆内，即要求 $\dfrac{z-1}{z} F(z)$ 的收敛域包含单位圆，这时 $f(n)$ 的终值存在。

例 10-17 已知 $f_1(n) = (-1)^n u(n)$，$f_2(n) = u(n) + \left(\dfrac{1}{2}\right)^n u(n)$。分别求 $f_1(n)$ 和 $f_2(n)$ 的终值 $f_1(\infty)$ 和 $f_2(\infty)$。

解 （1）由于

$$F_1(z) = \text{ZT}[f_1(n)] = \frac{z}{z+1} \qquad |z| > 1$$

显然，$F_1(z)$ 在 $z = -1$ 处有极点，所以 $\dfrac{z-1}{z} F_1(z)$ 在单位圆上不收敛，$f_1(\infty)$ 不存在，终值定理不适用。若根据终值定理求 $f_1(\infty)$，则

$$f_1(\infty) = \lim_{z \to 1} \frac{z-1}{z} F_1(z) = \lim_{z \to 1} \frac{z-1}{z+1} = 0$$

显然，$f_1(\infty) = 0$ 的结果是错误的，因为 $f_1(n)$ 的值随 n 的增加为 1 和 -1 交替出现，$f_1(\infty)$ 的值是不确定的。

（2）由于

$$F_2(z) = ZT[f_2(n)] = \frac{z}{z-1} + \frac{z}{z-\dfrac{1}{2}} = \frac{4z^2 - 3z}{2(z-1)\left(z-\dfrac{1}{2}\right)}$$

所以，$F_2(z)$ 只有两个一阶极点 $z=1$，$z=\dfrac{1}{2}$，而 $\dfrac{z-1}{z} F_2(z)$ 的极点为 $z=\dfrac{1}{2}$，收敛域为 $|z| > \dfrac{1}{2}$，包括单位圆。因此，根据终值定理

$$f_2(\infty) = \lim_{z \to 1} \frac{z-1}{z} F_2(z) = \lim_{z \to 1} \frac{4z-3}{2\left(z-\dfrac{1}{2}\right)} = 1$$

10.2.2　单边 z 变换的性质

双边 z 变换的许多性质同样适用于单边 z 变换，除了收敛域不同外，双边 z 变换的这些性质的表述形式与单边 z 变换对应性质的表述形式完全相同。这些性质有：线性性质、z 域尺度变换性质、z 域微分性质、z 域积分性质、初值定理和终值定理等。限于篇幅，我们这里只讨论单边 z 变换的特殊性质，而与双边 z 变换相同的性质不再赘述。

1. 时移（位移）性质

若

$$f(n) \xleftrightarrow{\text{ZT}} F(z) \qquad\qquad |z| > \mathbf{R}$$

$$\left. \begin{array}{l} f(n-1) \xleftrightarrow{\text{ZT}} z^{-1}F(z) + f(-1) \\[2mm] f(n-2) \xleftrightarrow{\text{ZT}} z^{-2}F(z) + f(-2) + f(-1)z^{-1} \\[2mm] \cdots\cdots \\[2mm] f(n-m) \xleftrightarrow{\text{ZT}} z^{-m}F(z) + \sum_{n=0}^{m-1} f(n-m)z^{-n} \end{array} \right\} \quad |z| > \mathbf{R} \qquad (10\text{-}2\text{-}23)$$

$$\left. \begin{array}{l} f(n+1) \xleftrightarrow{\text{ZT}} zF(z) - f(0)z \\[2mm] f(n+2) \xleftrightarrow{\text{ZT}} z^2F(z) - f(0)z^2 - f(1)z \\[2mm] \cdots\cdots \\[2mm] f(n+m) \xleftrightarrow{\text{ZT}} z^mF(z) - \sum_{n=0}^{m-1} f(n)z^{m-n} \end{array} \right\} \quad |z| > \mathbf{R} \qquad (10\text{-}2\text{-}24)$$

$$f(n-m)u(n-m) \xleftrightarrow{\text{ZT}} z^{-m}F(z) \qquad\qquad |z| > \mathbf{R} \qquad (10\text{-}2\text{-}25)$$

式中，m 为整数，$m > 0$。

证明　根据单边 z 变换的定义式（10-1-16），有

$$ZT[f(n-m)] = \sum_{n=0}^{\infty} f(n-m)z^{-n}$$

$$= \sum_{n=0}^{m-1} f(n-m)z^{-n} + \sum_{n=m}^{\infty} f(n-m)z^{-(n-m)} \cdot z^{-m}$$

上式第二项中令 $n - m = k$,则

$$ZT[f(n-m)] = \sum_{n=0}^{m-1} f(n-m)z^{-n} + z^{-m}\sum_{k=0}^{\infty} f(k)z^{-k}$$

$$= \sum_{n=0}^{m-1} f(n-m)z^{-n} + z^{-m}F(z)$$

式(10-2-23)得证。同理可证得

$$ZT[f(n+m)] = \sum_{n=0}^{\infty} f(n+m)z^{-n} = z^m F(z) - \sum_{n=0}^{m-1} f(n)z^{m-n}$$

$$ZT[f(n-m)u(n-m)] = \sum_{n=0}^{\infty} f(n)z^{-(m+n)} = z^{-m}\sum_{n=0}^{\infty} f(n)z^{-n} = z^{-m}F(z)$$

需要注意的是,$f(n+m)$ 和 $f(n-m)$ 的单边 z 变换分别等于 $f(n+m)u(n)$ 和 $f(n-m)u(n)$ 的单边 z 变换,因此,单边 z 变换的时移性质与双边 z 变换的时移性质不同。此外,$f(n)u(n)$ 的右移序列是 $f(n-m)u(n-m)$ 而不是 $f(n-m)u(n)$,只有当 $f(n)$ 是因果序列时,二者才相同。而 $f(n)u(n)$ 的左移序列是 $f(n+m)u(n+m)$ 而不是 $f(n+m)u(n)$,只有当 $f(n)$ 是有始序列($n < m, f(n) = 0$)时,二者才相同。

例 10-18   若 $f_1(n) = (n-3)u(n)$,$f_2(n) = (n-3)u(n-3)$,$f_3(n) = \left(\dfrac{1}{2}\right)^n u(n+3)$,求各序列的单边 z 变换。

解   (1)由于

$$u(n) \xleftrightarrow{ZT} \frac{z}{z-1} \qquad |z| > 1$$

根据 z 域微分性质,得

$$nu(n) \xleftrightarrow{ZT} -z\frac{\mathrm{d}}{\mathrm{d}z}\left(\frac{z}{z-1}\right) = \frac{z}{(z-1)^2} \qquad |z| > 1$$

根据时移性质式(10-2-23),得

$$(n-3)u(n) \xleftrightarrow{ZT} z^{-3}\frac{z}{(z-1)^2} + \sum_{n=0}^{2}(n-3)z^{-n}$$

$$= \frac{z^{-2}}{(z-1)^2} - 3 - 2z^{-1} - z^{-2} = \frac{4z - 3z^2}{(z-1)^2} \qquad |z| > 1$$

另一种方法,由于

$$f_1(n) = (n-3)u(n) = nu(n) - 3u(n)$$

所以

$$F_1(z) = ZT[nu(n) - 3u(n)] = \frac{z}{(z-1)^2} - 3\frac{z}{z-1} = \frac{4z - 3z^2}{(z-1)^2} \qquad |z| > 1$$

(2)由于

$$nu(n) \xleftrightarrow{ZT} -z\frac{\mathrm{d}}{\mathrm{d}z}\left(\frac{z}{z-1}\right) = \frac{z}{(z-1)^2} \qquad |z| > 1$$

根据时移性质式(10-2-25),得

$$(n-3)u(n-3) \xleftrightarrow{ZT} z^{-3}\frac{z}{(z-1)^2} = \frac{z^{-2}}{(z-1)^2} \qquad |z| > 1$$

(3)根据单边 z 变换的定义式(10-1-16),有

$$F_3(z) = \sum_{n=0}^{\infty}\left(\frac{1}{2}\right)^n u(n+3)z^{-n} = \sum_{n=0}^{\infty}\left(\frac{1}{2}\right)^n u(n)z^{-n}$$

$$= \frac{1}{1 - \frac{1}{2}z^{-1}} = \frac{z}{z - \frac{1}{2}} \qquad |z| > \frac{1}{2}$$

另一种方法,由于对于单边 z 变换

$$\mathrm{ZT}\left[\left(\frac{1}{2}\right)^{n}u(n+3)\right] = \mathrm{ZT}\left[\left(\frac{1}{2}\right)^{n}u(n)\right]$$

而

$$u(n) \xleftrightarrow{\ \mathrm{ZT}\ } \frac{z}{z-1} \qquad |z| > 1$$

根据 z 域尺度变换性质,得

$$\left(\frac{1}{2}\right)^{n}u(n) \xleftrightarrow{\ \mathrm{ZT}\ } \frac{2z}{2z-1} = \frac{2}{z - \frac{1}{2}} \qquad |z| > \frac{1}{2}$$

即

$$F_3(z) = \frac{z}{z - \frac{1}{2}} \qquad |z| > \frac{1}{2}$$

2. 时域卷积

若 $f_1(n), f_2(n)$ 为因果序列,且

$$f_1(n) \xleftrightarrow{\ \mathrm{ZT}\ } F_1(z) \qquad |z| > \mathbf{R}_1$$

$$f_2(n) \xleftrightarrow{\ \mathrm{ZT}\ } F_2(z) \qquad |z| > \mathbf{R}_2$$

则

$$f_1(n) * f_2(n) \xleftrightarrow{\ \mathrm{ZT}\ } F_1(z)F_2(z) \qquad |z| > \max(R_1, R_2) \tag{10-2-26}$$

该性质的证明方法与双边 z 变换时域卷积性质的证明方法相同,这里不再赘述。单边 z 变换的时域卷积性质要求 $f_1(n), f_2(n)$ 为因果序列,而双边 z 变换时域卷积性质则无此限制。

例 10-19　已知 $f_1(n) = (n+1)u(n)$,$f_2(n) = (n+1)a^n u(n)$,求各序列的单边 z 变换。

解　根据常用序列卷积和公式,有

$$f_1(n) = (n+1)u(n) = u(n) * u(n)$$

$$f_2(n) = (n+1)a^n u(n) = a^n u(n) * a^n u(n)$$

根据时域卷积性质,得

$$F_1(z) = \mathrm{ZT}[u(n)] \cdot \mathrm{ZT}[u(n)] = \frac{z}{z-1} \cdot \frac{z}{z-1} = \left(\frac{z}{z-1}\right)^2 \qquad |z| > 1$$

$$F_2(z) = \mathrm{ZT}[a^n u(n)] \cdot \mathrm{ZT}[a^n u(n)] = \frac{z}{z-a} \cdot \frac{z}{z-a} = \left(\frac{z}{z-a}\right)^2 \qquad |z| > a$$

3. 部分和

若

$$f(n) \xleftrightarrow{\ \mathrm{ZT}\ } F(z) \qquad |z| > \mathbf{R}$$

则

$$\sum_{m=0}^{n} f(m) \xleftrightarrow{\ \mathrm{ZT}\ } \frac{z}{z-1}F(z) \qquad |z| > \max(R, 1) \tag{10-2-27}$$

证明　由于

$$f(n)u(n) * u(n) \sum_{m=-\infty}^{\infty} f(m)u(m)u(n-m) = \sum_{m=0}^{n} f(m)$$

并且,$f(n)$ 的单边 z 变换为

$$F(z) = \mathrm{ZT}[f(n)] = \mathrm{ZT}[f(n)u(n)] \qquad |z| > \mathbf{R}$$

根据时域卷积性质,得

$$\mathrm{ZT}\Big[\sum_{m=0}^{n}f(m)\Big]=\mathrm{ZT}[f(n)u(n)*u(n)]=\mathrm{ZT}[f(n)u(n)]\cdot\mathrm{ZT}[u(n)]$$

$$=\frac{z}{z-1}F(z)\qquad |z|>\max(\mathbf{R},1)$$

为了计算方便,将 z 变换的性质列于表 10-2 中。

表 10-2 变换的性质

序号	性质名称		信号(序列)	z 变换
1	线性		$af_1(n)+bf_2(n)$	$aF_1(z)+bF_2(z)$ $\max(\mathbf{R}_{1-},\mathbf{R}_{2-})<\vert z\vert<\min(\mathbf{R}_{1+},\mathbf{R}_{2+})$
2	位移	双边变换	$f(n\pm m)$	$z^{\pm m}F(z),\mathbf{R}_-<\vert z\vert<\mathbf{R}_+$
		单边变换	$f(n-m),m>0$	$z^{-m}F(z)+\sum_{n=0}^{m-1}f(n-m)z^{-n},\vert z\vert>\mathbf{R}$
			$f(n+m),m>0$	$z^{m}F(z)+\sum_{n=0}^{m-1}f(n)z^{m-n},\vert z\vert>\mathbf{R}$
			$f(n-m)u(n-m),n$	$z^{-m}F(z),\vert z\vert>\mathbf{R}$
3	z 域乘 α^n		$\alpha^n f(n),\alpha\neq0$	$F\Big(\dfrac{z}{\alpha}\Big),\vert a\vert\mathbf{R}_-<\vert z\vert<\vert a\vert\mathbf{R}_+$
4	z 域卷积	双边变换	$f_1(n)*f_2(n)$	$F_1(z)F_2(z)$ $\max(\mathbf{R}_{1-},\mathbf{R}_{2-})<\vert z\vert<\min(\mathbf{R}_{1+},\mathbf{R}_{2+})$
		单边变换	$f_1(n)*f_2(n),f_1(n),$ $f_2(n)$ 为因果序列	$F_1(z)F_2(z),\vert z\vert>\max(\mathbf{R}_1,\mathbf{R}_2)$
5	z 域微分		$n^m f(n),m>0$	$\Big[-z\dfrac{\mathrm{d}}{\mathrm{d}z}\Big]^m F(z),\mathbf{R}<\vert z\vert<\mathbf{R}_+$
6	z 域积分		$\dfrac{f(n)}{n+m},n+m>0$	$z^m\displaystyle\int_z^\infty F(\lambda)\lambda^{-(m+1)}\mathrm{d}\lambda,\mathbf{R}_-<\vert z\vert<\mathbf{R}_+$
7	z 域反转 (适用于双边变换)		$f(-n)$	$F(z^{-1}),\dfrac{1}{\mathbf{R}_+}<\vert z\vert<\dfrac{1}{\mathbf{R}_-}$
8	部分和	双边变换	$\sum_{m=-\infty}^{n}f(m)$	$\dfrac{z}{z-1}F(z),\max(\mathbf{R}_-,1)<\vert z\vert<\mathbf{R}_+$
		单边变换	$\sum_{m=0}^{n}f(m)$	$\dfrac{z}{z-1}F(z),\vert z\vert<\max(\mathbf{R},1)$
9	初值定理	双边变换	$f(N)=\lim\limits_{z\to\infty}z^N F(z),f(n)=0,n<N$	
		单边变换	$f(0)=\lim\limits_{z\to\infty}F(z),f(n)=0,n<0$	
10	终值定理		$f(\infty)=\lim\limits_{z\to1}\dfrac{z-1}{z}F(z),\vert z\vert>\alpha,0<\alpha<1$	
			或者 $\quad f(\infty)=\lim\limits_{z\to1}(z-1)F(z)$	

例 10-20 已知 $f(n)=n(-1)^n\sum_{m=0}^{n}2^m$,求 $f(n)$ 的单边 z 变换 $F(z)$。

解 由常用序列的单边 z 变换

$$2^n \xleftrightarrow{\text{ZT}} \frac{z}{z-2} \qquad\qquad |z| > 2$$

根据部分和性质,得

$$\sum_{m=0}^{n} 2^m \xleftrightarrow{\text{ZT}} \frac{z}{z-1} \cdot \frac{z}{z-2} = \frac{2^2}{(z-1)(z-2)} \qquad |z| > 2$$

根据 z 域尺度变换性质,得

$$(-1)^n \sum_{m=0}^{n} 2^m \xleftrightarrow{\text{ZT}} \frac{(-z)^2}{(-z-1)(-z-2)} = \frac{z^2}{(z+1)(z+2)} \qquad |z| > 2$$

根据 z 域微分性质,得

$$n(-1)^n \sum_{m=0}^{n} 2^m \xleftrightarrow{\text{ZT}} (-z)\frac{\mathrm{d}}{\mathrm{d}z} \frac{z^2}{(z+1)(z+2)} = \frac{-z^2(3z+4)}{(z+1)^2(z+2)^2} \qquad |z| > 2$$

即

$$F(z) = \frac{-z^2(3z+4)}{(z+1)^2(z+2)^2} \qquad\qquad |z| > 2$$

10.3　z 逆变换

由 z 变换 $F(z)$ 及其收敛域求原序列 $f(n)$ 称为 z 逆变换。z 逆变换是离散信号与系统 z 域分析的重要问题。这一节我们将分别讨论双边 z 逆变换和单边 z 逆变换的计算方法。

10.3.1　双边 z 逆变换的计算方法

常用的双边 z 逆变换的求法有:幂级数展开法(长除法)、部分分式展开法和反演积分法(留数法)。

1. 幂级数展开法(长除法)

若 $f(n)$ 为双边序列,则其可以分为因果序列 $f_1(n)$ 和反因果序列 $f_2(n)$ 两部分,即

$$f(n) = f_2(n) + f_1(n) = f(n)u(-n-1) + f(n)u(n)$$

根据双边 z 变换的定义,$F(z)$ 为 z 和 z^{-1} 的幂级数,收敛域为 $R_- < |z| < R_+$,即

$$
\begin{aligned}
F(z) &= \sum_{n=-\infty}^{\infty} f(n)z^{-n} \\
&= \cdots + f(-2)z^2 + f(-1)z + f(0)z^0 + f(1)z^{-1} + f(2)z^{-2} + \cdots \\
&= \sum_{n=-\infty}^{-1} f(n)z^n + \sum_{n=0}^{\infty} f(n)z^{-n} \\
&= F_2(z) + F_1(z) \qquad\qquad \mathbf{R}_- < |z| < \mathbf{R}_+
\end{aligned}
\tag{10-3-1}
$$

所以,只要在给定的收敛域内把 $F(z)$ 展成幂级数,则幂级数的系数就是序列 $f(n)$。

一般情况下,$F(z)$ 是一个有理分式,分子分母都是 z 的多项式,则可直接用分子多项式除以分母多项式,得到幂级数展开式,从而得到 $f(n)$。

由于对双边序列而言,只有在给定 $F(z)$ 的同时,给出它的收敛域范围,才能惟一地确定序列 $f(n)$,因此,在利用长除法作 z 逆变换时,同样要根据收敛域判断所要得到的 $f(n)$ 的性质,再展开成相应的 z 的幂级数。当 $F(z)$ 的收敛域为 $|z| > \mathbf{R}_-$ 时,则 $f(n)$ 必为右边序列(因果序列),此时应将 $F(z)$ 展成 z 的负幂级数,为此,$F(z)$ 的分子分母应按 z 的降幂排列。

如果收敛域是 $|z| < \mathbf{R}_+$，则 $f(n)$ 必为左边序列（反因果序列），此时应将 $F(z)$ 展成 z 的正幂级数，为此，$F(z)$ 的分子分母应按 z 的升幂排列。下面，举例加以说明。

例 10-21　已知象函数 $F(z) = \dfrac{z^2}{z^2 - z - 2}$，收敛域为 (1) $|z| > 2$，(2) $|z| < 1$，(3) $1 < |z| < 2$。分别求其对应的原函数 $f(n)$。

解　(1) 由于 $F(z)$ 的收敛域为 $|z| > 2$，故 $f(n)$ 为因果序列，式子按 z 的降幂排列，即象函数分子、分母按 z 的降幂排列。根据多项式除法，得

$$
\begin{array}{r}
1 + z^{-1} + 3z^{-2} + 5z^{-3} + \cdots \\
z^2 - z - 2 \overline{\big)\, z^2 } \\
\underline{z^2 - z - 2} \\
z + 2 \\
\underline{z - 1 - 2z^{-1}} \\
3 + 2z^{-1} \\
\cdots\cdots
\end{array}
$$

即

$$
F(z) = \frac{z^2}{z^2 - z - 2} = 1 + z^{-1} + 3z^{-2} + 5z^{-3} + \cdots
$$

于是得

$$
n < 0, \; f(n) = 0
$$
$$
n \geqslant 0, \; f(0) = 1, \; f(1) = 1, \; f(2) = 3, \; f(3) = 5, \cdots
$$

(2) 由于 $F(z)$ 的收敛域为 $|z| < 1$，故 $f(n)$ 为反因果序列，式子按 z 的升幂排列，即象函数分子、分母按 z 的升幂排列，根据多项式除法，得

$$
\begin{array}{r}
-\dfrac{1}{2} z^2 + \dfrac{1}{4} z^3 - \dfrac{3}{8} z^4 + \dfrac{5}{16} z^5 + \cdots \\
-2 - z + z^2 \overline{\big)\, z^2 } \\
\underline{z^2 + \dfrac{1}{2} z^3 - \dfrac{1}{2} z^4} \\
-\dfrac{1}{2} z^3 + \dfrac{1}{2} z^4 \\
\underline{-\dfrac{1}{2} z^3 - \dfrac{1}{4} z^4 + \dfrac{1}{4} z^5} \\
\dfrac{3}{4} z^4 - \dfrac{1}{4} z^5 \\
\cdots\cdots
\end{array}
$$

即

$$
F(z) = \frac{z^2}{z^2 - z - 2} = -\frac{1}{2} z^2 + \frac{1}{4} z^3 - \frac{3}{8} z^4 + \frac{5}{16} z^5 + \cdots
$$
$$
= \cdots + \frac{5}{16} z^5 - \frac{3}{8} z^4 + \frac{1}{4} z^3 - \frac{1}{2} z^2 + 0 \cdot z
$$

于是得

$$
n < 0, f(-1) = 0, f(-2) = -\frac{1}{2}, f(-3) = \frac{1}{4}, f(-4) = -\frac{3}{8}, f(-5) = \frac{5}{16}, \cdots
$$
$$
n \geqslant 0, f(n) = 0
$$

(3) 由于 $F(z)$ 的收敛域为 $1 < |z| < 2$，故 $f(n)$ 为双边序列，$F(z)$ 可以表示为

$$F(z) = \frac{z^2}{z^2 - z - 2} = \frac{z^2}{(z+1)(z-2)} = \frac{\frac{1}{3}z}{z+1} + \frac{\frac{2}{3}z}{z-2} \qquad 1 < |z| < 2$$

根据给定的收敛域可得，上式第一项属于因果序列的象函数 $F_1(z)$，第二项属于反因果序列的象函数 $F_2(z)$，即

$$F_1(z) = \frac{\frac{1}{3}z}{z+1} \qquad\qquad |z| > 1$$

$$F_2(z) = \frac{\frac{2}{3}z}{z-2} \qquad\qquad |z| < 2$$

按照上述方法分别展开为 z^{-1} 和 z 的幂级数，得

$$F_1(z) = \frac{\frac{1}{3}z}{z+1} = \frac{1}{3} - \frac{1}{3}z^{-1} + \frac{1}{3}z^{-2} - \frac{1}{3}z^{-3} + \cdots$$

$$F_2(z) = \frac{\frac{2}{3}z}{z-2} = \cdots - \frac{1}{12}z^3 - \frac{1}{6}z^2 - \frac{1}{3}z$$

所以

$$f(n) = \left\{ \cdots, -\frac{1}{12}, -\frac{1}{6}, -\frac{1}{3}, \frac{1}{3}, -\frac{1}{3}, \frac{1}{3}, -\frac{1}{3}, \cdots \right\}$$
$$\uparrow$$
$$n = 0$$

2. 部分分式展开法

假设 $F(z)$ 是有理分式，则 $F(z)$ 可以表示为

$$F(z) = \frac{B(z)}{A(z)} = \frac{b_m z^m + b_{m-1} z^{m-1} + \cdots b_1 z + b_0}{z^n + a_{n-1} z^{n-1} + \cdots a_1 z + a_0} \qquad \mathbf{R}_- < |z| < \mathbf{R}_+ \qquad (10\text{-}3\text{-}2)$$

式中：$a_i(i = 0,1,2,\cdots,n-1)$，$b_j(j = 0,1,2,\cdots,m)$ 为实数。若 $m \geqslant n$，则 $F(z)$ 为假分式，可用多项式除法将 $F(z)$ 表示为

$$F(z) = c_0 + c_1 z + c_2 z^2 + \cdots c_{m-n} z^{m-n} + \frac{D(z)}{A(z)}$$

$$= N(z) + \frac{D(z)}{A(z)} \qquad\qquad (10\text{-}3\text{-}3)$$

$$N(z) = c_0 + c_1 z + c_2 z^2 + \cdots c_{m-n} z^{m-n}$$

式中，$c_i(i = 0,1,2,\cdots,m-n)$ 为实数，显然 $N(z)$ 的逆变换为 $c_i \delta(n+i)$ 之和。$\dfrac{D(z)}{A(z)}$ 为真分式，可展开为部分分式求逆 z 变换。

用部分分式展开法求逆 z 变换，常用指数函数 z 变换的形式为 $\dfrac{z}{z-a}$，所以，一般先把 $\dfrac{F(z)}{z}$ 展开为部分分式，然后再乘以 z，得到以基本形式 $\dfrac{z}{z-a}$ 表示的 $F(z)$，再根据常用 z 变换对求逆 z 变换。

设 $\dfrac{F(z)}{z}$ 为有理真分式，可以表示为

$$\frac{F(z)}{z} = \frac{B(z)}{M(z)} = \frac{B(z)}{(z-z_1)(z-z_2)\cdots(z-z_m)}$$

式中，$z_i(i = 0, 1, 2, \cdots, m)$ 为 $\dfrac{F(z)}{z}$ 的极点，其可能为一阶极点，也可能为重极点；可能为实极点，也可能为复极点。若 z_i 为复极点，则必共轭成对出现。下面我们分三种情况进行讨论。

(1) $\dfrac{F(z)}{z}$ 只含单极点

对 $\dfrac{F(z)}{z}$ 进行部分分式展开，得

$$\frac{F(z)}{z} = \frac{B(z)}{M(z)} = \frac{k_1}{z - z_1} + \frac{k_2}{z - z_2} + \cdots + \frac{k_m}{z - z_m} = \sum_{i=1}^{m} \frac{k_i}{z - z_i} \tag{10-3-4}$$

式中：系数 k_i 为

$$k_i = (z - z_i) \frac{F(z)}{z} \bigg|_{z = z_i} \tag{10-3-5}$$

将求得的系数 k_i 代入式(10-3-4)，并在等号两端同时乘以 z，则

$$F(z) = \sum_{i=1}^{m} k_i \frac{z}{z - z_i} \qquad R_- < |z| < R_+ \tag{10-3-6}$$

根据常用双边 z 变换对

$$z_i^n u(n) \xleftrightarrow{\quad ZT \quad} \frac{z}{z - z_i} \qquad |z| > |z_i| \tag{10-3-7a}$$

$$-z_i^n u(-n-1) \xleftrightarrow{\quad ZT \quad} \frac{z}{z - z_i} \qquad |z| < |z_i| \tag{10-3-7b}$$

即可求解逆 z 变换 $f(n)$。

例 10-22 已知象函数 $F(z) = \dfrac{z^2}{z^2 - z - 2}$，收敛域为(1) $|z| > 2$，(2) $|z| < 1$，(3) $1 < |z| < 2$，分别求其对应的原函数 $f(n)$。

解

$$\frac{F(z)}{z} = \frac{z}{z^2 - z - 2} = \frac{z}{(z+1)(z-2)}$$

显然，$\dfrac{F(z)}{z}$ 为真分式，可以进行部分分式展开

$$\frac{F(z)}{z} = \frac{z}{(z+1)(z-2)} = \frac{k_1}{z+1} + \frac{k_2}{z-2}$$

上式只含有 $z = -1$ 和 $z = 2$ 两个一阶极点，根据式(10-3-12)，得

$$k_1 = (z+1) \frac{F(z)}{z} \bigg|_{z=-1} = \frac{z}{z-2} \bigg|_{z=-1} = \frac{1}{3}$$

$$k_2 = (z-2) \frac{F(z)}{z} \bigg|_{z=2} = \frac{z}{z+1} \bigg|_{z=2} = \frac{2}{3}$$

所以

$$\frac{F(z)}{z} = \frac{\dfrac{1}{3}}{z+1} + \frac{\dfrac{2}{3}}{z-2}$$

即

$$F(z) = \frac{1}{3} \frac{z}{z+1} + \frac{2}{3} \frac{z}{z-2} \tag{10-3-8}$$

(1) 收敛域为 $|z| > 2$，故 $f(n)$ 为因果序列，由式(10-3-7a)，得

$$f(n) = \left[\frac{1}{3}(-1)^n + \frac{2}{3} \cdot 2^n \right] u(n)$$

（2）收敛域为 $|z| < 1$，故 $f(n)$ 为反因果序列，由式（10-3-7b），得

$$f(n) = \left[-\frac{1}{3}(-1)^n - \frac{2}{3} \cdot 2^n \right] u(-n-1)$$

（3）收敛域为 $1 < |z| < 2$，故 $f(n)$ 为双边序列，由展开式（10-3-8）可知，其第一项为因果序列（$|z| > 1$），第二项为反因果序列（$|z| < 2$），由式（10-3-7），分别得

$$f(n) = \frac{1}{3}(-1)^n u(n) - \frac{2}{3} \cdot 2^n u(-n-1)$$

读者不难验证，本例的结果与例 10-21 的结果是一致的，而且由部分分式展开法可以得到原序列的闭合形式的解。

（2）$\dfrac{F(z)}{z}$ 含有重极点

设 $\dfrac{F(z)}{z}$ 在 $z = z_0$ 处有 r 阶重极点，另有 n 个一阶极点 $z_i (i = 0, 1, 2, \cdots, n)$，则 $\dfrac{F(z)}{z}$ 可以表示为

$$\frac{F(z)}{z} = \frac{B(z)}{(z-z_0)^r (z-z_1)(z-z_2) \cdots (z-z_n)}$$

则 $\dfrac{F(z)}{z}$ 可以展开为

$$\frac{F(z)}{z} = \frac{k_{0r}}{(z-z_0)^r} + \frac{k_{0r-1}}{(z-z_0)^{r-1}} + \cdots + \frac{k_{01}}{z-z_0} + \sum_{i=1}^{n} \frac{k_i}{z-z_i} \tag{10-3-9}$$

系数 $k_{0i} (i = 0, 1, 2, \cdots, r)$，$k_i (i = 0, 1, 2, \cdots, n)$ 为

$$k_{0i} = \frac{1}{(r-i)!} \frac{\mathrm{d}^{r-i}}{\mathrm{d}z^{r-i}} \left[(z-z_0)^r \frac{F(z)}{z} \right] \Big|_{z=z_0} \tag{10-3-10}$$

$$k_i = (z-z_i) \frac{F(z)}{z} \Big|_{z=z_i} \tag{10-3-11}$$

将求得的系数 k_{0i}，k_i 代入式（10-3-9），并在等号两端同时乘以 z，则

$$F(z) = \sum_{i=1}^{r} k_{0i} \frac{z}{(z-z_i)^i} + \sum_{i=1}^{n} k_i \frac{z}{z-z_i} \qquad \mathbf{R}_- < |z| < \mathbf{R}_+ \tag{10-3-12}$$

根据 $F(z)$ 的收敛域和各分式的逆 z 变换可求得 $F(z)$ 的逆 z 变换。其中，一阶极点对应的分式可由式（10-3-7）求其逆 z 变换，重极点对应的分式可由我们在上一节双边 z 变换的 z 域微分性质中介绍的两个重要 z 变换对求其逆 z 变换，现重写如下：

$$\frac{1}{m!} n(n-1) \cdots (n-m+1) a^{n-m} u(n) \xrightarrow{\text{ZT}} \frac{z}{(z-a)^{m+1}} \qquad |z| > a \tag{10-3-13}$$

$$-\frac{1}{m!} n(n-1) \cdots (n-m+1) a^{n-m} u(-n-1) \xrightarrow{\text{ZT}} \frac{z}{(z-a)^{m+1}} \qquad |z| < a \tag{10-3-14}$$

例 10-23　已知象函数 $F(z) = \dfrac{z^3 + z^2}{(z-1)^3}$，$|z| > 1$，求其对应的原函数 $f(n)$。

解

$$\frac{F(z)}{z} = \frac{z^2 + z}{(z-1)^3}$$

显然，$\dfrac{F(z)}{z}$ 为真分式，可以进行部分分式展开

$$\frac{F(z)}{z} = \frac{z^2 + z}{(z-1)^3} = \frac{k_{03}}{(z-1)^3} + \frac{k_{02}}{(z-1)^2} + \frac{k_{01}}{z-1}$$

根据式(10-3-10),得

$$k_{03} = (z-1)^3 \frac{F(z)}{z} \Big|_{z=1} = 2$$

$$k_{02} = \frac{\mathrm{d}}{\mathrm{d}z} \left[(z-1)^3 \frac{F(z)}{z} \right] \Big|_{z=1} = 3$$

$$k_{01} = \frac{1}{2} \frac{\mathrm{d}^2}{\mathrm{d}z^2} \left[(z-1)^3 \frac{F(z)}{z} \right] \Big|_{z=1} = 1$$

所以

$$\frac{F(z)}{z} = \frac{2}{(z-1)^3} + \frac{3}{(z-1)^2} + \frac{1}{z-1}$$

即

$$F(z) = \frac{2z}{(z-1)^3} + \frac{3z}{(z-1)^2} + \frac{z}{z-1}$$

由于 $|z| > 1$,根据式(10-3-7a)、(10-3-13),得

$$f(n) = \left[\frac{2}{2!} n(n-1) + 3n + 1 \right] u(n) = (n+1)^2 u(n)$$

(3) $\dfrac{F(z)}{z}$ 含共轭极点

若 $\dfrac{F(z)}{z}$ 含有共轭极点,$\dfrac{F(z)}{z}$ 应用部分分式展开法展开的过程及系数的求法与实极点的情况完全一致,只是计算相对较为复杂。

设 $\dfrac{F(z)}{z}$ 含有一对共轭单极点 $z_{1,2} = c \pm \mathrm{j}d$,则 $\dfrac{F(z)}{z}$ 可展开为

$$\frac{F(z)}{z} = \frac{F_a(z)}{z} + \frac{F_b(z)}{z} = \frac{k_1}{z-z_1} + \frac{k_2}{z-z_2} + \frac{F_b(z)}{z}$$

式中,$\dfrac{F_b(z)}{z}$ 为 $\dfrac{F(z)}{z}$ 中除共轭极点所形成分式外的其余部分,而

$$\frac{F_a(z)}{z} = \frac{k_1}{z-z_1} + \frac{k_2}{z-z_2} \tag{10-3-15}$$

可以证明,若 $F(z)$ 为实系数有理分式,则 $k_2 = k_1^*$。故令 $k_1 = |k_1| \mathrm{e}^{\mathrm{j}\varphi}$,则 $k_2 = |k_1| \mathrm{e}^{-\mathrm{j}\varphi}$

又令

$$z_{1,2} = c \pm \mathrm{j}d = \alpha \mathrm{e}^{\pm \mathrm{j}\beta}$$

式中

$$\alpha = \sqrt{c^2 + d^2}$$

$$\beta = \arctan\left(\frac{d}{c} \right)$$

式(10-3-15) 可改写为

$$\frac{F_a(z)}{z} = \frac{|k_1| \mathrm{e}^{\mathrm{j}\varphi}}{z - \alpha \mathrm{e}^{\mathrm{j}\beta}} + \frac{|k_1| \mathrm{e}^{-\mathrm{j}\varphi}}{z - \alpha \mathrm{e}^{-\mathrm{j}\beta}}$$

即

$$F_a(z) = \frac{|k_1| \mathrm{e}^{\mathrm{j}\varphi} z}{z - \alpha \mathrm{e}^{\mathrm{j}\beta}} + \frac{|k_1| \mathrm{e}^{-\mathrm{j}\varphi} z}{z - \alpha \mathrm{e}^{-\mathrm{j}\beta}}$$

由常用双边 z 变换对,若 $|z| > \alpha$,得

$$f(n) = |k_1| \mathrm{e}^{\mathrm{j}\varphi} (\alpha \mathrm{e}^{\mathrm{j}\beta})^n u(n) + |k_1| \mathrm{e}^{-\mathrm{j}\varphi} (\alpha \mathrm{e}^{-\mathrm{j}\beta})^n u(n)$$

$$= |k_1| \alpha^n \left[\mathrm{e}^{\mathrm{j}(\beta n + \varphi)} + \mathrm{e}^{-\mathrm{j}(\beta n + \varphi)} \right] u(n)$$

$$= 2|k_1|\alpha^n\cos(\beta n + \varphi)u(n) \tag{10-3-16}$$

若 $|z| < \alpha$,同理可得

$$f(n) = -2|k_1|\alpha^n\cos(\beta n + \varphi)u(-n-1) \tag{10-3-17}$$

例 10-24　已知象函数 $F(z) = \dfrac{z^3 + 6}{(z+1)(z^2+4)}$,$|z| > 2$,求其对应的原函数 $f(n)$。

解　$\dfrac{F(z)}{z} = \dfrac{z^3 + 6}{z(z+1)(z^2+4)} = \dfrac{k_0}{z} + \dfrac{k_1}{z+1} + \dfrac{k_2}{z - \mathrm{j}2} + \dfrac{k_2^*}{z + \mathrm{j}2}$

根据式(10-3-6),得

$$k_0 = z\,\frac{F(z)}{z}\bigg|_{z=0} = 1.5$$

$$k_1 = (z+1)\,\frac{F(z)}{z}\bigg|_{z=-1} = -1$$

$$k_2 = (z - \mathrm{j}2)\,\frac{F(z)}{z}\bigg|_{z=\mathrm{j}2} = \frac{1 + \mathrm{j}2}{4} = \frac{\sqrt{5}}{4}\mathrm{e}^{\mathrm{j}63.4°}$$

$$k_2^* = \frac{1 - \mathrm{j}2}{4} = \frac{\sqrt{5}}{4}\mathrm{e}^{-\mathrm{j}63.4°}$$

所以

$$F(z) = 1.5 - \frac{z}{z+1} + \frac{\dfrac{\sqrt{5}}{4}\mathrm{e}^{\mathrm{j}63.4°}z}{z - 2\mathrm{e}^{\mathrm{j}\frac{\pi}{2}}} + \frac{\dfrac{\sqrt{5}}{4}\mathrm{e}^{-\mathrm{j}63.4°}z}{z + 2\mathrm{e}^{-\mathrm{j}\frac{\pi}{2}}}$$

因为 $|z| > 2$,由式(10-3-16),得

$$f(n) = \left[1.5\delta(n) - (-1)^n + \frac{\sqrt{5}}{2}2^n\cos\left(\frac{n\pi}{2} + 63.4°\right)\right]u(n)$$

设 $\dfrac{F(z)}{z}$ 含有一对共轭极点 $z_{1,2} = c \pm \mathrm{j}d = \alpha\mathrm{e}^{\pm\mathrm{j}\beta}$,则根据式(10-3-17)求得系数 k_{01}, k_{02} 后,可利用上述类似方法,按收敛域不同求得其逆 z 变换。

若 $|z| > \alpha$,则

$$\left[\frac{|k_{01}|\mathrm{e}^{\mathrm{j}\varphi_{01}}z}{(z-z_1)^2} + \frac{|k_{01}|\mathrm{e}^{-\mathrm{j}\varphi_{01}}z}{(z-z_2)^2}\right] \xleftrightarrow{\text{ZT}} 2|k_{01}|n\alpha^{n-1}\cos[(n-1)\beta + \varphi_{01}]u(n) \tag{10-3-18}$$

$$\left[\frac{|k_{02}|\mathrm{e}^{\mathrm{j}\varphi_{02}}z}{z-z_1} + \frac{|k_{02}|\mathrm{e}^{-\mathrm{j}\varphi_{02}}z}{z-z_2}\right] \xleftrightarrow{\text{ZT}} 2|k_{02}|\alpha^n\cos(n\beta + \varphi_{02})u(n) \tag{10-3-19}$$

若 $|z| < \alpha$,则

$$\left[\frac{|k_{01}|\mathrm{e}^{\mathrm{j}\varphi_{01}}z}{(z-z_1)^2} + \frac{|k_{01}|\mathrm{e}^{-\mathrm{j}\varphi_{01}}z}{(z-z_2)^2}\right] \xleftrightarrow{\text{ZT}} -2|k_{01}|n\alpha^{n-1}\cos[(n-1)\beta + \varphi_{01}]u(-n-1)$$

$$\tag{10-3-20}$$

$$\left[\frac{|k_{02}|\mathrm{e}^{\mathrm{j}\varphi_{02}}z}{z-z_1} + \frac{|k_{02}|\mathrm{e}^{-\mathrm{j}\varphi_{02}}z}{z-z_2}\right] \xleftrightarrow{\text{ZT}} -2|k_{02}|\alpha^n\cos(n\beta + \varphi_{02})u(-n-1) \tag{10-3-21}$$

例 10-25　已知象函数 $F(z) = \dfrac{z^4}{(z^2+4)^2}$,$|z| > 2$,求其对应的原函数 $f(n)$。

解　$F(z)$ 有一对共轭极点 $z_{1,2} = \pm\mathrm{j}2 = 2\mathrm{e}^{\pm\mathrm{j}\frac{\pi}{2}}$,将 $\dfrac{F(z)}{z}$ 展开为

$$\frac{F(z)}{z} = \frac{z^3}{(z-\mathrm{j}2)^2(z+\mathrm{j}2)^2}$$

$$= \frac{k_{01}}{(z-\mathrm{j}2)^2} + \frac{k_{01}^*}{(z+\mathrm{j}2)^2} + \frac{k_{02}}{(z-\mathrm{j}2)} + \frac{k_{02}^*}{(z+\mathrm{j}2)}$$

根据式(10-3-10),得

$$k_{01} = (z-\mathrm{j}2)^2 \frac{F(z)}{z}\Big|_{z=\mathrm{j}2} = \mathrm{j}\frac{1}{2} = \frac{1}{2}\mathrm{e}^{\mathrm{j}\frac{\pi}{2}}$$

$$k_{02} = \frac{\mathrm{d}}{\mathrm{d}z}\Big[(z-\mathrm{j}2)^2 \frac{F(z)}{z}\Big]\Big|_{z=\mathrm{j}2} = \frac{1}{2}$$

所以

$$F(z) = \frac{\frac{1}{2}\mathrm{e}^{\mathrm{j}\frac{\pi}{2}}z}{(z-\mathrm{j}2)^2} + \frac{\frac{1}{2}\mathrm{e}^{-\mathrm{j}\frac{\pi}{2}}z}{(z+\mathrm{j}2)^2} + \frac{\frac{1}{2}z}{(z-\mathrm{j}2)} + \frac{\frac{1}{2}z}{(z+\mathrm{j}2)}$$

由式(10-3-18)和(10-3-19),得

$$f(n) = n2^{n-1}\cos\Big[(n-1)\frac{\pi}{2} + \frac{\pi}{2}\Big]u(n) + 2^n\cos\Big(\frac{n\pi}{2}\Big)u(n)$$

$$= \Big(\frac{n}{2} + 1\Big)2^n\cos\Big(\frac{n\pi}{2}\Big)u(n)$$

3. 反演积分法(留数法)

现在用留数法来求 $F(z)$ 的逆变换。根据复变函数的留数定理可知:

若　　$f(n) \xleftarrow{\text{ZT}} F(z)$

则　　　$$f(n) = \frac{1}{2\pi\mathrm{j}}\oint_C F(z)z^{n-1}\mathrm{d}z = \sum_m \mathrm{Res}[F(z)z^{n-1}]|_{z=z_m} \tag{10-3-22}$$

式中 C 为在 $F(z)$ 的收敛域内包含所有极点的环绕原点逆时针方向的闭合路径。Res 表示极点的留数,z_m 为 $F(z)z^{n-1}$ 的极点。

留数的计算方法如下:

如果在 $F(z)z^{n-1}$ 在 $z = z_i$ 处有一阶极点,则该极点的留数

$$\mathop{\mathrm{Res}}_{z=z_i}[F(z)z^{n-1}] = (z-z_i)F(z)z^{n-1}|_{z=z_i} \tag{10-3-23}$$

如果 $F(z)z^{n-1}$ 在 $z = z_i$ 处有 r 阶极点,则

$$\mathop{\mathrm{Res}}_{z=z_i}[F(z)z^{n-1}] = \frac{1}{(r-1)!}\frac{\mathrm{d}^{r-1}}{\mathrm{d}z^{r-1}}[(z-z_i)^r F(z)z^{n-1}]|_{z=z_i} \tag{10-3-24}$$

例 10-26　已知象函数 $F(z) = \dfrac{z\Big[z^3 - 4z^2 + \frac{9}{2}z + \frac{1}{2}\Big]}{\Big(z-\frac{1}{2}\Big)(z-1)(z-2)(z-3)}$,$1 < |z| < 2$,求其

对应的原函数 $f(n)$。

解　$F(z)$ 的极点分布和收敛域如图 10-2 所示。函数

$$F(z)z^{n-1} = \frac{\Big(z^3 - 4z^2 + \frac{9}{2}z + \frac{1}{2}\Big)z^n}{\Big(z-\frac{1}{2}\Big)(z-1)(z-2)(z-3)}$$

首先考虑因果序列 $(n \geqslant 0)$。$F(z)z^{n-1}$ 在围线 C 内有两个极点 $z_1 = \dfrac{1}{2}$ 和 $z_2 = 1$,根据式 (10-3-22) 得

$$f_1(n) = \mathop{\mathrm{Res}}_{z=\frac{1}{2}}[F(z)z^{n-1}] + \mathop{\mathrm{Res}}_{z=1}[F(z)z^{n-1}]$$

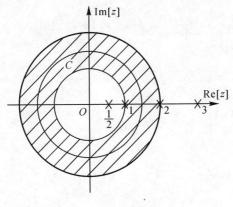

图 10-2

而根据式(10-3-23),得

$$\operatorname*{Res}_{z=\frac{1}{2}}\left[F(z)z^{n-1}\right] = \left(z - \frac{1}{2}\right)\frac{\left(z^3 - 4z^2 + \dfrac{9}{2}z + \dfrac{1}{2}\right)z^n}{\left(z - \dfrac{1}{2}\right)(z-1)(z-2)(z-3)}\Bigg|_{z=\frac{1}{2}} = -\left(\frac{1}{2}\right)^n$$

$$\operatorname*{Res}_{z=1}\left[F(z)z^{n-1}\right] = (z-1)\frac{\left(z^3 - 4z^2 + \dfrac{9}{2}z + \dfrac{1}{2}\right)z^n}{\left(z - \dfrac{1}{2}\right)(z-1)(z-2)(z-3)}\Bigg|_{z=1} = 2$$

于是得

$$f_1(n) = \left[2 - \left(\frac{1}{2}\right)^n\right]u(n)$$

对于反因果序列$(n \leqslant -1)$,$F(z)z^{n-1}$在C外有两个极点$z_3 = 2$,$z_4 = 3$,据式(10-3-22),可得

$$f_2(n) = \operatorname*{Res}_{z=2}\left[F(z)z^{n-1}\right] + \operatorname*{Res}_{z=3}\left[F(z)z^{n-1}\right] = (2^n - 3^n)u(-n-1)$$

最后得$F(z)$的逆变换

$$f(n) = f_2(n) + f_1(n) = (2^n - 3^n)u(-n-1) + \left[2 - \left(\frac{1}{2}\right)^n\right]u(n)$$

10.3.2　单边 z 逆变换的计算方法

与双边 z 逆变换的计算方法一致,单边 z 逆变换的计算方法也有幂级数展开法、部分分式展开法、反演积分法。单边 z 变换的收敛域为 $|z| > R$,其 z 逆变换为因果序列。因此,单边 z 逆变换的上述计算方法与收敛域为 $|z| > R$ 时的双边 z 逆变换的计算方法完全相同。下面我们举例说明部分分式展开法和反演积分法,幂级数展开法不再赘述。

1. 部分分式展开法

例 10-27　已知 $F(z) = \dfrac{1 - \dfrac{1}{3}z^{-1}}{1 + z^{-1} - 2z^{-2}}$,$|z| > 2$,求其单边 z 逆变换。

解

$$F(z) = \frac{1 - \dfrac{1}{3}z^{-1}}{1 + z^{-1} - 2z^{-2}} = \frac{z\left(z - \dfrac{1}{3}\right)}{z^2 + z - 2} = \frac{z\left(z - \dfrac{1}{3}\right)}{(z-1)(z+2)} \qquad |z| > 2$$

$$\frac{F(z)}{z} = \frac{z - \frac{1}{3}}{(z-1)(z+2)} = \frac{k_1}{z-1} + \frac{k_2}{z+2}$$

求得系数

$$k_1 = (z-1) \left. \frac{F(z)}{z} \right|_{z=1} = \frac{2}{9}$$

$$k_2 = (z+2) \left. \frac{F(z)}{z} \right|_{z=-2} = \frac{7}{9}$$

即

$$F(z) = \frac{\frac{2}{9}z}{z-1} + \frac{\frac{7}{9}z}{z+2} \qquad\qquad |z| > 2$$

所以

$$f(n) = \left[\frac{2}{9} + \frac{7}{9}(-2)^n \right] u(n)$$

2. 反演积分法(留数法)

例 10-28   已知 $F(z) = \dfrac{1 - \frac{1}{3}z^{-1}}{1 + z^{-1} - 2z^{-2}}$，$|z| > 2$，求其单边 z 逆变换。

解

$$F(z)z^{n-1} = \frac{1 - \frac{1}{3}z^{-1}}{1 + z^{-1} - 2z^{-2}} z^{n-1} = \frac{z^n\left(z - \frac{1}{3}\right)}{z^2 + z - 2} = \frac{z^n\left(z - \frac{1}{3}\right)}{(z-1)(z+2)}$$

当 $n \geqslant 0$ 时，$F(z)z^{n-1}$ 的极点为 $z=1$ 和 $z=-2$，即

$$f(n) = \operatorname*{Res}_{z=1}\left[F(z)z^{n-1} \right] + \operatorname*{Res}_{z=-2}\left[F(z)z^{n-1} \right]$$

$$= (z-1) \left. \frac{z^n\left(z - \frac{1}{3}\right)}{(z-1)(z+2)} \right|_{z=1} + (z+2) \left. \frac{z^n\left(z - \frac{1}{3}\right)}{(z-1)(z+2)} \right|_{z=-2}$$

$$= \frac{2}{9} + \frac{7}{9}(-2)^n$$

当 $n < 0$ 时，除极点 $z=1$ 和 $z=-2$ 外，增加极点 $z=0$。而由题意，$|z| > 2$，因此 $n < 0$ 时，$f(n) = 0$，故

$$f(n) = \left[\frac{2}{9} + \frac{7}{9}(-2)^n \right] u(n)$$

10.4   离散时间系统的 z 域分析

10.4.1   离散时间系统的 z 域分析

在分析连续时间系统时，描述连续时间系统的微分方程可以通过拉普拉斯变换转化为代数方程求解。与此类似，描述离散时间系统的差分方程也可以通过 z 变换转化为代数方程求解。而且，系统函数的概念也可以推广到 z 域中，通过系统函数同样能求出对离散时间系统施加外激励后的零状态响应。对差分方程的求解，只要对差分方程的两边同时求 z 变换，然后利用 z 变换的时移性质和已经给出的初始条件，就可以得到系统响应的 z 变换，最后通

过 z 逆变换就可以得到响应 $y(n)$。

1. 基本信号 z^n 激励下的零状态响应

由离散时间系统的时域分析可知,若系统输入信号为 $f(n)$,系统的单位脉冲响应为 $h(n)$,则系统的零状态响应 $y_{zs}(n)$ 为

$$y_{zs}(n) = f(n) * h(n)$$

设 $f(n) = z^n$,则

$$y_{zs}(n) = f(n) * h(n) = z^n * h(n) = \sum_{m=-\infty}^{\infty} h(m) z^{n-m} = z^n \sum_{m=-\infty}^{\infty} h(m) z^{-m}$$

对于因果系统,$h(n)$ 为因果信号,则

$$y_{zs}(n) = z^n \sum_{m=-\infty}^{\infty} h(m) z^{-m} = z^n \sum_{m=0}^{\infty} h(m) z^{-m} = z^n H(z) \tag{10-4-1}$$

式中

$$H(z) = \sum_{m=0}^{\infty} h(m) z^{-m} = \text{ZT}[h(n)] \tag{10-4-2}$$

即 $H(z)$ 是系统单位脉冲响应 $h(n)$ 的单边 z 变换,称为离散时间系统的系统函数。式 (10-4-1) 表明,在基本信号 z^n 激励下,离散时间系统的零状态响应为 $z^n H(z)$。

2. 一般信号 $f(n)$ 激励下的零状态响应

由离散时间系统的时域分析可知,离散时间系统的零状态响应为

$$y_{zs}(n) = f(n) * h(n)$$

根据 z 变换的时域卷积性质,有

$$\text{ZT}[y_{zs}(n)] = F(z) H(z)$$

对因果系统而言,由于 $f(n)$ 为因果信号,因此,$y_{zs}(n)$ 也为因果信号,则

$$Y_{zs}(z) = \sum_{n=0}^{\infty} y_{zs}(n) z^{-n} = F(z) H(z) \tag{10-4-3}$$

由式 (10-4-3),系统函数又可以表示为

$$H(z) = \frac{Y_{zs}(z)}{F(z)} \tag{10-4-4}$$

因此,离散时间系统的零状态响应可以按以下步骤求解:

(1) 求系统激励 $f(n)$ 的单边 z 变换 $F(z)$,$F(z) = \sum_{n=0}^{\infty} f(n) z^{-n}$;

(2) 求系统函数 $H(z)$,$H(z) = \sum_{n=0}^{\infty} h(n) z^{-n}$;

(3) 求系统零状态响应 $y_{zs}(n)$ 的单边 z 变换 $Y_{zs}(z)$,$Y_{zs}(z) = F(z) H(z)$;

(4) 求系统零状态响应 $y_{zs}(n)$,$y_{zs}(n) = \text{ZT}^{-1}[Y_{zs}(z)]$。

例 10-29 已知某离散系统激励为 $f_1(n) = u(n)$ 时,零状态响应为 $y_{1zs}(n) = 3^n u(n)$,求系统激励为 $f_2(n) = (n+1) u(n)$ 时,系统的零状态响应 $y_{2zs}(n)$。

解 $f_1(n)$,$y_{1zs}(n)$ 的单边 z 变换分别为

$$F_1(z) = \frac{z}{z-1} \qquad\qquad |z| > 1$$

$$Y_{1zs}(z) = \frac{z}{z-3} \qquad\qquad |z| > 3$$

由式(10-4-4),系统函数为

$$H(z) = \frac{Y_{1zs}(z)}{F_1(z)} = \frac{z-1}{z-3} \qquad |z| > 3$$

激励 $f_2(n)$ 的单边 z 变换为

$$F_2(z) = \frac{z}{(z-1)^2} + \frac{z}{z-1} = \frac{z^2}{(z-1)^2} \qquad |z| > 1$$

由式(10-4-3),有

$$Y_{2zs}(z) = F_2(z)H(z) = \frac{z^2}{(z-1)(z-3)} = \frac{\frac{2}{3}z}{z-3} - \frac{\frac{1}{2}z}{z-1} \qquad |z| > 3$$

所以

$$y_{2zs}(n) = \text{ZT}^{-1}[Y_{2zs}(z)] = \left(\frac{3}{2} \cdot 3^n - \frac{1}{2}\right)u(n) = \frac{1}{2}(3^{n+1} - 1)u(n)$$

10.4.2 离散时间系统差分方程的 z 域分析

z 变换是分析线性时不变离散系统的重要工具,利用 z 变换的位移性质,可以将描述系统的时域差分方程变换为 z 域的代数方程,便于运算和求解。离散系统的激励通常为因果信号,而单边 z 变换的位移性质可以将系统的初始条件自然地包含于象函数方程中,因此,可以方便地求解系统的零输入响应、零状态响应和全响应。

设线性时不变离散系统的激励为 $f(n)$,响应为 $y(n)$,描述 N 阶系统的后向差分方程一般可以表示为

$$\sum_{i=0}^{N} a_i y(n-i) \sum_{j=0}^{M} b_j f(n-j) \tag{10-4-5}$$

式中,$a_i(i = 0,1,2,\cdots,N)$,$b_j(j = 0,1,2,\cdots,M)$ 为实常数,设 $f(n)$ 为因果信号,系统的初始条件为 $y(-1), y(-2), \cdots, y(-N)$。

根据单边 z 变换的位移性质

$$y(n-i) \xleftarrow{\ \text{ZT}\ } z^{-i}Y(z) + \sum_{n=0}^{i-1} y(n-i)z^{-n} \tag{10-4-6}$$

$f(n)$ 为因果信号,$n < 0$ 时,$f(n) = 0$,则

$$f(n-j) \xleftarrow{\ \text{ZT}\ } z^{-j}F(z) \tag{10-4-7}$$

对式(10-4-5)两边同时取单边 z 变换,并代入式(10-4-6)和式(10-4-7),得

$$\sum_{i=0}^{N} a_i\left[z^{-i}Y(z) + \sum_{n=0}^{i-1} y(n-i)z^{-n}\right] = \sum_{j=0}^{M} b_j z^{-j}F(z)$$

即

$$\sum_{i=0}^{N} a_i z^{-i}Y(z) + \sum_{i=0}^{N} a_i\left[\sum_{n=0}^{i-1} y(n-i)z^{-n}\right] = \sum_{j=0}^{M} b_j z^{-j}F(z)$$

由上式可以解得

$$Y(z) = \frac{\sum\limits_{j=0}^{M} b_j z^{-j}}{\sum\limits_{i=0}^{N} a_i z^{-i}} F(z) - \frac{\sum\limits_{i=0}^{N} a_i\left[\sum\limits_{n=0}^{i-1} y(n-i)z^{-n}\right]}{\sum\limits_{i=0}^{N} a_i z^{-i}} \tag{10-4-8}$$

上式第一项仅与系统激励有关而与系统初始条件无关,因而是零状态响应 $y_{zs}(n)$ 的象函数,记为 $Y_{zs}(z)$;其第二项仅与系统初始条件有关而与系统激励无关,因而是零输入响应 $y_{zi}(n)$ 的象函数,记为 $Y_{zi}(z)$。因此,上式可以改写为

$$Y(z) = Y_{zs}(z) + Y_{zi}(z) = \frac{\sum\limits_{j=0}^{M} b_j z^{-j}}{\sum\limits_{i=0}^{N} a_i z^{-i}} F(z) - \frac{\sum\limits_{i=0}^{N} a_i \left[\sum\limits_{n=0}^{i-1} y(n-i) z^{-n} \right]}{\sum\limits_{i=0}^{N} a_i z^{-i}} \tag{10-4-9}$$

式中

$$Y_{zs}(z) = \frac{\sum\limits_{j=0}^{M} b_j z^{-j}}{\sum\limits_{i=0}^{N} a_i z^{-i}} F(z)$$

$$Y_{zi}(z) = \frac{\sum\limits_{i=0}^{N} a_i \left[\sum\limits_{n=0}^{i-1} y(n-i) z^{-n} \right]}{\sum\limits_{i=0}^{N} a_i z^{-i}}$$

例 10-30　已知 LTI 系统的差分方程为

$$y(n) - y(n-1) - 2y(n-2) = f(n) + 2f(n-2)$$

若 $y(-1) = 2, y(-2) = -\frac{1}{2}, f(n) = u(n)$。求系统的零输入响应、零状态响应和全响应。

解　对上述差分方程两边取单边 z 变换,得

$$Y(z) - [z^{-1}Y(z) + y(-1)] - 2[z^{-2}Y(z) + y(-2) + y(-1)z^{-1}]$$
$$= F(z) + 2z^{-2}F(z)$$

即

$$(1 - z^{-1} - 2z^{-2})Y(z) - (1 + 2z^{-1})y(-1) - 2y(-2) = (1 + 2z^{-2})F(z)$$

由上式可解得

$$Y(z) = \frac{1 + 2z^{-2}}{1 - z^{-1} - 2z^{-2}} F(z) + \frac{[y(-1) + 2y(-2)] + 2y(-1)z^{-1}}{1 - z^{-1} - 2z^{-2}}$$
$$= \frac{z^2 + 2}{z^2 - z - 2} F(z) + \frac{[y(-1) + 2y(-2)]z^2 + 2y(-1)z}{z^2 - z - 2}$$

上式第一项为零状态响应 $y_{zs}(n)$ 的象函数 $Y_{zs}(z)$,第二项是零输入响应 $y_{zi}(n)$ 的象函数 $Y_{zi}(z)$,将初始条件及 $F(z) = ZT[u(n)] = \frac{z}{z-1}$ 代入上式,得

$$Y(z) = \frac{z^2 + 2}{z^2 - z - 2} \cdot \frac{z}{z - 1} + \frac{z^2 + 4z}{z^2 - z - 2}$$
$$= \frac{z^3 + 2z}{(z-2)(z+1)(z-1)} + \frac{z^2 + 4z}{(z-2)(z+1)}$$
$$= Y_{zs}(z) + Y_{zi}(z)$$

式中

$$Y_{zs}(z) = \frac{z^3 + 2z}{(z-2)(z+1)(z-1)}$$

$$Y_{zi}(z) = \frac{z^2 + 4z}{(z-2)(z+1)}$$

用部分分式法求 $Y_{zs}(z)$ 和 $Y_{zi}(z)$ 的逆 z 变换：

$$\frac{Y_{zs}(z)}{z} = \frac{z^2 + 2}{(z-2)(z+1)(z-1)} = \frac{2}{z-2} + \frac{\frac{1}{2}}{z+1} + \frac{-\frac{3}{2}}{z-1}$$

$$\frac{Y_{zi}(z)}{z} = \frac{z+4}{(z-2)(z+1)} = \frac{2}{z-2} + \frac{-1}{z+1}$$

即

$$Y_{zs}(z) = \frac{2z}{z-2} + \frac{1}{2}\frac{z}{z+1} - \frac{3}{2}\frac{z}{z-1}$$

$$Y_{zi}(z) = \frac{2z}{z-2} - \frac{z}{z+1}$$

取单边逆 z 变换,得

$$y_{zs}(n) = \left[2 \cdot (2)^n + \frac{1}{2}(-1)^n - \frac{3}{2}\right]u(n)$$

$$y_{zi}(n) = \left[2 \cdot (2)^n - (-1)^n\right]u(n)$$

系统全响应

$$y(n) = y_{zs}(n) + y_{zi}(n) = \left[4 \cdot (2)^n - \frac{1}{2}(-1)^n - \frac{3}{2}\right]u(n)$$

10.5　离散时间系统的频率响应与稳定性

离散系统的系统函数是分析线性离散系统的重要工具。如前所述,系统函数 $H(z)$ 与系统差分方程有着确定的对应关系,在给定输入的条件下系统函数决定系统的零状态响应。本节,我们将进一步讨论系统函数 $H(z)$ 与系统频率响应和系统稳定性的关系。

10.5.1　$H(z)$ 的零点和极点

线性时不变离散时间系统通常可以用线性常系数差分方程来描述,对差分方程两边求 z 变换,可以得到系统函数 $H(z)$。通常 $H(z)$ 是 z 的有理分式,可以表示为

$$H(z) = \frac{B(z)}{A(z)} = \frac{b_m z^m + b_{m-1} z^{m-1} + \cdots + b_1 z + b_0}{z^n + a_{n-1} z^{n-1} + \cdots + a_1 z + z_0} \tag{10-5-1}$$

式中：$a_i(i = 0,1,2,\cdots,n), b_j(j = 0,1,2,\cdots,m)$ 为实常数,其中 $a_n = 1$。$A(z)$ 和 $B(z)$ 都是 z 的有理多项式,因而可以求得多项式等于零的根。其中 $A(z) = 0$ 的根 $p_i(i = 0,1,2,\cdots,n)$ 称为系统函数 $H(z)$ 的极点；$B(z) = 0$ 的根 $z_j(j = 0,1,2,\cdots,m)$ 称为系统函数 $H(z)$ 的零点。这样,将多项式 $A(z)$ 和 $B(z)$ 因式分解后,$H(z)$ 又可以表示为

$$H(z) = \frac{b_m(z-z_1)(z-z_2)\cdots(z-z_m)}{(z-p_1)(z-p_2)\cdots(z-p_n)} = \frac{b_m \prod_{j=1}^{m}(z-z_j)}{\prod_{i=1}^{n}(z-p_i)} \tag{10-5-2}$$

$H(z)$ 的极点和零点可能是实数、虚数或复数。由于 $A(z)$ 和 $B(z)$ 的系数都是实数,所以,$H(z)$ 的零、极点若为虚数或复数,则必共轭成对出现。

10.5.2　系统函数与离散系统频率响应

对于离散系统,若系统函数 $H(z)$ 的极点均在单位圆内,则其在单位圆上($|z| = 1$)收敛,$H(\mathrm{e}^{\mathrm{j}\omega T})$ 称为系统的频率响应,其中,ω 为角频率,T 为采样周期。由式(10-5-2)知,系统的频率响应表示为

$$H(\mathrm{e}^{\mathrm{j}\omega T}) = H(z)|_{z=\mathrm{e}^{\mathrm{j}\omega T}} = \frac{b_m \prod\limits_{j=1}^{m} (\mathrm{e}^{\mathrm{j}\omega T} - z_j)}{\prod\limits_{i=1}^{n} (\mathrm{e}^{\mathrm{j}\omega T} - p_i)} \tag{10-5-3}$$

在 z 平面上,复数可用矢量表示,令

$$\mathrm{e}^{\mathrm{j}\omega T} - p_i = A_i \mathrm{e}^{\mathrm{j}\theta_i} \tag{10-5-4}$$

$$\mathrm{e}^{\mathrm{j}\omega T} - z_j = B_j \mathrm{e}^{\mathrm{j}\phi_j} \tag{10-5-5}$$

式中:A_i, B_j 为差矢量的模,θ_i, ϕ_j 为它们的辐角,设 $b_m > 0$,则频率响应 $H(\mathrm{e}^{\mathrm{j}\omega T})$ 又可表示为

$$H(\mathrm{e}^{\mathrm{j}\omega T}) = \frac{b_m \prod\limits_{j=1}^{m} B_j \mathrm{e}^{\mathrm{j}\phi_j}}{\prod\limits_{i=1}^{n} A_i \mathrm{e}^{\mathrm{j}\theta_i}} = |H(\mathrm{e}^{\mathrm{j}\omega T})| \mathrm{e}^{\mathrm{j}\varphi(\omega T)} \tag{10-5-6}$$

式中,幅频响应为

$$|H(\mathrm{e}^{\mathrm{j}\omega T})| = \frac{b_m B_1 B_2 \cdots B_m}{A_1 A_2 \cdots A_n} \tag{10-5-7}$$

相频响应为

$$\varphi(\omega T) = \sum_{j=1}^{m} \phi_j - \sum_{i=1}^{n} \theta_i \tag{10-5-8}$$

由式(10-5-3)知,离散系统的频率响应取决于系统函数 $H(z)$ 的零、极点在 z 平面上的分布。当 ω 从 0 变化到 $\dfrac{2\pi}{T}$ 时,即复变量 z 从 $z = 1$ 沿单位圆逆时针方向旋转一周时,各差矢量的模和辐角也随之变化,由式(10-5-7)和式(10-5-8)即能得到幅频和相频响应曲线。

例 10-31　某离散因果系统的系统函数为 $H(z) = \dfrac{2(z+1)}{3z-1}$,求其频率响应。

解　由题意可知系统函数为 $H(z)$ 的极点为 $p = \dfrac{1}{3}$,故收敛域包括单位圆。系统频率响应为

$$H(\mathrm{e}^{\mathrm{j}\omega T}) = H(z)|_{z=\mathrm{e}^{\mathrm{j}\omega T}} = \frac{2(\mathrm{e}^{\mathrm{j}\omega T} + 1)}{3\mathrm{e}^{\mathrm{j}\omega T} - 1} = \frac{2\mathrm{e}^{\mathrm{j}\frac{\omega T}{2}}(\mathrm{e}^{\mathrm{j}\frac{\omega T}{2}} + \mathrm{e}^{-\mathrm{j}\frac{\omega T}{2}})}{\mathrm{e}^{\mathrm{j}\frac{\omega T}{2}}(3\mathrm{e}^{\mathrm{j}\frac{\omega T}{2}} - \mathrm{e}^{-\mathrm{j}\frac{\omega T}{2}})}$$

$$= \frac{4\cos\dfrac{\omega T}{2}}{2\cos\dfrac{\omega T}{2} + \mathrm{j}4\sin\dfrac{\omega T}{2}} = \frac{2}{1 + \mathrm{j}2\tan\dfrac{\omega T}{2}}$$

幅频响应

$$|H(\mathrm{e}^{\mathrm{j}\omega T})| = \frac{2}{\sqrt{1 + 4\tan^2\left(\dfrac{\omega T}{2}\right)}}$$

相频响应

$$\varphi(\omega T) = - \arctan\left(2\tan\frac{\omega T}{2} \right)$$

由上式,读者可自行画出幅频及相频特性曲线。

10.5.3 离散时间系统的稳定性

在实际设计中,系统必须是稳定的,这样系统才能正常工作,所以系统的稳定性是离散系统分析与设计的重要问题。

在分析系统函数与时域响应关系时我们得出结论,一个因果的离散系统,只有当系统函数 $H(z)$ 的所有极点都位于单位圆内时,系统的单位脉冲响应 $h(n)$ 才是衰减的序列,即 $h(n)$ 绝对可和,系统稳定。所以,要判别系统的稳定性就需要判别系统函数 $H(z)$ 的极点是否全部位于单位圆内。

朱里提出了一种列表的方法来判断 $H(z)$ 的极点是否全部位于单位圆内,称之为朱里准则。设 n 阶离散系统 $H(z) = \dfrac{B(z)}{A(z)}$,式中

$$A(z) = a_n z^n + a_{n-1} z^{n-1} + \cdots + a_1 z + a_0 \tag{10-5-9}$$

朱里列表如下:

行							
1	a_n	a_{n-1}	a_{n-2}	⋯	a_2	a_1	a_0
2	a_0	a_1	a_2	⋯	a_{n-2}	a_{n-1}	a_n
3	c_{n-1}	c_{n-2}	c_{n-3}	⋯	c_1	c_0	
4	c_0	c_1	c_2	⋯	c_{n-2}	c_{n-1}	
5	d_{n-2}	d_{n-3}	d_{n-4}	⋯	d_0		
6	d_0	d_1	d_2	⋯	d_{n-2}		
⋮	⋮	⋮	⋮	⋯			
$2n-3$	r_2	r_1	r_0				

由上表可以看出,朱里排列共有 $(2n-3)$ 行。第1行为 $A(z)$ 各项系数,第2行也是 $A(z)$ 的系数,但按反序排列。第3行及第5行元素按下列规则计算:

$$c_{n-1} = \begin{vmatrix} a_n & a_0 \\ a_0 & a_n \end{vmatrix}, c_{n-2} = \begin{vmatrix} a_n & a_1 \\ a_0 & a_{n-1} \end{vmatrix}, c_{n-3} = \begin{vmatrix} a_n & a_2 \\ a_0 & a_{n-2} \end{vmatrix}, \cdots \tag{10-5-10}$$

$$d_{n-2} = \begin{vmatrix} c_{n-1} & c_0 \\ c_0 & c_{n-1} \end{vmatrix}, d_{n-3} = \begin{vmatrix} c_{n-1} & c_1 \\ c_0 & c_{n-2} \end{vmatrix}, d_{n-3} = \begin{vmatrix} c_{n-1} & c_2 \\ c_0 & c_{n-3} \end{vmatrix}, \cdots \tag{10-5-11}$$

依此类推,可以计算出各行元素,直到第 $(2n-3)$ 行为止。

朱里准则指出:$A(z) = 0$ 的根,即 $H(z)$ 的极点全部在单位圆内的充要条件是

$$\left. \begin{aligned} & A(1) > 0 \\ & (-1)^n A(-1) > 0 \\ & a_n > |a_0| \\ & c_{n-1} > |c_0| \\ & d_{n-2} > |d_0| \\ & \cdots\cdots \\ & r_2 > |r_0| \end{aligned} \right\} \tag{10-5-12}$$

例 10-32　已知某离散系统的系统函数为 $H(z) = \dfrac{z^2 + 4z - 3}{4z^4 - 4z^3 + 2z - 1}$，试判断系统的稳定性。

解　$H(z)$ 的分母多项式为 $A(z) = 4z^4 - 4z^3 + 2z - 1$，对其系数进行朱里排列。得

$$
\begin{array}{rrrrr}
4 & -4 & 0 & 2 & -1 \\
-1 & 2 & 0 & -4 & 4 \\
c_3 & c_2 & c_1 & c_0 & \\
c_0 & c_1 & c_2 & c_3 & \\
d_2 & d_1 & d_0 & &
\end{array}
$$

计算各行元素

$$c_3 = \begin{vmatrix} 4 & -1 \\ -1 & 4 \end{vmatrix} = 15,\ c_2 = \begin{vmatrix} 4 & 2 \\ -1 & -4 \end{vmatrix} = -14,$$

$$c_1 = \begin{vmatrix} 4 & 0 \\ -1 & 0 \end{vmatrix} = 0,\ c_0 = \begin{vmatrix} 4 & -4 \\ -1 & 2 \end{vmatrix} = 4,$$

$$d_2 = \begin{vmatrix} 15 & 4 \\ 4 & 15 \end{vmatrix} = 209,\ d_1 = \begin{vmatrix} 15 & 0 \\ 4 & -14 \end{vmatrix} = -210,\ d_0 = \begin{vmatrix} 15 & -14 \\ 4 & 0 \end{vmatrix} = 56$$

根据朱里准则：

$$A(1) = 4 - 4 + 2 - 1 = 1 > 0$$
$$(-1)^4 A(-1) = 4 + 4 - 2 - 1 = 5 > 0$$
$$a_4 > |a_0|$$
$$c_3 > |c_0|$$
$$d_2 > |d_0|$$

即满足式(10-5-12)的所有条件，所以该系统是稳定的。

【本章知识要点】

本章首先从拉普拉斯变换的定义出发引入了 z 变换的概念，分别讨论了双边 z 变换和单边 z 变换的定义及收敛域。其次，详细介绍了双边 z 变换和单边 z 变换的性质。需要强调的是，单边 z 变换的性质和双边 z 变换基本雷同，但其时移性质、时域卷积性质和部分和性质与双边 z 变换对应的性质有所区别，在应用的时候应该特别注意。尤其是单边 z 变换的时移性质，可以把离散系统的差分方程转变为代数方程，在使用 z 域分析法求解离散系统的响应的时候经常会用到，一定要注意和双边 z 变换时移性质的区别。随后，讨论了双边 z 逆变换和单边 z 逆变换的计算方法，主要有幂级数展开法、部分分式展开法和反演积分法。其中，重点介绍了部分分式展开法，这种方法在使用 z 域分析法求解离散系统响应的时候经常使用。另外，介绍了离散时间系统的 z 域分析方法及离散系统差分方程的 z 域求解方法。利用离散时间系统的 z 域分析方法，可以方便地求出离散时间系统的零输入响应、零状态响应和全响应。最后，从离散系统的系统函数出发，讨论了离散系统系统函数的零、极点和系统频率响应的关系以及系统函数和离散系统稳定性之间的关系。

习　题

10-1　求下列序列的双边 z 变换及收敛域：

(1)$\delta(n) - \delta(n-3)$; $\qquad$ (2)$\left(\dfrac{1}{2}\right)^n u(n-2)$;

(3)$\left(\dfrac{1}{2}\right)^{|n|}$; $\qquad$ (4)$2^n u(2-n)$。

10-2 根据 z 变换的性质求下列序列的双边 z 变换：

(1)$\left(\dfrac{1}{2}\right)^n u(n) + 2^n u(-n-1)$; $\qquad$ (2)$a^n u(n+3)$;

(3)$\left(\dfrac{1}{3}\right)^{n+2} u(n)$; $\qquad$ (4)$(2^{-n} - 3^n)u(n+1)$;

(5)$(-1)^n a^n u(n-2)$; $\qquad$ (6)$e^{j\pi n} u(n+1)$;

(7)$2^{-n} u(n) + \left(\dfrac{1}{2}\right)^{-n} u(-n)$; $\qquad$ (8)$n(n-1)u(-n-1)$。

10-3 已知 $f(n)$ 的双边 z 变换为 $F(z)$，收敛域为 $R_- < |z| < R_+$，求下列信号的双边 z 变换：

(1)$f^*(n)$; $\qquad$ (2)$\displaystyle\sum_{i=-\infty}^{n} a^i f(i)$;

(3)$a^n \displaystyle\sum_{i=-\infty}^{n} f(i)$; $\qquad$ (4)$n \displaystyle\sum_{i=-\infty}^{n} f(i-1)$。

10-4 根据 z 变换的性质求下列序列的单边 z 变换：

(1)$\delta(n-1) + 2\delta(n-3)$; $\qquad$ (2)$\left[2^n + \left(\dfrac{1}{3}\right)^{-n}\right]u(n)$;

(3)$\dfrac{1}{2}[1 + (-1)^n]u(n-2)$; $\qquad$ (4)$a^{n-2}u(n) + a^n u(n-2)$;

(5)$n(n-1)u(n-1)$; $\qquad$ (6)$n\left(\dfrac{1}{2}\right)^n u(n-2)$;

(7)$\left(\dfrac{1}{2}\right)^n \cos\left(\dfrac{\pi n}{2} + \dfrac{\pi}{4}\right)u(n)$; $\qquad$ (8)$\dfrac{a^n}{n+1}u(n)$。

10-5 已知因果序列的 z 变换如下，求 $f(0), f(1), f(2)$：

(1)$F(z) = \dfrac{z^2}{(z-1)(z-2)}$; $\qquad$ (2)$F(z) = \dfrac{z^2-2}{(z-1)^2}$。

10-6 利用时域卷积定理求下列序列 $f(n)$ 与 $h(n)$ 的卷积 $y(n) = f(n) * h(n)$：

(1)$f(n) = a^n u(n)$, $h(n) = u(n-2)$;

(2)$f(n) = a^n u(n)$, $h(n) = u(n) - u(n-1)$;

(3)$f(n) = a^n u(n)$, $h(n) = b^n u(n)$。

10-7 求下列象函数的原函数：

(1)$F(z) = z + 1 + z^{-1}$, $0 < |z| < \infty$; $\qquad$ (2)$F(z) = \dfrac{1}{1 + az^{-1}}$, $|z| < |a|$;

(3)$F(z) = \dfrac{1}{1 + 3z^{-1} + 2z^{-2}}$, $|z| < 1$; $\qquad$ (4)$F(z) = \dfrac{z^2}{(z-3)^3}$, $|z| < 3$;

(5)$F(z) = \dfrac{z^3}{\left(z - \dfrac{1}{2}\right)^2 (z-1)}$, $\dfrac{1}{2} < |z| < 1$; $\qquad$ (6)$F(z) = \dfrac{1}{z^2 + 1}$, $|z| > 1$。

10-8 求下列象函数的单边 z 逆变换：

(1)$F(z) = \dfrac{z}{(z-1)(z-2)(z-3)}$, $|z| > 3$;

$(2)F(z) = \dfrac{z}{(z-1)(z^2-1)}, \ |z| > 1;$

$(3)F(z) = \dfrac{z^2+z}{(z-1)(z^2-z+1)}, \ |z| > 1;$

$(4)F(z) = \dfrac{z}{z^2-\sqrt{3}\,z+1}, \ |z| > 1;$

$(5)F(z) = \dfrac{z^2+2}{(z-3)^3}, \ |z| > 3;$

$(6)F(z) = \dfrac{z-1}{z^2(z-2)}, \ |z| > 2。$

10-9　已知因果序列 $f(n)$ 满足方程 $f(n) = nu(n) + \sum\limits_{i=0}^{n-1} f(i)$，求序列 $f(n)$。

10-10　已知因果序列 $f(n)$ 的 z 变换为 $F(z)$，设 $G(z) = \dfrac{\mathrm{d}^2}{\mathrm{d}z^2}F\left(\dfrac{z}{2}\right)$，求 $g(n)$。

10-11　某线性时不变离散时间系统，若 $f(n) = (-2)^n$，有 $y(n) = 0$；若 $f(n) = (0.5)^n u(n)$，有 $y(n) = \delta(n) + a(0.25)^n u(n)$。

(1)试确定常数 a 的值；

(2)若 $f(n) = 1$，试求 $y(n)$。

10-12　已知某线性时不变因果离散时间系统的单位脉冲响应 $h(n)$ 满足差分方程

$$h(n) + 2h(n-1) = b(-4)^n u(n)$$

当系统的激励为 $f(n) = 8^n$ 时，系统的零状态响应为 $y_{zs}(n) = 8^{n+1}$，试求常数 b 和系统函数 $H(z)$。

10-13　已知某线性时不变离散时间系统的激励为 $f(n) = \left(\dfrac{1}{2}\right)^n u(n)$ 时，系统的零状态响应为 $y_{zs}(n) = \left[1 - \left(\dfrac{1}{2}\right)^n\right]u(n)$，求激励为 $f(n) = u(n-1)$ 时，系统的零状态响应。

10-14　求下列差分方程描述的因果离散时间系统的全响应：

(1) $y(n) - 2y(n-1) + y(n-2) = f(n) - 2f(n-1)$

　　$f(n) = u(n), y(-1) = 1, y(-2) = 1;$

(2) $y(n) + 3y(n-1) + 2y(n-2) = f(n)$

　　$f(n) = u(n), y(-1) = 0, y(-2) = 0.5。$

10-15　求下列差分方程描述的因果离散时间系统的全响应：

(1) $y(n) + 2y(n-1) = (n-2)f(n)$

　　$f(n) = u(n), y(0) = 1;$

(2) $y(n+2) - 2y(n+1) + y(n) = f(n)$

　　$f(n) = u(n), y(0) = 0, y(1) = 1。$

10-16　描述某线性时不变系统的差分方程为

$$y(n) - y(n-1) - 2y(n-2) = f(n) + 2f(n-2)$$

已知 $y(0) = 2, y(1) = 7$，激励为 $f(n) = u(n)$，求系统的零输入响应、零状态响应和全响应。

10-17　描述某线性时不变系统的差分方程为

$$y(n) + 0.1y(n-1) - 0.02y(n-2) = 10u(n)$$

已知 $y(-1) = 4, y(-2) = 6$,求解差分方程,并指出其中的零状态响应分量与零输入响应分量,稳态响应分量与暂态响应分量。

10-18 已知某一阶线性时不变系统,当初始条件 $y(-1) = 1$,激励为 $f_1(n) = u(n)$ 时,其全响应 $y_1(n) = 2u(n)$;当初始条件 $y(-1) = -1$,激励为 $f_2(n) = 0.5nu(n)$ 时,其全响应 $y_2(n) = (n-1)u(n)$。求激励为 $f_3(n) = (0.5)^n u(n)$ 时的零状态响应。

10-19 某线性时不变离散时间系统,已知当初始条件 $y(-1) = 0, y(-2) = \dfrac{1}{2}$,激励为 $f(n) = u(n)$ 时,其全响应 $y(n) = [1 - (-1)^n - (-2)n]u(n)$,求描述该系统的差分方程。

10-20 某线性时不变离散时间系统满足差分方程

$$y(n) - y(n-1) - \frac{3}{4}y(n-2) = f(n-1)$$

(1) 求该系统的系统函数 $H(z)$;

(2) 求系统单位脉冲响应 $h(n)$ 的三种可能选择;

(3) 对每一种 $h(n)$ 讨论系统是否稳定?是否因果?

(4) 求该系统的频率响应,并画出幅频特性图。

10-21 已知某离散时间线性时不变因果系统可用一对差分方程描述

$$y(n) + 3y(n-1) + x(n) + 2x(n-1) = 2f(n)$$
$$y(n) - 4y(n-1) + 2x(n) - x(n-1) = -5f(n)$$

其中,$f(n)$ 为输入序列,$y(n)$ 为输出序列,$x(n)$ 为中间变量,

(1) 求该系统的系统函数;

(2) 若系统输入序列为 $f(n) = nu(n)$,初始条件为 0,求 $n = 2$ 时,系统的输出 $y(n)|_{n=2}$。

10-22 已知因果离散时间系统的系统函数如下,试检验系统是否稳定:

$$(1) H(z) = \frac{7z + 4}{7z^4 + 5z^3 + 2z^2 - z - 6};$$

$$(2) H(z) = \frac{z^2 + 4}{z^5 + 2z^4 + 3z^3 + 3z^2 + 2z + 2};$$

$$(3) H(z) = \frac{z^2}{6z^3 + 2z^2 + 2z - 2};$$

10-23 已知因果离散时间系统的系统函数如下,为使系统稳定,K 的值应满足什么条件?

$$(1) H(z) = \frac{z + 3}{z^2 + z + K};$$

$$(2) H(z) = \frac{2z + 1}{2z^2 - (K+1)z + 2};$$

参考答案

第 1 章

1-3　(1)$2\pi/3$　(2)$2\pi/5$　(3)2　(4)4　(5)是 2π　(6)否　(7)是 π

1-4　(1)$\delta^{(1)}(t)$　(2)$-\mathrm{e}^{-t}u(t)+\delta(t)$　(3)$\dfrac{1}{2}\mathrm{e}^4\delta(t+1)$　(4)$\mathrm{e}^{10}\delta(t+2)$

　　(5)$1-\mathrm{e}^{\mathrm{j}\omega t_0}$　(6)$2u(t)+\delta(t)$　(7)16　(8)0　(9)$\dfrac{1}{4}$　(10)2

1-5　$t>-1$

1-6　$t<9$

1-7　$2u(t)+4\delta^{(1)}(t)$

1-9　$f\left(\dfrac{t}{2}-1\right)=\begin{cases}\dfrac{1}{4}t & 1\leqslant t\leqslant 4\\[2mm] -\dfrac{t}{2}+3 & 4\leqslant t\leqslant 6\end{cases}$

1-12　(1)否　(2)是　$N=4$　(3)是　$N=14$　(4)否　(5)是　3　(6)$\cos\left(\dfrac{n}{4}\right)$ 是非

　　周期信号,故 $f(n)$ 是非周期的

第 2 章

2-1　$2i^{(2)}(t)+7i^{(1)}(t)+5i(t)=2i_{\mathrm{S}}^{(2)}(t)+i_{\mathrm{S}}^{(1)}(t)+2i_{\mathrm{S}}(t)$

2-2　(a)$y^{(2)}(t)+2y^{(1)}(t)+y(t)=f^{(1)}(t)+3f(t)$

　　(b)$y^{(2)}(t)+5y^{(1)}(t)+6y(t)=7f^{(1)}(t)+2f(t)$

　　(c)$y^{(2)}(t)+7y^{(1)}(t)+12y(t)=3f^{(1)}(t)+2f(t)$

　　(d)$y^{(2)}(t)+6y^{(1)}(t)+9y(t)=5f^{(1)}(t)+4f(t)$

2-4　(a)$y(n+2)+2y(n+1)+3y(n)=f(n)$

　　(b)$y(n)+5y(n-1)+6y(n-2)=3f(n-1)+2f(n-2)$

　　(c)$y(n)+7y(n-1)=f(n)+5f(n-1)$

　　(d)$y(n)-4y(n-1)+6y(n-2)=8f(n)-5f(n-1)+3f(n-2)$

2-6　(1)是　(2)非　(3)非　(4)非

2-7 (1)线性系统 　(2)非线性系统 　(3)非线性系统 　(4)非线性系统

2-8 (1)时变系统 　(2)时变系统 　(3)时不变系统 　(4)时变系统

2-9 (1)线性系统 　(2)线性系统 　(3)线性系统 　(4)非线性系统 　(5)线性系统

2-10 (1)时不变系统 　(2)时变系统 　(3)时不变系统 　(4)时不变系统

2-11 (1)$N \geqslant 1$　因果稳定系统 　(2)非因果稳定系统 　(3)非因果稳定系统 　(4)因果稳定系统 　(5)因果稳定系统

2-12 (1)非线性时变因果不稳定系统 　(2)非线性时不变因果稳定系统
(3)线性时不变因果不稳定系统 　(4)线性时不变因果稳定系统

第3章

3-1 (a)$f(t) = \begin{cases} t & 0 < t < 1 \\ t & 1 < t < 2 \\ -2t + 6 & 2 < t < 3 \\ 0 & 其他 \end{cases}$

(b)$f(t) = \begin{cases} t^2 + 2t + 1 & -1 < t < 1 \\ -t^2 + 2t + 3 & 2 < t < 3 \\ 0 & 其他 \end{cases}$

3-2 (1)$\cos[\omega(t+1)] - \cos[\omega(t-1)]$

(2)$(t-1)[u(t-1) - u(t-2)] + u(t-2)$
　　$- \{(t-3)[u(t-3) - u(t-4)] - u(t-4)\}$

(3)$[1 - e^{-(t-1)}]u(t-1)$

(4)$\dfrac{1}{2\pi}\sin 2\pi t [u(t) - u(t-1)]$

3-3 (1)$\dfrac{\mathrm{d}y(t)}{\mathrm{d}(t)} + 2y(t) = \dfrac{\mathrm{d}f(t)}{\mathrm{d}t} + f(t)$

(2)$\dfrac{\mathrm{d}y(t)}{\mathrm{d}(t)} + 3y(t) = 2\dfrac{\mathrm{d}f(t)}{\mathrm{d}t} + f(t)$

(3)$\dfrac{\mathrm{d}^2 y(t)}{\mathrm{d}t^2} + 3\dfrac{\mathrm{d}y(t)}{\mathrm{d}(t)} + 2y(t) = \dfrac{\mathrm{d}^2 f(t)}{\mathrm{d}t^2} + 3\dfrac{\mathrm{d}f(t)}{\mathrm{d}t}$

3-4 算子方程为$(2p^2 + 10p + 3)i_2(t) = pf(t)$

微分方程为$\dfrac{2\mathrm{d}^2 i_2(t)}{\mathrm{d}t^2} + 10\dfrac{\mathrm{d}i_2(t)}{\mathrm{d}t} + 3i_2(t) = \dfrac{\mathrm{d}f(t)}{\mathrm{d}t}$

3-5 $i_1(t) = \dfrac{2 + p}{p^2 + 4p + 3}f(t)$

$i_2(t) = \dfrac{1}{p^2 + 4p + 3}f(t)$

3-6 $H_1(p) = \dfrac{p(p^2 + 2p + 1)}{p(p^3 + 2p^2 + 2p + 3)}$

$H_2(p) = \dfrac{2p^2 + 3p + 3}{p^3 + 2p^2 + 2p + 3}$

$H_3(p) = \dfrac{p^2 + 3p}{p^3 + 2p^2 + 2p + 3}$

$$\frac{d^4 i_1}{dt^4} + 2\frac{d^3 i_1}{dt^3} + 2\frac{d^2 i_1}{dt^2} + 3\frac{di_1}{dt} = \frac{d^3 f(t)}{dt^3} + 2\frac{d^2 f(t)}{dt^2} + \frac{df(t)}{d(t)}$$

$$\frac{d^3 i_2}{dt^3} + 2\frac{d^2 i_2}{dt^2} + 2\frac{di_2}{dt} + 3i_2 = 2\frac{d^2 f(t)}{dt^2} + 3\frac{df(t)}{d(t)} + 3f(t)$$

$$\frac{d^3 i_3}{dt^3} + 2\frac{d^2 i_3}{dt^2} + 2\frac{di_3}{dt} + 3i_3 = \frac{d^2 f(t)}{dt^2} + 3\frac{df(t)}{d(t)}$$

3-7　自然频率为 $\lambda_1 = 0, \lambda_{2,3} = -1$

$y_{zi}(t) = 1 - e^{-t} - te^{-t}$　$t > 0$

3-8　$y_{zi}(t) = 1$　$t > 0$

3-9　(1) $h(t) = 3\delta(t) - 10e^{-4t}u(t)$

(2) $h(t) = (4e^{-t} - 4e^{-2t})u(t)$

(3) $h(t) = (2e^{-2t} + te^{-2t})u(t)$

3-10　$y_{zs}(t) = \begin{cases} t - 10 & 10 < t < 11 \\ 1 & 11 < t < 12 \\ 13 - t & 12 < t < 13 \\ 0 & \text{其他} \end{cases}$

3-11　$y_{zs}(t) = e^{-t} - e^{-4t}$　$t > 0$

3-12　$u(t) + u(t-1) + u(t-2) - u(t-3) - u(t-4) - u(t-5)$

3-13　$h(t) = (e^{-2t} - e^{-3t})u(t)$

$y_{zi}(t) = 3e^{-2t} - 2e^{-3t}$　$t > 0$

$y_{zs}(t) = -4e^{-2t} + 3e^{-3t} + \sin t + \cos t$　$t > 0$

$y(t) = y_{zi}(t) + y_{zs}(t) = -e^{-2t} + e^{-3t} + \sin t + \cos t$　$t > 0$

3-14　(1) $h(t) = (2e^{-t} - e^{-2t})u(t)$

$y_{zi}(t) = -3e^{-2t} + 4e^{-t}$　$t > 0$

$y_{zs}(t) = \frac{1}{2}e^{-2t} - 2e^{-t} + \frac{3}{2}$　$t > 0$

$y(t) = y_{zi}(t) + y_{zs}(t) = -\frac{5}{2}e^{-2t} + 2e^{-t} + \frac{3}{2}$　$t > 0$

(2) $h(t) = (2e^{-t} - e^{-2t})u(t)$

$y_{zi}(t) = -3e^{-2t} + 4e^{-t}$　$t > 0$

$y_{zs}(t) = -e^{-2t} + e^{-t}$　$t > 0$

$y(t) = y_{zi}(t) + y_{zs}(t) = -4e^{-2t} + 5e^{-t}$　$t > 0$

3-15　(1) B　D　C　(2) B

3-16　$y_{zs}(t) = \begin{cases} \dfrac{1}{4}t^2 & 0 < t < 2 \\ -\dfrac{1}{4}t^2 + t & 2 < t < 4 \\ 0 & \text{其他} \end{cases}$

3-17　(a) $y_{zs}(t) = (2 - 3t)e^{-t}u(t)$

(b) $y_{zs}(t) = (e^{-t} - e^{-2t})u(t)$

第 4 章

4-2　$(1)(3^{n+1} - 2^{n+1})u(n)$　$(2)\dfrac{1}{2}n(n+1)u(n)$　$(3)4$

　　$(4)\dfrac{3}{2}(3)^n u(-n) + \dfrac{3}{2}u(n)$

4-3　$(1)(n+1)u(n+1) - (n-2)u(n-2)$　　$(2)(2^{n+1} - 2n - 2)u(n-1)$

　　$(3)\dfrac{1}{6}(n-2)(n-1)nu(n)$　　$(4)\left[2(3)^{n-1} - 3(2)^{n-1}\right]u(n-3)$

4-4　$(1)\dfrac{1}{3}2^n u(-n) + \dfrac{1}{3}2^{-n}u(n)$　　$(2)\left[3(2)^n - 2(3)^n\right]u(-n)$

4-5　$(1)\{1\quad 1\quad 3\quad -18\}_0$　　$(2)\{1\quad 2\quad 3\quad 3\quad 2\quad 1\}_{-1}$

　　$(3)\{4\quad 20\quad 41\quad 46\quad 24\}_{-1}$　　$(4)\{4\quad 22\quad 40\quad 42\}_{-3}$

4-6　$(1)y_1(n) = \left(\dfrac{1}{4}\right)^n$　$(2)0$　$(3)\infty$

4-8　$\begin{cases} y(n) - 1.005y(n-1) = -1000\cdots\cdots n \geqslant 1 \\ y(0) = 10^5 \end{cases}$,139 个月

4-9　$y(n) - 1.005y(n-1) = 50[u(n) - u(n-60)]$,3506 元

4-11　$(1)h_1(n) = \{1\quad 7\quad 3\quad 5\}$

　　$(2)y_{zs}(n) = \{1\quad 7\quad 2\quad -2\quad -3\quad -5\}$

4-12　$h(n) = \dfrac{1}{2}\left[\left(\dfrac{1}{2}\right)^n + \left(-\dfrac{1}{2}\right)^n\right]u(n)$

4-13　$(1)\ y_{zi}(n) = \left[\dfrac{4}{3}(-1)^n - \dfrac{16}{3}(-4)^n\right]u(n)$

　　　$y_{zs}(n) = \left[\dfrac{2}{9}(2)^n - \dfrac{1}{9}(-1)^n + \dfrac{8}{9}(-4)^n\right]u(n)$

　　$(2)\ y_{zi}(n) = \left[-(-4)^n\right]u(n),$

　　　$y_{zs}(n) = \left[\dfrac{2}{9}(2)^n - \dfrac{1}{9}(-1)^n + \dfrac{8}{9}(-4)^n\right]u(n)$

4-14　$(1)\ y_{zi}(n) = \left[-2(-1)^n + 2(-2)^n\right]u(n-2)$

　　　$y_{zs}(n) = \left[\dfrac{2}{3}(2)^{n-2} + \dfrac{1}{3}(-1)^{n-2} - 2(-2)^{n-2}\right]u(n-2)$

4-15　$(1)\delta(n) - 2\delta(n-1), u(n) - 2u(n-1)$

　　$(2)\delta(n) + (-1)^n 2^{n-1}u(n-1), \left[\dfrac{2}{3} + \dfrac{1}{3}(-2)^n\right]u(n)$

　　$(3)2\delta(n),\ 2u(n)$

　　$(4)2^n u(n),(2^{n+1} - 1)u(n)$

4-16　$(1)2^{-(n+1)}u(n+1)$　　$(2)2^n u(n)$

4-18　$(1)2^n u(n)$　　$(2)\left[2 + (n-3)2^n\right]u(n)$

　　$(3)\ y(-1) = 5, y(-2) = 3.5$

　　　$y_{zi}(n) = (2 + 6 \times 2^n)u(n),$

　　　$y_{zs}(n) = \left[-2 \times 2^n + 3 \times 2^n\right)u(n)$

4-19 $(1)y(n) - 7y(n-1) + 10y(n-2) = 14f(n) - 85f(n-1) + 111f(n-2)$

$(2)\dfrac{111}{10}\delta(n) + 2^{n-1}u(n) + \dfrac{36}{15}5^n u(n)$

$(3)[9(3)^n + 9(5)^n + 10]u(n)$

4-20 $(1)(-2)^{n+1} + 1$ $(2)\dfrac{1}{10}(-1)^n - \dfrac{1}{10}(-3)^n + \dfrac{4}{15}2^n$ $(3)3^n(0.5+n) + 0.5n + 1$

$(4)(\sqrt{2})^n\left[\dfrac{1}{5}\cos\left(\dfrac{\pi}{4}n\right) + \dfrac{6}{5}\sin\left(\dfrac{\pi}{4}n\right)\right] - \dfrac{1}{5}\cos\left(\dfrac{\pi}{2}n\right) - \dfrac{2}{5}\sin\left(\dfrac{\pi}{2}n\right)$

4-21 $(1)1 + 2n$ $(2)1 + 0.5(n^2 + n)$ $(3)1 + \dfrac{1}{3}n^3 + \dfrac{1}{2}n^2 + \dfrac{1}{6}n$

4-22 $(1)(-3)^n\left(-\dfrac{45}{4} + \dfrac{135}{6}n\right)u(n) + \left[\dfrac{1}{4}3^n + 4(-2)^n\right]u(n)$

$(2)(2\sqrt{2})^n\left[-\dfrac{328}{65}\cos\left(\dfrac{\pi}{4}n\right) + 16\sin\left(\dfrac{\pi}{4}n\right)\right]u(n)$

$\qquad + \left[\dfrac{2}{13} - \dfrac{4}{65}\sin\left(\dfrac{\pi}{2}n\right) - \dfrac{7}{65}\cos\left(\dfrac{\pi}{2}n\right)\right]u(n)$

第 5 章

5-1 $f(t)$ 为奇函数且又为奇谐函数

$$f(t) = \sum_{n=1}^{\infty}\dfrac{4}{n\pi}\sin n\pi t = \sum_{n=-\infty}^{\infty}\dfrac{2}{jn\pi}e^{jn\pi t} \quad n \text{ 为奇数}$$

5-2 直流分量为 1V,基波、二次、三次谐波的有效值分别为

$$\dfrac{a_1}{\sqrt{2}} = \dfrac{10\sqrt{2}}{\pi}\sin 18° = 1.39V$$

$$\dfrac{a_2}{\sqrt{2}} = \dfrac{5\sqrt{2}}{\pi}\sin 36° = 1.32V$$

$$\dfrac{a_3}{\sqrt{2}} = \dfrac{10\sqrt{2}}{3\pi}\sin 54° = 1.21V$$

5-3 $f(t) = 3\cos t + \cos\left(5t - \dfrac{2\pi}{3}\right) + 2\cos\left(8t + \dfrac{2\pi}{3}\right)$

5-4 (1)1000kHz, 2000kHz

(2)500kHz, 1000kHz

(3)1 : 2

(4)3 : 2

5-5 $F_0 = \dfrac{V_m}{2}, F_n = \dfrac{-2V_m}{n^2\pi^2}, n$ 为奇数

5-6 $f(t) = 2 + 4\cos t + 2\cos 2t$

5-7 $(1)F_1(\omega) = \dfrac{1}{5 + j\omega}$

$(2)F_2(\omega) = \dfrac{\pi}{5}[u(\omega + 5) - u(\omega - 5)]$

5-8　(1)$F(-\omega)e^{-j\omega}$

(2)$j\dfrac{dF(\omega)}{d\omega} - 6F(\omega)$

(3)$-F(\omega) - \omega\dfrac{dF(\omega)}{d\omega}$

(4)$j(\omega + \omega_0)F(\omega + \omega_0)$

(5)$\dfrac{1}{2}F\left(\dfrac{\omega}{2}\right)\cdot e^{-j\frac{5}{2}\omega}$

5-9　$4S_a\omega\cdot\cos2\omega$

5-10　(a)$\dfrac{A\omega_0}{\pi}S_a[\omega_0(t + \sqrt{3})]$

(b)$\dfrac{-2A}{\pi t}\sin^2\left(\dfrac{\omega_0 t}{2}\right)$

5-11　(1)$\dfrac{1}{2\pi}e^{j\omega_0 t}$

(2)$\dfrac{\omega_0}{\pi}S_a(\omega_0 t)$

5-12　$F_1(\omega) = 4S_a(2w) + 2S_a(w)$　　$F_2(\omega) = \dfrac{2}{\omega^2\tau}(1 - e^{-j\omega\tau} - j\omega\tau)$

5-13　$\dfrac{4\pi\cos\omega}{\pi^2 - 4\omega^2}$

5-14　$F_1(\omega) = \pi\delta(\omega) + \dfrac{1}{\omega}S_a\left(\dfrac{\omega}{2}\right)e^{-j\left(\frac{\omega}{2} + \frac{\pi}{2}\right)}$

$F_2(\omega) = \dfrac{2E}{\omega}S_a\left(\dfrac{\omega\tau}{8}\right)\cdot\sin\left(\dfrac{3\omega\tau}{8}\right)$

5-15　(1)$\varphi(\omega) = -\omega_0$

(2)$F(0) = 4$

(3)$\displaystyle\int_{-\infty}^{\infty}F(\omega)d\omega = 2\pi$

(4)$\dfrac{1}{2}[f(t) + f(-t)]_0$

5-16　(a)$\displaystyle\sum_{n=-\infty}^{\infty}\dfrac{2\sin\dfrac{n\pi}{4}}{n}[2 + (-1)^n]\delta(\omega - n\pi)$

(b)$\pi\displaystyle\sum_{k=-\infty}^{\infty}[2 + (-1)^k]\delta(\omega - k\pi)$

第6章

6-1　$H(j\omega) = \dfrac{1}{(d\omega)^2 LC + j\omega\dfrac{L}{R} + 1}$

6-2　$H(j\omega) = \dfrac{1}{(j\omega)^2 + j3\omega + 2}$

$y(t) = (-e^{-t} + 2e^{-2t} - e^{-3t})u(t)$

6-3　$y(t) = (e^{-2t} - e^{-3t})u(t)$

$$y(t) = (-e^{-t} + 2e^{-2t} - e^{-3t})u(t)$$

6-3 $y(t) = (e^{-2t} - e^{-3t})u(t)$

6-4 (1) $H(j\omega) = \dfrac{1}{(j\omega)^2 + j6\omega + 8}$

$h(t) = (e^{-2t} - e^{-4t})u(t)$

(2) $y(t) = \left(\dfrac{2}{3}e^{-t} + \dfrac{7}{2}e^{-2t} - \dfrac{13}{6}e^{-4t} \right)u(t)$

6-5 $y(t) = \dfrac{\sqrt{10}}{5}\sin(t - 18.4°) + \dfrac{\sqrt{2}}{3}\sin(3t - 45°)$

引起了失真

6-6 $H(j\omega) = \dfrac{R_1 - R_2\omega^2 + (1 + R_1 R_2)j\omega}{1 - \omega^2 + (R_1 + R_2)j\omega}$

$R_1 = R_2 = 1\Omega$ 时，系统能无失真传输

6-7 $y(t) = \text{Sat} \cdot \cos 5t$

6-8 $y(t) = 2 \times 10^3 \times \{1 + 2\cos[2\pi \times 10^3 (t - t_0)]\}$

6-9 $y(t) = \cos 2\pi t$

第7章

7-4 (1) $f_m = \dfrac{\omega_m}{2\pi} = \dfrac{50}{\pi}$ $f_s = 2f_m = \dfrac{100}{\pi}, T_s = 1/f_s = \pi \cdot 10^{-2}$

(2) $f_m = \dfrac{100}{\pi}$ $f_s = \dfrac{200}{\pi}$ $T_s = 0.5\pi \cdot 10^{-2}$

(3) $f_m = \dfrac{100}{\pi}$ $f_s = \dfrac{100}{\pi}$ $T_s = \pi \cdot 10^{-2}$

(4) $f_m = \dfrac{60}{\pi}$ $f_s = \dfrac{120}{\pi}$ $T_s = \dfrac{\pi}{120}$

第8章

8-1 (1) $\dfrac{-2}{s(s + 2)}$ $\text{Re}[s] < -2$ (2) $\dfrac{-3}{(s + 1)(s - 2)}$ $-1 < \text{Re}[s] < 2$

(3) $\dfrac{e^s - e^{-s}}{s}$ $\text{Re}[s] > 0$ (4) $\dfrac{2}{1 - s^2}$ $-1 < \text{Re}[s] < 1$

(5) $\dfrac{s^2 - 2s + 2}{(s + 1)(s^2 + 4)}$ $-1 < \text{Re}[s] < 0$

(6) $\dfrac{2s + 16}{(s - 2)(s^2 + 16)}$ $0 < \text{Re}[s] < 2$

8-2 (1) $\dfrac{\beta\cos\theta + s \cdot \sin\theta}{s^2 + \beta^2}$ 收敛域为 $\text{Re}[s] \geqslant 0$

(2) $\dfrac{2s + 1}{s^2 + 1}$ 收敛域为 $\text{Re}[s] > 0$

(3) $\dfrac{1}{s - \ln a}$ 收敛域为 $\text{Re}[s] \geqslant \ln a$

8-3   (1) $\dfrac{2s}{(s-2)(s+2)}$ $\text{Re}[s]>2$

(2) $\dfrac{1+s}{s^2}$ $\text{Re}[s]>0$

(3) $\dfrac{s^2+3s+1}{s(s+1)^2}$ $\text{Re}[s]>-1$

8-4   (a) $\dfrac{1-e^{-s\tau}-\tau se^{-s\tau}}{\tau s^2}$ (b) $\dfrac{1-e^{-s}+e^{-2s}}{s^2}$

(c) $\dfrac{1}{s^2}(1-e^{-s}-se^{-2s})$

(d) $\dfrac{\dfrac{a\pi}{2}}{s^2+\dfrac{\pi^2}{4}}(e^{-s}-e^{-5s})$

8-5   (1) $\dfrac{e^{-2}-e^{-2s}}{s+1}$ (2) $\dfrac{e^{-s}}{s}$ (3) $\dfrac{2}{4+s^2}e^{-\frac{1}{2}s}$

(4) $\dfrac{s+1}{(s+1)^2+1}e^{-2(s+1)}$ (5) $\left(\dfrac{\pi}{s^2+\pi^2}+\dfrac{1}{s}\right)(1-e^{-2s})$

(6) $\dfrac{e^{-(s+1)}}{(s+1)^2}$ (7) $\dfrac{s^2}{(s+1)^2+1}$

8-6   (a) $\dfrac{1}{1-e^{-sT}}$ (b) $\dfrac{s-1+e^{-s}}{s^2(1-e^{-2s})}$

(c) $\dfrac{\dfrac{\pi}{2}}{s^2+\left(\dfrac{\pi}{2}\right)^2}\cdot\dfrac{1}{1-e^{-2s}}$

(d) $\dfrac{s(1-e^{-\frac{T}{2}s})-\dfrac{2}{T}(1-2e^{-\frac{T}{2}s}+e^{-sT})}{s^2}$

8-7   (1) $\dfrac{1}{3}F\left(\dfrac{s}{3}+1\right)$ (2) $2\dfrac{d^2}{dt^2}[F(2s)]e^{-2s}$

(3) $\dfrac{1}{2}\dfrac{d}{ds}F\left(\dfrac{s+1}{2}\right)$ (4) $\dfrac{1}{m}F\left(\dfrac{s}{m}\right)e^{-\frac{n}{m}s}$

8-8   (1) $f(t)=\dfrac{1}{2}[e^{-t}u(-t)-e^{-3t}u(t)]$

(2) $f(t)=e^{7t}u(-t)+e^{5t}u(t)$

(3) $f(t)=-e^{5t}u(-t)+e^{3t}u(t)$

(4) $f(t)=e^{-2t}u(-t)+(e^{3t}-e^{-4t})u(t)$

8-9   (1) $\delta(t)+(5e^{-2t}-10e^{-3t})u(t)$ (2) $\dfrac{1}{2}(1-\cos 2t)u(t)$

(3) $(1-4e^{-t}\cos 2t)u(t)$ (4) $\left(\dfrac{1}{2}\cos t+8t\sin t\right)u(t)$

(5) $\displaystyle\sum_{n=0}^{\infty}[\sin\pi(t-2n)u(t-2n)+\sin\pi(t-2n-1)u(t-2n-1)]$

8-10   (1) $f(0^+)=1$ $f(\infty)=0$ (2) $f(0^+)=1$ $f(\infty)=0$

(3) $f(0^+)=0$ $f(\infty)=\dfrac{1}{2}$

第 9 章

9-1 $(1)y(t) = e^{-t} - e^{-2t}, t > 0$

$(2)y(t) = \dfrac{1}{4} - \dfrac{1}{3}e^{-t} - \dfrac{1}{12}e^{-4t}, t > 0$

$(3)y(t) = 3e^{-t} + 7e^{-2t} - 7e^{-3}, t > 0$

9-2 $(1)H(s) = \dfrac{5}{s^2 + s + 5}$ (2) 极点 $p_{1,2} = \dfrac{-1 \pm j\sqrt{19}}{2}$

$(3)h(t) = \dfrac{10}{\sqrt{19}} e^{-t/2} \sin\left(\dfrac{\sqrt{19}}{2}t\right) u(t)$

9-3 $H(s) = \dfrac{3s^2 + 2s}{s^2 + 3s + 2}$ $h(t) = [3\delta(t) + e^{-t} - 8e^{-2t}]u(t)$

9-4 $H(s) = \dfrac{s+1}{s^3 + 3s^2 + 2s + 1}$

9-5 $h(t) = (1 - e^{-t} - e^{-2t})u(t)$

9-6 $H(s) = \dfrac{s+3}{s^2 + 3s + 2}$

9-7   有两个正实部的根,为非稳定的系统。

第 10 章

10-1 $(1)1 - z^{-3}, |z| > 0$ $(2)\dfrac{1}{2z(2z-1)}, |z| > \dfrac{1}{2}$

$(3)\dfrac{3z}{(2-z)(2z-1)}, \dfrac{1}{2} < |z| < 2$ $(4)\dfrac{8}{z^2(2-z)}, 0 < |z| < 2$

10-2 $(1)\dfrac{3z}{(2-z)(2z-1)}, \dfrac{1}{2} < |z| < 2$ $(2)\dfrac{z^4}{a^3(z-a)}, |a| < |z| < \infty$

$(3)\dfrac{z}{3(3z-1)}, |z| > \dfrac{1}{3}$ $(4)\dfrac{10z^3 - 35z^2 + 10z}{3(z-3)(2z-1)}, 3 < |z| < \infty$

$(5)\dfrac{a^2}{z(z+a)}, |z| > |a|$ $(6)\dfrac{-z^2}{z+1}, |z| > 1$

$(7)\dfrac{2z^2 - 8z + 2}{(z-2)(2z-1)}, \dfrac{1}{2} < |z| < 2$ $(8)\dfrac{z}{(1-z)^3}, |z| < 1$

10-3 $(1)F^*(z^*), \mathbf{R}_- < |z| < \mathbf{R}_+$

$(2)\dfrac{z}{z-1}F\left(\dfrac{z}{a}\right), \max(1, |a|\mathbf{R}_-) < |z| < |a|\mathbf{R}_+$

$(3)\dfrac{z}{z-a}F\left(\dfrac{z}{a}\right), |a|\mathbf{R}_- < |z| < |a|\mathbf{R}_+$

$(4)\dfrac{zF(z) - z(z-1)\dfrac{\mathrm{d}F(z)}{\mathrm{d}z}}{(z-1)^2}, \mathbf{R}_- < |z| < \mathbf{R}_+$

10-4 $(1)z^{-1} + 2z^{-3}$ $(2)\dfrac{2z(z-5)}{(z-2)(z-3)}$

$(3)\dfrac{2z+1}{2z^2(z+1)}$ $(4)\dfrac{z^2 + a^4}{a^2z(z-a)}$

10-5　(1)$f(0) = 1, f(1) = 3, f(2) = 7$　　(2)$f(0) = 0, f(1) = 1, f(2) = 2$

10-6　(1)$y(n) = a^{n-2}u(n-2)$　　(2)$y(n) = a^n u(n)$

　　　(3)$y(n) = \dfrac{a^{n+1} - b^{n+1}}{a - b}u(n)$

10-7　(1)$\delta(n+1) + \delta(n) + \delta(n-1)$　　(2)$(-1)^{n+1}a^n u(-n-1)$

　　　(3)$[(-1)^n + (-2)^{n+1}]u(-n-1)$　　(4)$-\dfrac{1}{2}n(n+1)3^{n-1}u(-n-2)$

　　　(5)$-4\delta(-n-1) - \left(\dfrac{n}{2} + 3\right)\left(\dfrac{1}{2}\right)^n u(n)$

　　　(6)$\delta(n) - \cos\left(\dfrac{n\pi}{2}\right)u(n)$

10-8　(1)$\dfrac{1}{2}(1 - 2^{n+1} + 3^n)u(n)$　　(2)$\dfrac{1}{4}[(-1)^n + 2n - 1]u(n)$

　　　(3)$\left[2 - 2\cos\left(\dfrac{n\pi}{3}\right)\right]u(n)$　　(4)$2\sin\left(\dfrac{n\pi}{6}\right)u(n)$

　　　(5)$\left[\dfrac{1}{2}n(n+1)3^{n-1} + (n-1)(n-2)3^{n-3}\right]u(n)$

　　　(6)$2^{n-2}u(n-2) - 2^{n-3}u(n-3)$

10-9　$(2^n - 1)u(n)$

10-10　$2^{n-2}(n-1)(n-2)f(n-2)$

10-11　(1)$a = -1.125$　　(2)$y(n) = -0.25$

10-12　$b = 15, H(z) = \dfrac{15z^2}{(z+2)(z+4)}$

10-13　$y_{zs}(n) = \dfrac{1}{2}nu(n)$

10-14　(1)$y(n) = \left[2 - \dfrac{1}{2}n(n-1)\right]u(n)$

　　　(2)$y(n) = \left[\dfrac{1}{6} + \dfrac{1}{2}(-1)^n - \dfrac{2}{3}(-2)^n\right]u(n)$

10-15　(1)$y(n) = \dfrac{1}{9}[3n - 4 + 13(-2)^n]u(n)$

　　　(2)$y(n) = [0.5n(n-1) + n]u(n) = 0.5n(n+1)u(n)$

10-16　$y_{zi}(n) = [2^{n+1} - (-1)^n]u(n)$　　$y_{zs}(n) = \left[2^{n+1} + \dfrac{1}{2}(-1)^n - \dfrac{3}{2}\right]u(n)$

　　　$y(n) = \left[2^{n+2} - \dfrac{1}{2}(-1)^n - \dfrac{3}{2}\right]u(n)$

10-17　$y_{zi}(n) = [0.173 \times 0.1^n - 0.453 \times (-0.2)^n]u(n)$

　　　$y_{zs}(n) = [9.259 - 0.370 \times 0.1^n + 1.111 \times (-0.2)^n]u(n)$

　　　$y(n) = [9.259 - 0.197 \times 0.1^n + 0.658 \times (-0.2)^n]u(n)$

　　　稳态分量:$9.259u(n)$,暂态分量:$[-0.197 \times 0.1^n + 0.658 \times (-0.2)^n]u(n)$

10-18　$y_{zs}(n) = (n+1)0.5^n u(n)$

10-19　$y(n) + 3y(n-1) + 2y(n-2) = f(n-1) + 5f(n-2)$

10-20　(1)$H(z) = \dfrac{z}{\left(z - \dfrac{3}{2}\right)\left(z + \dfrac{1}{2}\right)}$

(2) 收敛域为时 $|z| > \dfrac{3}{2}$ 时，

$$h_1(n) = \frac{1}{2}\left[\left(\frac{3}{2}\right)^n - \left(-\frac{1}{2}\right)^n\right]u(n)$$

收敛域为 $|z| < \dfrac{1}{2}$ 时，$h_2(n) = \dfrac{1}{2}\left[\left(-\dfrac{1}{2}\right)^n - \left(\dfrac{3}{2}\right)^n\right]u(-n-1)$

收敛域为 $\dfrac{1}{2} < |z| < \dfrac{3}{2}$ 时，

$$h_3(n) = -\frac{1}{2}\left[\left(-\frac{1}{2}\right)^n u(n) + \left(\frac{3}{2}\right)^n u(-n-1)\right]u(n)$$

(3) 当 $h(n) = h_1(n)$ 时，系统因果，不稳定

当 $h(n) = h_2(n)$ 时，系统非因果，不稳定

当 $h(n) = h_3(n)$ 时，系统非因果，稳定

(4) $H(e^{j\omega}) = H(z)|_{z=e^{j\omega}} = \dfrac{e^{j\omega}}{e^{j2\omega} - e^{j\omega} - \dfrac{3}{4}}$

10-21　(1) $H(z) = \dfrac{9z^2 + 8z}{z^2 + 7z + 5}$

(2) $y(2) = 257$

10-22　(1) 不稳定　(2) 不稳定　(3) 稳定

10-23　(1) $0 < k < 1$　(2) $-5 < k < 3$

参考文献

1. Oppenheim A V，Willsky A S，Nawab S H. Signals and Systems(Second Edition). Prentice-Hall,Inc. ,1997
2. 陈生潭,郭宝龙,李学武,冯宗哲. 信号与系统(第二版). 西安:西安电子科技大学出版社，2001
3. 吴湘淇. 信号、系统与信号处理(上). 北京:电子工业出版社,1996
4. 陈淑珍. 信号与系统网络课程. 北京:高等教育出版社,2004
5. 阎鸿森,王新凤,田惠生. 信号与线性系统. 西安:西安交通大学出版社,1999
6. 吴大正,杨林耀,张永瑞. 信号与线性系统分析. 北京:高等教育出版社,1998
7. 丁玉美,高西全. 数字信号处理(第二版). 西安:西安电子科技大学出版社,2001
8. 王应生,徐亚宁. 信号与系统. 北京:电子工业出版社,2003
9. 张维玺. 信号与系统. 北京:科学技术出版社,2004
10. 林秩盛,黄元福,林宁译. 信号与系统(第二版). 北京:电子工业出版社,2004
11. 程佩青. 数字信号处理教程(第二版). 北京:清华大学出版社,2001
12. 闵大益,朱学勇. 信号与系统分析. 成都:电子科技大学出版社,2000